천종식 교수의 미생물 특강

고마운 미생물, 얄미운 미생물

천종식 교수의 미생물 특강

고마운 미생물, 얄미운 미생물

천종식 지음

솔

서문

도심의 콘크리트 숲에서 인생의 전부를 보내다 보면, 마치 지구에 사는 생물이 우리 인간뿐이라는 착각이 들 때가 있다. 그러나 오래간만에 다시 올라간 지리산 자락에서 꿩이나 청설모 같은 야생 동물을 만나면 그제야 인간도 단지 지구 생태계의 일부인 것을 깨닫게 된다. 그런데 나 같은 미생물쟁이는 산의 독특한 흙냄새를 맡으면 이런 생각을 한다. 아! 여기서 방선균이 대전투를 치루고 있구나. 토양에서 나는 전형적인 '흙냄새'는 바로 미생물의 일종인 방선균이 내는 화학물의 냄새다. 그리고 이 방선균은 다른 미생물을 죽이는 물질인 항생제를 만드는 데 천부적인 소질이 있다. 인간이 사용하는 항생제의 약 70%는 바로 이 미생물이 만든 것을 우리가 빌려 쓰고 있는 것이다.

내가 그날 밟고 지나간 흙 한 줌은 지구의 인구보다도 많은 미생물이 살아가는 터전이다. 흙 속의 한정된 영양분을 서로 차지하기 위해 죽고 죽이는 약육강식이 일어나기도 하고, 때로는 같은 목적을 위해서 기꺼이 동맹을 형성하기도 한다. 인간이 석유 같은 자원을 놓고 벌이는 전쟁이나 야합과 크게 다르지 않다. 인간도 수십 억 년 전에는 미생물이었지 않은가.

올해로 내가 미생물학이라는 넓고도 넓은 바닷물에 발을 담근 지 20년을 맞는다. 단지 하얀 가운을 입고 진지하게 실험하는 모습이 좋아서 별생각 없이 시작한 이 일이 이제는 평생을 해야 할 천직이 되었다. 그동안 강화도 갯벌이나 남극 같은 자연계로부터 새로운 미생물을 찾아내 이름을 붙여 인간 세상으로 데뷔시키기도 하고, 병원성 미생물과 인류가 격렬한 싸움을 벌이고 있는 방글라데시 같은 최전방에 가서 싸우기도 했다. 하지만 내가 미생물에 대해서 연구하면 할수록 알게 되는 것은 내가 이들을 모르고 있다는 사실이다. 만약 강화도 동막리 갯벌을 한 숟가락 떠서 그곳에 사는 모든 미생물의 호구 조사를 하려면, 현재의 기술로는 앞으로 30년은 족히 걸릴 것 같다. 그만큼 미생물의 세계는 무궁무진한 것이다.

인간에게는 오감五感이 있다지만, 이것으로는 이 미생물의 세계를 직접 느낄 수 없다. 결국 아직까지 이들의 세계는 간접적인 방법을 통해서 여행할 수밖에 없는 것이 현실이다. 그동안 중・고등학생이나 일반인을 상대로 미생물의 다양성에 대한 강의를 하면서, 눈에 보이지는 않지만 지구 생태계에서 절대적인 존재인 이 생명체에 대해서 설명하는 데 많은 한계를 느낀 것도 사실이다. "내가 이들을 연구하면서 느낀 즐거움을 어떻게 하면 다른 사람과 공유할 수 있을까?" 하는 고민의 산물이 바로 『고마운 미생물, 얄미운 미생물』이다. 또한 최근 유행하는 웰빙 바람과 역시 최근에 나타난 인류의 적—조류독감, 사스, 광우병, 탄저균 테러, 에이즈 등—에 대해 세간의 궁금증이 조금이나마 풀렸으면 하는 바람도 있다.

이 책을 통해 내가 이야기하는 모든 지식은 나를 지도해준 국내외의 은사님들, 지금 나와 같이 미생물 연구를 수행중인 서울대학교 미생물 연구소의 동료 교수들, 학생, 연구원들, 그리고 연구를 지원해준 과학기술부를 비롯한 대한민국 정부의 도움이 있었기 때문에 가능했다. 바이러스 분야를 감수해주신 충북대학교 이찬희 교수님과 국제백신연구소 송만기 박사님, 격려와 도움을 아끼지 않으신 서울대학교 최재천 교수님, 그리고 기꺼이 자신의 연구결과를 제공해주신 많은 국내외 미생물학자들에게 심심한 감사를 드린다. 졸저를 끝까지 끈기를 가지고 기다려주신 솔출판사의 임양묵 사장님과 김경숙 선생님께도 감사드린다.

2005년 6월 관악산 기슭에서 천종식

미생물의 세계로 들어서며

인간은 무한한 상상력을 가진 존재입니다. 인간의 상상력은 소설 『쥐라기 공원』이나 영화 〈매트릭스〉와 같이 공상과학소설이나 영화의 형태로 나타나기도 합니다. 인간은 수억 광년 밖의 우주를 상상하기도 하고, 깊은 바닷속을 꿈꾸기도 합니다. 그리고 눈에 보이지 않는 세계에 대해 생각해보기도 합니다. 너무 작아서 보이지 않는, 미생물이 지배하고 있는 세계를 말이죠.

미생물을 단지 더러운 행주에 붙어 있는 세균이나, 습기 찬 벽지 위에 자란 검은 곰팡이로만 아는 분들이 많습니다. 하지만 그건 정말 큰 세계를 놓치는 겁니다. 입 속의 혀를 전자현미경으로 1만 배 확대하여 한번 살펴볼까요?그림1 이처럼 정말 다양한 모양의 미생물이 혀 표면에 엉겨 있는 것을 쉽게 볼 수 있습니다. 정말 우리 눈에 보이지 않으니 얼마나 다행인 줄 모르겠습니다. 분위기를

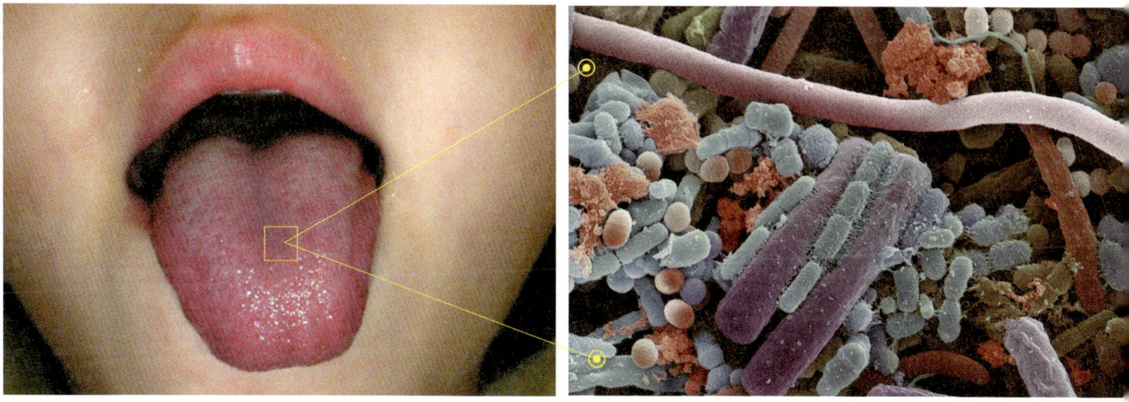

☛ 그림 1_ 인간의 혀에 붙어 있는 많은 미생물들
이들은 대부분 인간에게 해를 끼치지 않거나, 오히려 득을 주는 이로운 생명체다. 오른쪽은 혀의 표면을 1만 배로 확대한 사진이다.

보니 지금 당장 양치질하러 달려가실 분들도 몇몇 계신 듯하네요. 그런데 사실 이런 미생물들은 대부분 우리에게 전혀 해를 주지 않습니다. 오히려 건강에 이로운 역할을 하는 녀석들도 있으니, 제발 미생물이나 세균은 해롭다고 무조건 몸 밖으로 밀어내려고 하지는 마세요.

지금 이 시간에도 우리 몸 안에선 수억 마리의 미생물이 태어나고, 또 죽어가고 있습니다. 무슨 소리냐고요? 저처럼 건강한 사람에 붙어서 더불어 살고 있는 미생물의 수가 지구 전체 인구보다 많다는 이야깁니다. 어떻게 그럴 수 있냐고요? 너무 작아서 안보일 뿐이지, 우리 몸 안팎에 붙어 사는 미생물은 무수히 많습니다. 또 그 종류도 다양하답니다.

잠시, 정현종 님의 시 「한 숟가락 흙 속에」를 읽어보겠습니다.

한 숟가락 흙 속에

미생물이 1억 5천만 마리래!
왜 아니겠는가, 흙 한 술,
삼천대천세계가 거기인 것을!

알겠네 내가 더러 개미도 밟으며 흙길을 갈 때
발바닥에 기막히게 오는 그 탄력이 실은

수십억 마리 미생물이 밀어올리는
바로 그 힘이었다는 걸!

시인이 놀란 것처럼, 지구에 살고 있는 미생물의 수는 여러분의 상상을 초월합니다. 드넓고 인구가 많은 중국에서는 센서스를 통해서 정확히 인구를 파악하는 것이 불가능하다고 합니다. 하물며 육안으로도 보이지 않으며 그 수도 가히 천문학적인데다, 빠르게는 20분만에 자식을 낳는다는 미생물의 수를 정확히 파악하려는 자체가 무리일지 모르지만, 현재 미생물학자들이 추정하는 지구 내 미생물의 수는 자그마치 50,000,000,000,000,000,000,000,000,000,000 마리입니다.

5×10^{31}

감히 상상이 안 되는 숫자죠. 그리고 이 미생물을 모두 모아 저울에 달면 그 무게가 5만 조 톤에 달합니다. 이는 지구상의 모든 생물체 무게의 60%에 해당합니다. 무게만 따져보아도 지구의 주인은 미생물이 틀림없죠. 하지만 숫자만 많다고 무조건 중요한 건 아닐 겁니다. 미생물이 인간, 그리고 지구 전체 생태계에 얼마나 중요한 역할을 할까요? 결론부터 말씀드리면, 미생물이 멸종하면 식물과 동물은 같이 멸종하지만 반대로 식물과 동물이 사라져도 많은 수의 미생물은 아무 무리 없이 잘 삽니다. 어차피 식물과 동물은 미생물 조상으로부터 진화한 생물이니까 그리 놀라운 일도 아닙니다. 동식물의 멸종은 단지 수십억 년 전의 과거로 돌아가는 것일뿐이니까요.

미생물이 지구에서 사라지면 문제가 한두 가지 생기는 게 아닙니다. 우리가 일반적으로 모르는 사실도 많습니다. 예를 하나 들어보죠. 지구 생태계에서 광합성이 중요하다는 건 다 아실 겁니다. 광합성은 생물이 햇빛에너지를 받아서 스스로 자라는 것을 말합니다. 많은 분들이 광합성을 하는 생물이 식물뿐인 것으로 알지만, 사실 지구에서 일어나는 광합성의 절반 이상을 미생물이 담당합니다. 우리 눈에 보이지 않아 무시되고 있지만, 미생물은 우리에겐 공기와 같은 존재입니다. 없어지면 우리의 존재도 위협을 받습니다.

저는 보이지 않는 작은 생물체인 미생물에 대해서 여러 시간에 걸쳐 여러분과 함께 강좌를 진행해나갈 겁니다. 앞으로 저를 여러분과 함께 미생물의 세계를 여행할 안내자로 보아주십시오. 이번 여행에서 우리에게 특별히 요구되는 점은 고가의 특수 장비나 전문 지식이 아니라, 바로 상상력입니다. 왜냐하면 지금부터 우리가 만날 생명체는 크기도 아주 작을뿐더러 사는 곳도 아주 작아서 육안으로는 볼 수 없는 작은 생물이기 때문입니다. 어린이용 학습지 중에서 씽크빅Think big이라는 것이 있더군요. 미생물의 세계를 이해하시려면 반대로 씽크스몰Think small, 즉 작게 생각하셔야 합니다. 제가 가이드로서의 역할을 충실히 하겠지만, 가장 중요한 건 여러분 스스로 미생물의 세계를 이해하기 위해 마음껏 상상하셔야 한다는 겁니다. 그래야 제대로 미생물의 세계를 여행하셨다고 말할 수 있습니다. 자, 그럼 지금부터 보이지 않는 세계로의 여행을 떠나보겠습니다.

첫 번째 이야기

눈에 보이지는 않지만 우리 주변을 덮고 있는 것이 바로 미생물입니다. 지구의 하늘, 바다, 땅 할 것 없이 미생물이 살고 있지 않은 장소는 거의 없고, 한강물 한 컵에서 대한민국 인구보다도 많은 미생물을 찾을 수도 있죠. 미생물은 먹고사는 방식도 다양합니다. 이렇게 지구 전체가 보이지 않는 미생물 천지가 된 것은 우리와는 비교도 안 될 정도로 긴 역사를 가진 미생물의 진화로부터 기인합니다. 먼저 미생물이 도대체 무엇인지부터 한번 알아보겠습니다.

첫 번째 이야기

미생물이 무엇이죠?

생물과 분자생물학

현대 생물학의 주류는 분자생물학 이라고 부르는 학문 분야입니다. 생물을 절대 유물론적인 관점에서 보며, 생체 내에서 일어나는 모든 일은 물질 또는 분자의 상호작용에 의해서 일어난다고 해석합니다. 저도 넓은 의미에서 보면 분자생물학자의 한 사람입니다. 그렇다면 지금부터 이런 관점에서 생물의 본질에 대해 설명해보겠습니다.

생물이란 무엇입니까? 어떻게 생물을 객관적으로 정의할 수 있을까요? 제 손에 든 분필은 왜 생물이 아니고, 저나 여러분은 왜 생물일까요? 이 물음에 대해 전에 다른 강연에서 청강생 중 한 분이 "생각할 수 있는 것이 생물이다"라고 대답한 적이 있습니다. 이 말이 꼭 틀리다고 하긴 어렵습니다만, 과학적인 답변은 아닙니다. 먼저 '생각한다'의 정의가 무엇입니까? 얼마 전 우리나라를 방문한

분자생물학 Molecular biology
여러 가지 생명 현상의 실체를 분자 수준에서 해석하고자 하는 생물학의 한 분야.

영국의 저명한 동물학자인 제인 구달(Jane Goodall, 1934. 4. 3~) 박사와 만난 적이 있습니다. 구달 박사는 지난 수십 년간 아프리카에서 자연 상태의 침팬지를 연구하신 분인데, 그분 연구에 따르면 침팬지나 다른 영장류는 모두 분명히 '생각'을 하는 것 같습니다. 마찬가지로 음향으로 서로의 의사를 전달하는 돌고래도 '생각'을 하는 것 같습니다. 그런데 제가 오늘 아침에 먹은 청국장에 들어 있던 박테리아의 일종인 고초균∞은 과연 '생각'을 했을까요? 점심에 반찬으로 먹은 느타리버섯∞도 프라이팬 위에서 볶아지면서, '생각'을 했을까요? 일반적으로 이들 미생물이 '생각'을 한다' 고 여기시는 분은 아마 거의 없을 겁니다.

'생각을 한다' 또는 '영혼이나 의식이 있다' 등의 관념적인 정의가 아닌 유물론적인 정의를 내린다면, 생물체는 크게 다음의 두 가지 조건을 만족해야 합니다. 첫째, 유전遺傳을 할 수 있어야 합니다. 즉 자신과 같은, 또는 최소한 비슷한 유전자를 가진 자식을 낳을 수 있어야 합니다. 둘째, 외부로부터 에너지를 얻어서 살아가야 합니다.

인간은 동물, 식물, 때로는 미생물로 만들어진 음식으로부터 에너지를 얻고, 미생물인 고초균은 청국장의 콩으로부터, 느타리버섯은 죽은 나무로부터 에너지를 얻습니다. 나무나 풀과 같은 식물은 태양으로부터 에너지를 얻습니다. 이밖에도 생명체를 규정하는 여러 가지 조건이 있을 수 있지만, 제가 중요하게 생각하는 것은 이 두 가지입니다. 그리고 이런 생물의 특징을 놓고 보면, 대

∞ **고초균** *Bacillus subtilis*
내성포자를 생성하는 그람양성박테리아로 토양에 널리 존재하며, 볏짚의 표면에 붙어 있는 것을 이용해서 된장을 만든다.

∞ **느타리버섯** *Pleurotus ostreatus*
곰팡이 중 담자균류에 속하는 느타리과의 버섯으로, 활엽수의 고목에 무리를 이뤄 살아간다.

부분 사물을 생물과 무생물로 나누는 것이 그리 어려워 보이지는 않습니다.

DNA는 지구 생명의 유전물질

2003년은 생물학에 있어서 큰 경사가 있던 해입니다. 1953년에 영국인 크릭(Francis H. C. Crick, 1916. 6. 8 ~ 2004)과 미국인 왓슨(James D. Watson, 1928. 4. 6 ~)이 DNA를 발견한 지 50년이 된 해이면서, 10년을 넘게 이어온 인간 유전체 프로젝트의 최종본이 완성된 해이기도 합니다.그림2 제 강의에서는 게놈genome이라는 외국어보다는 우리말인 유전체를 사용하도록 하겠습니다. 보통 유전체는 생물체의 모든 정보를 담고 있어서 '청사진' 이라 불리고 있죠. 2003년 4월 14일 노벨상 수상자이자 DNA의 발견자인 왓슨 박사에 의해 발표된 인간의 유전체는 약 31억 2천만 개의 염기쌍으로 된 DNA로 구성되어 있습니다.

DNA는 단위물질이 연결돼서 만들어진 고분자 물질입니다. 마치 염주와 같은 형태로 보시면 되는데, 여기서 염주알로 쓰이는 단위물질은 아데닌A, 구아닌G, 시토신C, 티민T으로 불리는 4개의 염기입니다. 궁극적으로 이 네 가지 염기의 조합으로 모든 생명체가 표현됩니다. 영어가 26개의 알파벳으로 이루어졌듯이, DNA는 A, G, C, T 4개의 알파벳으로 이루어진 일종의 언어로 볼 수 있습니다.

☛ 그림 2 _ DNA구조
영국의 프란시스 크릭(오른쪽)과 미국의 제임스 왓슨(왼쪽)이 1953년에 발견한 DNA의 구조를 살펴보고 있다. 두 사람은 DNA를 발견한 공로로 1962년에 노벨상을 받았으며, 왓슨은 나중에 인간 유전체 프로젝트를 주도적으로 추진하였다.

이 4개 이외의 염기로 구성된 DNA가 발견된다면, 그건 아마도 외계 생물체일 가능성이 높습니다. TV 시리즈 〈엑스 파일〉에서는 스컬리 요원을 감염시킨 외계 바이러스의 DNA가 기존의 4개의 염기 이외에 새로운 제5의 염기로 되어 있다고 묘사하고 있습니다. 나중에 다시 말씀드리겠지만, 미생물부터 사람에 이르기까지 지구의 모든 생물체가 4개의 염기로 구성된 DNA를 유전물질로 사용하고 있다는 점은, '지구 생명의 기원은 하나' 라는 가설에 큰 증거가 됩니다.

단백질은 일하는 분자

DNA는 4개의 알파벳으로 구성된 언어이며, 그 언어가 바로 모든 생명의 청사진이 된다고 말씀드렸습니다. 그런데 실제로 DNA 분자는 반응성이 없어서 생물체 내에서는 아무런 일을 하지 못합니다. 그럼 과연 우리 몸 안에서, 특히 세포 안에서 실제로 일을 하는 물질은 무엇일까요? 그건 바로 DNA보다도 훨씬 먼저 우리에게 알려진 단백질이라는 물질입니다.

간세포, 근육세포, 뇌세포 등 인간의 모든 세포 안에서는 수만 개의 서로 다른 단백질이 협조해서 다양한 생명 현상이 유지됩니다. 만약 중요한 단백질이 일을 못하게 되면 암과 같은 질병이 생길 수 있습니다. DNA가 4개의 염기라는 단위물질로 되어 있듯이, 단백질은 20개의 아미노산이라는 단위물질로 되어 있습니다. 다시 말해 단백질은 20개의 알파벳으로 된 언어입니다.

DNA가 유전물질이라면, 단백질은 이 유전물질을 청사진으로 하여 만들어진 생체 기계로 볼 수 있습니다. 사실 단백질은 DNA로부터 바로 만들어지는 것이 아니라, RNA라는 중간 단계를 거칩니다. 생물학자들은 이것을 중심도그마라고 합니다.

중심도그마는 생명 현상의 원리

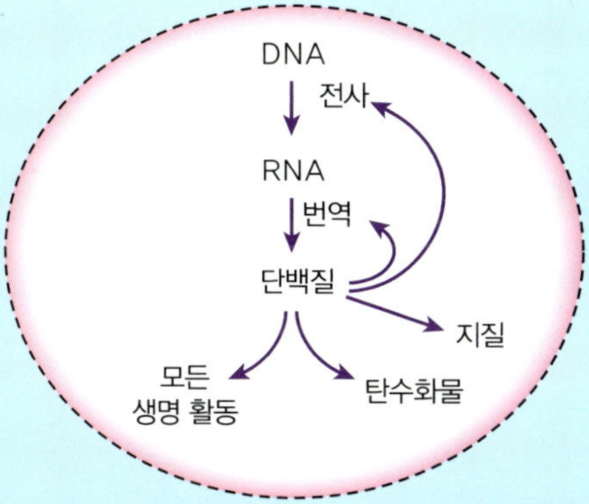

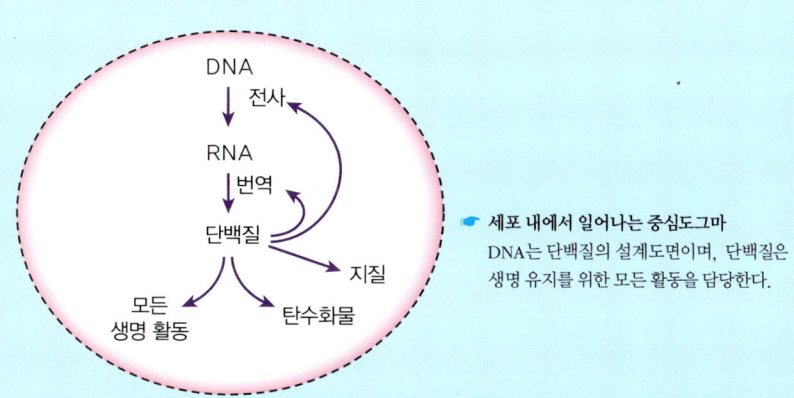

☛ **세포 내에서 일어나는 중심도그마**
DNA는 단백질의 설계도면이며, 단백질은 생명 유지를 위한 모든 활동을 담당한다.

중심도그마란 DNA가 RNA를 만들고, 그 RNA가 단백질을 만든다는 정의를 지칭하는 말이다. 이는 현대 생물학의 가장 중요한 발견이며, 중심도그마를 밝히는 과정에서 많은 생물학자들이 노벨상을 수상하였다. 먼저 DNA로부터 모든 생명 현상이 시작되며, DNA에 있는 정보는 RNA를 만드는 일에 사용되는데, 이를 전사라고 한다. 그리고 RNA 분자의 정보를 이용해서 다시 단백질이 만들어지는데, 이 과정을 번역이라고 한다. 다시 정리하면, 세포 안에서 DNA의 정보는 RNA를 중간 매개체로 하여, 최종적으로 단백질로 만들어진다. 우리 몸 안에서 모든 생명 활동을 하는 주체는 바로 단백질이며, 단백질이 몸에 필요한 탄수화물과 지질을 만든다. 앞서 언급된 전사와 번역도 모두 단백질에 의해 일어나며, 그밖에 생명체의 모든 활동이 단백질에 의해 일어난다.

유전체와 유전자

요즘 유전체 프로젝트라는 단어가 참 언론에 많이 등장합니다. 여기서 잠깐 유전체가 무엇인지 한번 짚고 넘어가 보겠습니다. 사람의 경우 하나의 세포에 약 60억 개의 염기로 된 DNA가 존재합니다. 이렇게 한 세포 내의 DNA의 총합을 유전체라고 합

대장균*Escherichia coli*
박테리아 중에서 가장 연구가 많이 된 종류이다. 주로 동물의 대장에 서식하며, 대부분은 정상균총이지만 장출혈성 대장균과 같은 독성이 강한 병원균도 있다.

니다. 그리고 사람은 대략 2만 5천~5만 개의 유전자를 이 유전체 DNA상에 가지고 있습니다. 예를 들어 술을 분해하는 알코올 탈수소화효소 유전자가 이중 하나입니다. 그리고 각각의 유전자가 만드는 다양한 단백질로 인해 인간의 모든 생물학적인 활동이 가능해집니다. 제가 강의를 하는 것이나, 여러분이 강의를 들으면서 필기를 하는 것 모두, 우리 세포 안의 단백질들이 제대로 기능을 하기 때문에 가능한 겁니다. 그리고 모든 단백질을 만드는 설계도 또는 청사진은 유전체를 구성하는 DNA에 나타나 있습니다.

미생물의 경우 인간보다 간단한 유전체를 가지고 있습니다. 대표적인 박테리아인 대장균은 사람의 1,500분의 1인 4백만 개의 염기로 구성된 유전체를 가지며, 유전자의 수도 인간의 10분의 1 정도인 4천 개만을 가지고 있습니다. 또 대장균의 경우 유전체를 구성하는 DNA의 90% 이상을 유전자로 사용하는 데 비해, 사람은 20% 이내의 DNA만 유전자로 사용합니다. 나머지 80%의 DNA는 유전자가 아닌 '쓸모없는' 부분으로 볼 수 있습니다. 과학자들은 이런 DNA를 쓰레기라고도 부르는데, 현재까지 왜 쓸모없는 DNA를 이렇게나 많이 가지고 있는지에 대해서는 잘 모르는 상황입니다. 반면에 대장균은 자기 DNA의 대부분을 효율적으로 유전자로 사용하고 있습니다.

유전자는 진화한다

DNA는 생명체의 모든 활성을 포함하고 있는 청사진인 동시에 유전물질입니다. 우리가 부모로부터 받는 것은 단백질, 탄수화물, 지질이 아니라 바로 DNA뿐입니다. DNA가 생명의 설계도 또는 청사진이니까 결국 우리는 부모로부터 청사진만 받아도 되는 겁니다.

그런데 부모가 자식에게 유전자를 전달할 때는 반드시 DNA를 복제해야 합니다. 복사기를 많이 써보신 분들은 경험했겠지만, 원본과 조금씩 다르게 복사가 되는 경우도 종종 있기 마련입니다. 만약 이런 실수, 다시 말해 돌연변이가 단위 시간에 일정한 확률로 일어난다면, 후대 생명체의 유전자를 비교해서 멸종한 조상의 진화 경로를 역추적할 수 있습니다. 이렇게 과거에 일어났던 진화 또는 계통의 관계를 생물학자들은 계통수라는 형태로 재구성하게 됩니다. 그림 3, 그림4

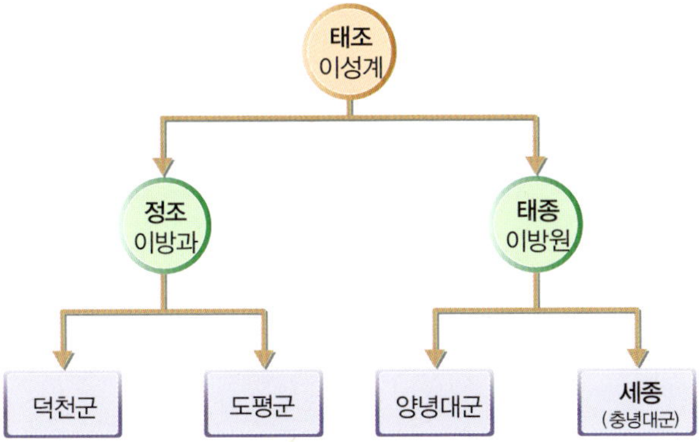

그림 3 _ 계통수의 일종인 가계도의 예

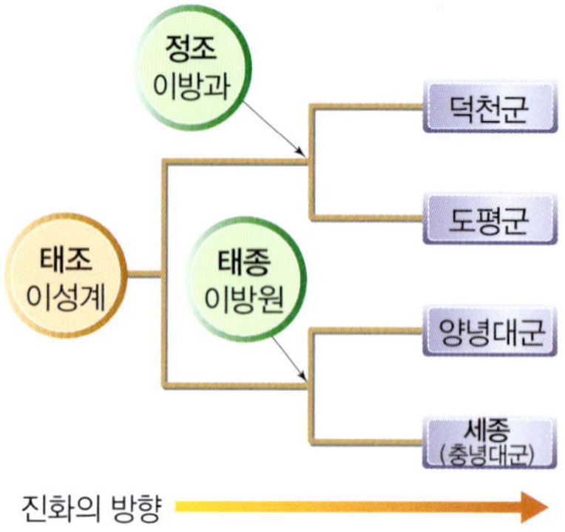

뿌리 있는 계통수

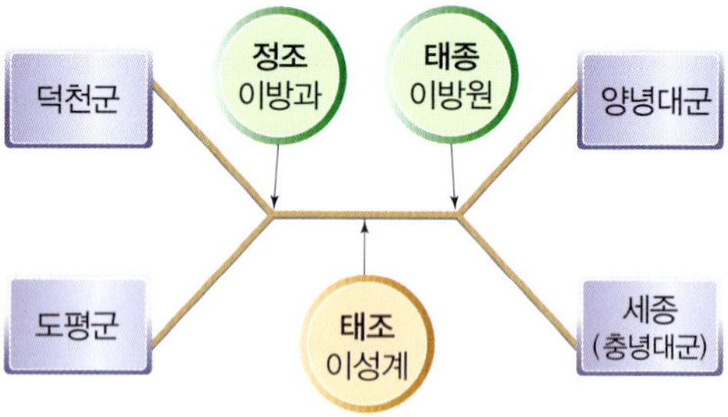

방사형 계통수(진화의 방향은 중심에서 가지 끝으로)

☛ 그림 4 _ **계통수 보는 법**

계통수는 생물의 진화 경로 또는 계통을 나타내는 나무 모양의 그림을 말한다. 그림 3에 나타낸 사람의 가계도도 일종의 계통수로 볼 수 있는데, 그림과 같이 태조 이성계의 가계를 뿌리가 있는 계통수와 방사형 계통수로 나타낼 수 있다. 뿌리가 있는 계통수는 뿌리(태조 이성계)로부터 시작해서 가지 끝의 잎이 되는 4명의 손자 쪽으로 진화가 이루어지고, 방사형 계통수는 뿌리가 중앙에 있고 잎이 바깥쪽으로 뻗어 나가는 모양을 하고 있다. 두 계통수 모두 생물의 진화 경로를 표시하는 데 많이 사용되며, 본 강좌에서도 자주 등장한다.

이런 계통수가 앞으로 자주 나올 겁니다. 그러니 계통수 보는 방법에 대해 충분히 숙지해주셨으면 합니다. 미생물로는 감이 잘 안 잡히실 테니, 사람의 진화와 관련된 예를 들어 여러분의 이해를 돕도록 하죠.

그럼 내 조상이 원숭이라는 말입니까?

인간의 유전체 분석에 이어 최근 침팬지의 유전체가 분석되면서, 인간의 진화에 대해 많은 분들이 관심을 갖게 되었습니다.

DNA 정보로만 보면 인간과 침팬지는 99% 이상 같아서 아주 비슷하기 때문입니다. 언젠가 한번은 이런 일이 있었습니다. 생물학 전공이 아닌 대학원생을 상대로 오늘과 비슷한 '유전자 진화에 대한 강의'를 하고 있는데, 한 학생이 심각한 표정으로 다음과 같은 질문을 던지더군요. "그럼 인간의 조상이 원숭이라는 말입니까?" 사실 이 질문은 이미 19세기에 찰스 다윈(Charles Robert Darwin, 1809. 2. 12~1882. 4. 9)이 진화론을 내놓으면서 받은 질문입니다. 나중에 알았지만, 의외로 이런 질문을 하는 분이 많더군요. 이 질문에 대한 제 대답은 "인간의 조상은 원숭이가 아니다" 입니다. 그리고 제가 드릴 수 있는 조금 더 정확한 답은 "인간과 원숭이는 조상이 같고, 그 조상은 지금 지구상에 없다" 입니다.

인간과 비슷한 거대 유인원의 진화적인 관계에 대해서는 이미 지난 수십 년간 다방면으로 연구가 이루어지고 있고, 의견 충돌이 많아 생물학 분야에서 가장 논란이 되는 영역이기도 합니다. 요즘의 대한민국 국회로 보시면 비슷할 겁니다. 이 오랜 논란거리의 해결책 가운데 하나가 바로 유전자의 계통수를 분석하는 일입니다. 현존하는 동물 중 인간과 진화적으로 가깝다고 여겨지는 침팬지, 고릴라, 오랑우탄의 조상 관계를 유전자 분석을 통해 두 가지의 계통수로 나타낼 수 있습니다. 그림 5

왼쪽의 계통수 A에서는 인간과 침팬지의 조상이 같고, 그 조상이 고릴라의 조상과 조상이 같습니다. 반면에 오른쪽의 계통수 B에 따르면 침팬지와 고릴라의 조상이 같고, 시간을 더 거슬러 올

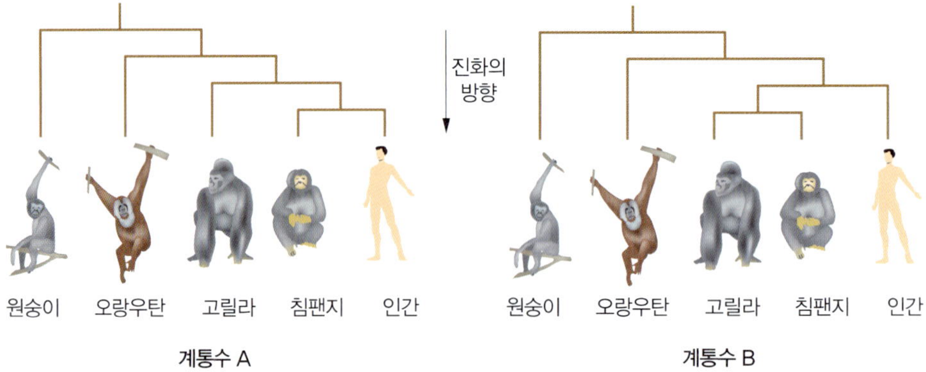

그림 5 _ 계통수의 예
인간과 거대 유인원의 진화적인 관계를 도식으로 표현하였다.

라가면 이 조상이 인간의 조상과 같아지죠. 계통수 A에서는 인간과 침팬지가 형제간이면 고릴라는 이들과 사촌간이 되고, 계통수 B에서는 침팬지와 고릴라가 형제가 되고 인간은 사촌뻘이 됩니다. 그동안 인간은 다른 유인원과는 많이 다르다고 생각해온 우리는, 심정적으로 계통수 B에 나타난 진화 경로가 옳을 것이라고 생각해왔습니다. 그러나 많은 유전자 분석에 이어, 마침내 침팬지의 전체 유전체가 분석되는 지금에 와서는 계통수 A에 나타난 가설에 더 큰 무게가 실리고 있습니다. 사실 유전체 분석에 따르면, 침팬지는 고릴라보다 사람에 더 가깝습니다. 분자생물학의 기본에 대해서 이해가 좀 되셨으리라 믿고, 이제부터는 본격적으로 미생물에 대해서 알아보기로 하겠습니다.

작다고 모두 미생물일까요?

제가 대학에서 미생물학을 강의할 때, 첫 시간에 학생들에게 꼭 물어보는 질문이 있는데요, 바로 "미생물이 뭡니까?" 하는 겁니다. 의외로 미생물학 또는 생물학을 전공하는 많은 대학생들이 이에 대해 제대로 대답을 못하는 경우가 많습니다. 미생물은 한자로는 微生物, 영어로는 micro-organism입니다. 풀이하면 모두 '작은' 생물을 뜻합니다. 그럼 작다고 모두 미생물일까요? 알레르기를 유발하는 진드기 같은 생물은 아주 작아서 육안으로 확인하기 어렵습니다. 그럼 진드기도 미생물일까요?

아닙니다. 진드기는 엄연히 동물에 속합니다.

미생물의 정확한 학문적 정의는 '육안으로는 보이지 않고 현미경을 이용해야만 보이는, 대개 단세포나 단세포의 간단한 덩어리 형태로 된 생명체'입니다. 그런데 여기에도 예외가 있습니다. 대표적으로 우리 식탁에 많이 오르는 버섯을 들 수 있는데, 버섯은 분류학적으로 미생물의 한 종류인 곰팡이에 속합니다. 대부분의 곰팡이는 가느다란 실과 같은 형태의 균사를 형성하는데, 이런 균사는 아주 작아서 육안으로 볼 수 없습니다. 그러나 일정한 조건, 예를 들어 적당한 온도와 습도가 갖춰지면 균사 중 일부는 서로 뭉쳐서 커다란 덩어리를 이루게 됩니다. 이것을 과실체 또는

제공: 정학성

그림 6_

- **이름:** 영지靈芝버섯
- **학명:** *Ganoderma lucidum*
- **종류:** 진핵세포군, 곰팡이, 담자균류
- **사는 곳:** 죽은 활엽수 내부
- **특징:** 불로초라고도 불리며 약용버섯으로 쓰인다. 실같이 자라는 균사는 작아서 육안으로 보이지 않지만, 균사가 덩어리를 이룬 자실체인 버섯은 볼 수 있다.

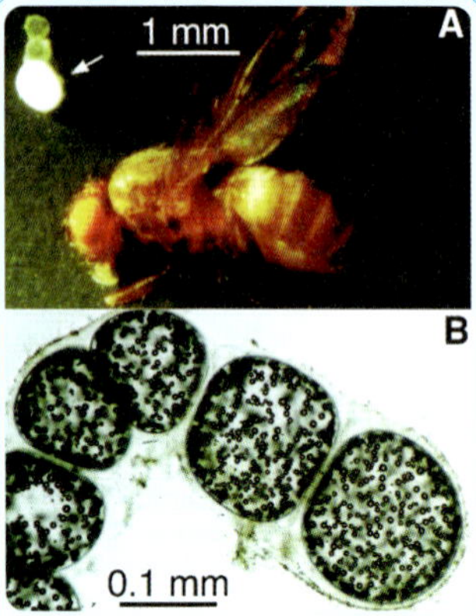

그림 7_

- **이름:** 티오마르가리타 남미비엔시스
- **학명:** *Thiomargarita namibiensis*
- **종류:** 박테리아, 감마프로테오박테리아
- **사는 곳:** 아프리카 남미비아 연안의 바다 밑 퇴적토
- **특징:** 길이가 0.8mm에 달하는 세계에서 가장 큰 박테리아이다. 주로 황을 산화해서 에너지를 얻는다.

A. 티오마르가리타 남미비엔시스를 초파리의 크기와 비교한 사진으로, 화살표로 표시한 바와 같이 육안으로도 볼 수 있는 초대형 박테리아이다.

B. 티오마르가리타 남미비엔시스의 내부 확대 사진으로, 진주처럼 반짝이는 것이 황이다. 이 박테리아는 세포 안에 황을 만들어 축적한다.

자실체라고 하는데, 바로 우리가 흔히 보는 버섯입니다. 버섯은 대개 죽은 나무 속에서 나무를 분해하면서 눈에 보이지 않는 균사로 자라다가, 생식을 위해 자실체를 형성하게 됩니다. 우리가 식용으로 재배하는 느타리, 표고, 양송이 등과 약용으로 재배하는 상황이나 영지버섯[그림6]이 모두 미생물인 곰팡이에 속합니다. 이들을 키울 때는 대개 죽은 나무를 먹이로 사용합니다.

참! 크기 이야기를 하면서 최근에 발견된 초대형 박테리아를 빼놓을 뻔했네요. 보통 박테리아의 크기는 1에서 10마이크로미터에 불과해서, 당연히 우리 육안으로는 보이지 않습니다. 그런데 1999년 아프리카의 남미비아란 나라의 앞바다에서 눈으로 확인할 수 있을 정도로 큰 초대형 박테리아가 발견되었습니다. 독일 연구진이 100미터 깊이의 바다 밑에서 건져 올린 티오마르가리타 남미비엔시스[그림7]라는 이름의 이 박테리아는 그 크기가 곤충인 초파리의 머리와 비슷합니다. 그래도 감이 잘 안 오시죠? 만약 전형적인 박테리아인 대장균과 제 키가 같다면, 티오마르가리타 남미비엔시스는 63빌딩 세 채를 쌓아놓은 정도의 크기라고 할 수 있습니다. 이렇듯 단세포 생물인 박테리아만 해도 그 크기가 엄청나게 다양합니다.

백만분의 1미터에 해당하는 길이.

세상에서 가장 큰 생물은 무엇일까?

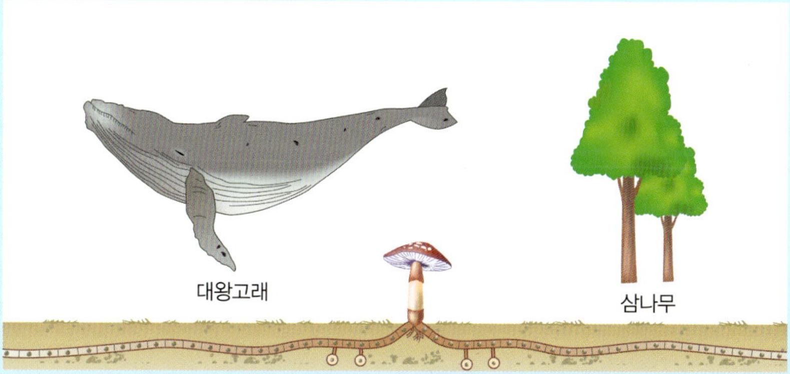

흰긴고래의 일종인 대왕고래는 과거와 현재를 막론하고 지구상의 최대 동물로 인정받고 있다. 가장 큰 공룡도 이 고래의 크기에는 미치지 못한다. 현재까지 알려진 가장 큰 대왕고래는 몸길이가 34미터에 몸무게가 약 190톤에 달한다. 하지만 식물의 왕국에서 대왕고래는 큰 축에도 못 낀다. 이 세상에서 가장 큰 몸집을 가진 식물은 미국 캘리포니아 세쿼이아 국립공원에 있는 삼나무로, 나이는 약 3천 년이며 키가 84미터, 지름은 11미터, 둘레는 31미터나 된다. 뿌리를 포함한 무게는 무려 약 2천 톤에 달한다. 하지만 고래의 세포는 거의 모두 살아 있는 반면, 오래된 나무의 세포는 거의 대부분 죽어 있다는 차이가 있다. 실제로 지구상에서 가장 큰 생물은 아이러니하게도, 작은 생물의 뜻을 가진 미생물이다. 2004년에 스위스 과학자들이 축구경기장 8개 크기만 한 초대형 '괴물' 버섯을 발견했다. 유럽 최대의 버섯으로 추정되는 이 버섯은 스위스 알프스의 동쪽 엥가딘 국립공원에서 발견됐으며, 1천 년쯤 묵은 것으로 보인다. 꿀버섯 *Armillaria ostoyae*종으로 알려진 이 괴물 버섯은 가로가 500미터, 세로가 800미터로 35헥타르의 넓은 지역에 몸체를 펼치고 있다. 이렇게 큰 버섯이 어떻게 지금까지 발견되지 않았을까? 바로 버섯의 몸체 대부분은 땅속에 들어가 있고, 일부만 지표 위로 모습을 드러내고 있기 때문이다. 하지만 이 버섯이 지구상에서 가장 큰 생물은 아니다. 지금까지 발견된 가장 큰 버섯은 미국 오리건주 동부 맬휴어 국립삼림지대에서 발견된 890헥타르 규모의 버섯이다. 결국 가장 작은 생물도 미생물, 가장 큰 생물도 미생물인 셈이다.

정확한 미생물의 정의

이렇게 버섯이나 초대형 박테리아처럼 크기가 커서 엄연히 눈에 보이는 것도 미생물로 간주하다 보니, 앞에서 말씀드린 미생물의 정의는 그리 정확하지 않은 듯싶습니다. 막연히 작은 생물을 미생물로 정의하기에는 너무나 과학적이지 않습니다. 현실적으로 미생물을 '동물과 식물을 제외한 생물체'로 정의하면 상당히 편하게, 그리고 정확히 정의할 수 있습니다. 능동적인 정의가 아니라 상당히 피동적인 정의입니다만, 만약 어떤 생물이 있다면 일단 동물인지 식물인지를 살피고, 이도 저도 아니면 '미생물이다'라고 하는 겁니다. 그러다 보니, 미생물이 식물과 동물이 아닌 다양한 생물을 모두 모아놓은 잡동사니 같은 집단이 되어버렸습니다. 여기에 생물과 무생물의 중간적인 성격의 바이러스도 미생물에 포함하고 나니, 미생물이라고 부르는 생명체의 다양함은 이루 말할 수 없게 되었죠.

미생물의 다양함에 대해 예를 하나 들어보겠습니다. 아시다시피 동물과 식물은 모두 호흡을 합니다. 동식물의 호흡에는 산소가 필요합니다. 반면에 미생물의 경우 산소로 호흡하지 않는 것도 많습니다. 이들 미생물은 산소 대신에 철이온, 황산, 질산염 등 다양한 무기물을 이용해서 호흡을 합니다. 강의를 진행하면서 다양한 미생물을 소개해드리겠습니다만, 우리가 상상도 할 수 없는 방법으로 살아가는 미생물을 얼마든지 쉽게 찾을 수 있습니다. 그럼 미생물의 세계로 본격적인 여행을 하기에 앞서 그 종류와 특징에 대한 대략적인 소개를 하겠습니다.

지구의 모든 생물을 한 페이지로 정리하다

사람은 천성적으로 분류하기를 좋아합니다. 어떤 것이든지 그 수가 많으면, 나름대로 각각의 특징에 따라 정리하길 좋아하죠. 그래야 기억하기도 편리할 겁니다. 도서관에서 책을 정리하는 일이나, 대기업에서 부서를 만들어 인력을 관리하는 일도 같은 맥락이지요. 생물학에서도 마찬가지입니다. 지구상의 수많은 생물을 어떻게든 하나의 기준으로 정리하려는 노력은 이미 아리스토텔레스 때부터 이어져온 숙제였습니다. 과거에는 모양, 조직, 형태 등에 따라 생물을 분류했는데, 이는 한계가 참 많았습니다. 특히 모양이 모두 비슷한 미생물을 분류하는 데는 더 큰 어려움이 따랐습니다.

미생물 비교를 통해 서로 다른 두 종류의 미생물을 보여드리겠습니다.그림8 아주 비슷하게 생겼지요? 미생물학자들은 이렇듯 동그랗게 생긴 녀석들을 구균이라고 통칭해서 부릅니다. 서로 구별이 안 될 정도로 비슷한 이 둘의 유전적인 차이는 얼마나 될까요? 놀랍게도 저와 제가 아침에 먹은 김치 속 배추보다도 더 멉니다. 이 두 미생물의 화학적인 조성도 상당히 다릅니다.

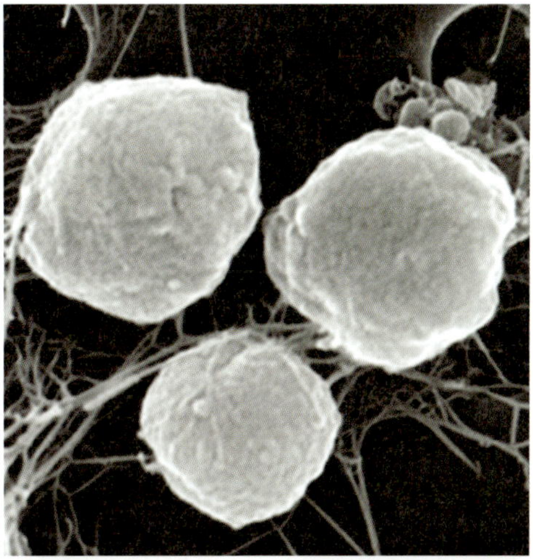

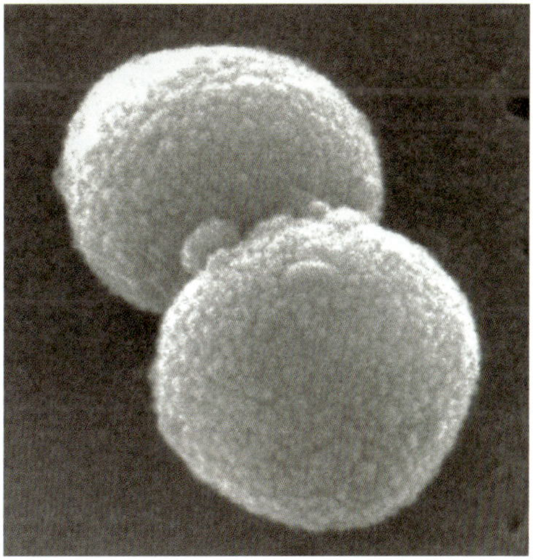

☛ 그림 8_ **미생물 비교**
서로 다른 미생물을 비교한 사진으로, 메탄생성아케아(위)와 폐렴구균(아래)은 모양은 비슷하지만, 유전적으로는 사람과 식물간의 거리보다도 몇 배 이상 거리가 있는 완전히 다른 생명체이다.

한마디로 '보이는 것이 전부가 아니다'라는 것이 미생물 세계의 법칙입니다.

이렇듯 모양은 비슷하지만, 유전적으로 완전히 다른 미생물을 구별하기 시작한 것은 불과 30년 전입니다. 그리고 우리에게 이런 혜안을 준 것이 바로 DNA이고 유전자 분석입니다. 유전자를 이용하여 생물을 분류하기 위해서는, 사전에 몇 가지 가정이 필요합니다. 첫째는 지구의 모든 생명체가 태초에 하나의 생명체로부터 진화하여 오늘날에 이르렀다는 것이고, 둘째는 각각의 유전자 또는 DNA가 시간이 지남에 따라 조금씩 일정하게 변한다, 즉 진화한다는 것입니다. 이런 가정 하에 현존하는 생물체의 유전자 염기서열을 조사하여 과거의 진화를 역추적하면, 생물체 진화의 경로를 계통수 형태로 얻을 수 있습니다. 지구상의 모든 생명체가 형제, 사촌 또는 먼 친척이고, 이런 유전적 관계를 하나의 가계도로 정리할 수 있다는 겁니다.

이 지구 생명의 계통수를 그리기 위해 전 세계의 수많은 생물학자들이 닥치는 대로 생명체의 유전자를 분석했습니다. 저도 지난 수년간 강화도 갯벌이나 독도의 흙, 남극 세종기지 주변에 사는 박테리아를 비롯해서 수천 종의 미생물을 분석했습니다. 이런 자료는 모두 데이터베이스∞로 정리되고, 이렇게 해서 그려진 계통수에는 지구상의 모든 생명체가 포함되어 서로의 조상 관계가 나타납니다. 이것을 우리는 생명의 계통수∞라고 합니다.그림9 드디어 인간의 오랜 꿈이 이루어진 겁니다. 바로 지구의 모든 생

∞ 대표적인 데이터베이스로 Ribosomal RNA database project (http://rdp.cme.msu.edu/html)가 있다.

∞ **생명의 계통수** Tree of Life라고 한다. 관심 있는 독자는 미국 애리조나대학교의 사이트(http://tolweb.org/tree/phylogeny.html)를 살펴보기 바란다.

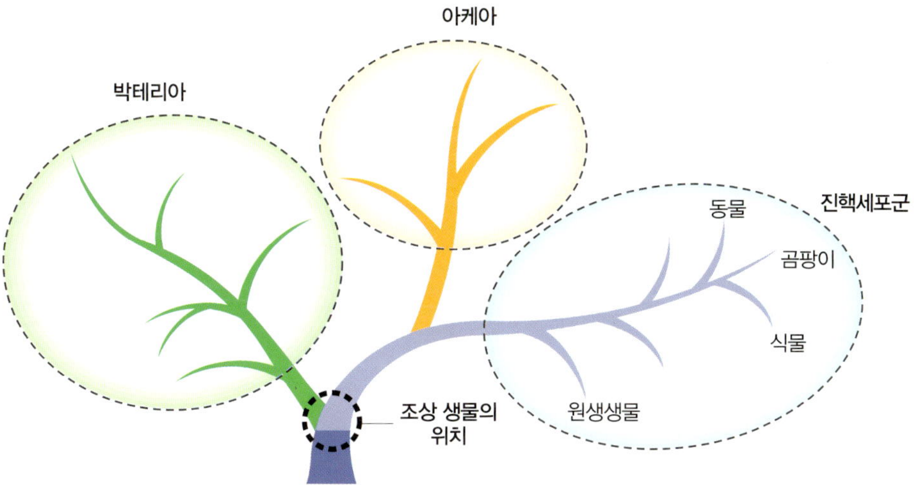

그림 9_ 유전자 분석으로 나타낸 생명의 계통수
지구상 모든 생물의 진화를 역추적하여 얻은 계통수로 모든 생물체를 박테리아, 아케아, 진핵세포균의 3개의 도메인으로 나눈다.

물의 조상 관계를 한 페이지에 정리하게 된 거죠.

이 생명의 계통수에 따르면 지구 생물체는 뿌리가 되는 원시 조상 생물로부터 크게 3개의 큰 가지로 진화했음을 알 수 있습니다. 첫째는 박테리아로 우리가 흔히 알고 있는 대장균, 유산균 그리고 식중독을 일으키는 이질균과 같은 세균이 여기에 속합니다. 박테리아를 세균이라 부르는 사람도 있으나, 나중에 설명할 아케아∞와 구분하기 위해 앞으로 박테리아로 통일해서 부르겠습니다.

생명의 계통수에서 가운데 위치하는 생물체들은 아케아라고 불리는데, 비교적 최근에 발견된 것들입니다. 아케아는 모양이 박테리아와 비슷한 단세포 생명체로 섭씨 80도 이상의 고온에서

∞ **아케아** Archaea
여기에 속하는 미생물은 모양이 박테리아와 비슷하나 그 성질은 완전히 다르다. 아케아는 옛날이라는 뜻이며, 국내에서는 고古세균 또는 시원始原세균으로 번역되었으나, 여기서는 원어대로 아케아로 쓰기로 한다.

사는 초고온성 아케아, 염전과 같이 염분 농도가 아주 높은 곳에서 사는 호염성 아케아, 메탄을 생성하는 메탄생성아케아로 크게 나눌 수 있습니다. 이들은 대개 자연계의 극한 환경에서 주로 서식하는 것으로 알려져 있습니다. 나중에 다시 자세히 말씀드리겠지만 지금 여러분의 대장 속에도 아케아가 살고 있습니다.

세 번째 그룹은 우리 인간을 포함하는 진핵세포군 입니다. 앞에서 언급한 박테리아와 아케아는 세포 안에 핵이 없는 반면에 진핵세포군에 속하는 생물체는 핵을 가지고 있습니다. 그리고 거의 모든 진핵세포에서 에너지를 생산하는 소기관인 미토콘드리아가 존재합니다. 진핵세포는 그 크기도 박테리아나 아케아에 비해 수배에서 수십 배가 큽니다. 그림10 진핵세포군에서 놀라운 점은, 계통수의 오른쪽 끝을 보면 상대적으로 하등하게 여겨지는 곰팡이

진핵세포군Eucarya
핵이 있는 세포로 이루어진 생물의 총칭으로 동물, 식물 그리고 미생물 중에 곰팡이와 원생생물이 여기에 속한다.

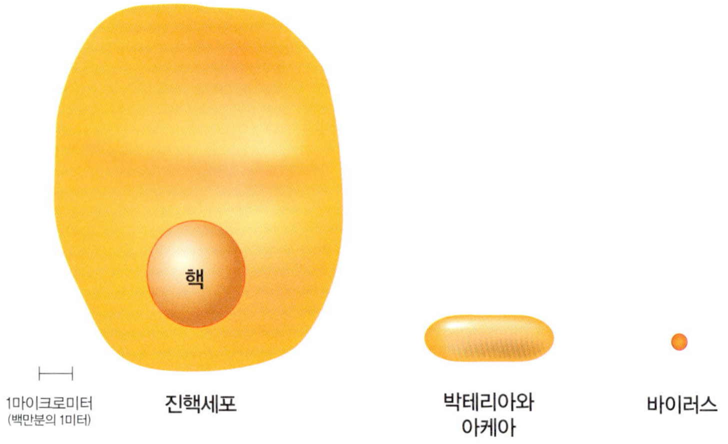

그림 10_ 생물체의 상대적인 크기 비교

가 동물, 식물과 나란히 계통수의 가장 말단에 위치한다는 것입니다. 곰팡이에는 앞에서 언급한 버섯 이외에도 항생제인 페니실린을 만드는 푸른곰팡이, 술을 만들 때 쓰이는 효모 등이 여기에 속합니다. 현재는 이 계통수의 동물, 식물, 곰팡이를 제외한 모든 진핵세포류를 원생생물∞로 분류하고 있습니다. 아메바, 짚신벌레, 말라리아 원충, 점균류 등이 여기에 속합니다. 최근에 우리나라에서 문제가 되고 있는 적조를 일으키는 코클로디니움∞도 원생생물에 속하는 미생물이죠. 앞서 설명했듯이 생명의 계통수에 널리 퍼져 있는 생물들 중에서 동물과 식물을 제외한 모든 생물체가 현재의 기준으로 미생물에 속합니다. 제가 앞에서 왜 미생물이 '잡동사니의 집합' 이라고 했는지 조금은 이해가 되셨으리라 믿습니다.

생명의 계통수에서는 생물체 사이의 가지의 길이가 유전적인 차이를 나타내므로 미생물 사이의 유전적인 변이가 동물이나 식물에 비해 매우 크고, 다양하다는 것은 쉽게 아실 수 있을 겁니다. 이런 유전적 다양성 때문에 동식물이 살 수 없는 극한 환경에서도 미생물은 살 수 있으며, 자연계의 물질 순환에 있어서 동식물이 할 수 없는 절대적인 역할을 미생물이 할 수 있는 겁니다.

∞ **원생생물**Protists
보통 한 개의 핵을 가진 단세포생물로서 가장 원시적인 생물을 일컫는다.

∞ **코클로디니움***Coclhodinium*
일명 바다의 식충식물이라고 불리는 식물 플랑크톤으로, 우리나라 바다에서 적조를 일으키는 주범이다.

미생물 관찰하기

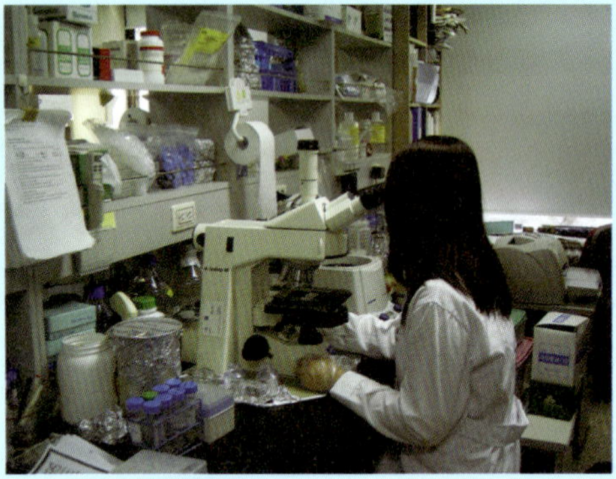

☛ 서울대학교 세균학 연구실에서 광학현미경으로 박테리아를 관찰하는 모습

동물과 식물은 수만에서 수조 개의 세포가 하나의 생명체를 이루고 있지만, 미생물은 대개 하나의 세포가 개체를 형성한다. 그래서 일반적으로 미생물을 육안으로 관찰하는 것은 불가능하다. 예외적으로 크기가 1mm에 이르는 초대형 박테리아가 있기는 하지만, 박테리아, 아케아, 원생생물을 관찰하는 데는 현미경이 필요하다. 약 1천 배까지 확대할 수 있는 광학현미경의 경우에는 바이러스를 제외한 대략적인 미생물을 관찰할 수 있으며, 정확한 관찰을 위해서는 배율이 수만 배에 이르는 전자현미경을 사용하는 것이 필수적이다.

바이러스는 전자현미경으로만 관찰할 수 있다. 광학현미경은 살아 있는 세포를 원색 그대로 볼 수 있으나, 전자현미경은 세포를 화학적으로 고정시키기 때문에 관찰하기 전에 세포가 죽어버린다. 또한 얻을 수 있는 사진은 모두 흑백이다. 본 강좌에서 사용된 사진은 거의 대부분 전자현미경으로 촬영 후 이해를 돕기 위해 색을 입힌 것들이다.

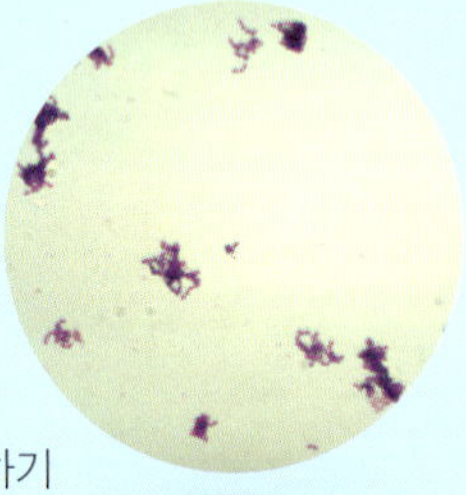

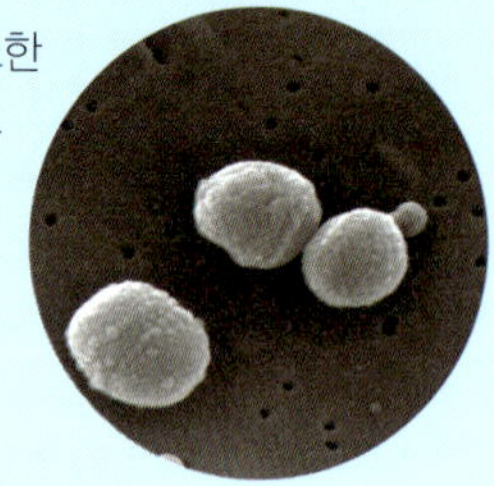

☛ 박테리아인 폐렴구균을 광학현미경(위, 배율 1천 배)과 전자현미경(아래, 배율 2만 6천 배)으로 본 모습

미생물은 지구 역사의 산 증인

지금부터 지구가 태어난 약 46억 년 전으로 한번 거슬러 올라가보겠습니다. 태초의 지구는 아주 뜨거웠고, 당시의 대기는 지금과는 많이 달랐습니다. 특히 우리가 유의할 점은, 공기 중에 20% 가까이 존재하는 산소가 당시에는 전혀 없었다는 점이죠. 산

소가 없으니 오존층도 없어서, 강력한 자외선을 태양으로부터 직접 받았을 겁니다. 강력한 자외선은 유전물질인 DNA에 손상을 가져오므로 생명체에게는 치명적이라는 것을 여러분도 잘 아실 겁니다. 그래서 피부암도 발생하고요. 만약 타임머신을 개발해서 과거로 가시고자 한다면, 산소통과 강력한 자외선 차단제는 반드시 준비하시길 바랍니다.

아마도 태초의 지구는 온도가 매우 높아 모든 물은 수증기의 형태로 존재하였을 겁니다. 액체 형태의 물의 존재는 생명 유지의 가장 큰 전제 조건이므로, 이런 초기의 지구 조건은 분명 생명체가 존재하는 데는 부적합해 보입니다. 그러나 시간이 지나고 지구가 식으면서 액체 형태의 물이 존재하게 되었습니다. 그 증거로 그린란드 남서부에서 발견된 약 38억 년 전에 형성된 퇴적암을 들 수 있습니다. 침전물이 굳은 퇴적암이 있었다는 것은 물이 액체 상태로 존재했음을 의미하기 때문이죠. 너무나 오래 전에 일어난 일이라서 최초의 생명체 연구에 대한 확고한 과학적인 증거는 거의 없는 상태입니다. 심지어는 대학 교재에도 소설 같은 이야기만 나옵니다. 아무튼 어떻게 최초의 생명체가 발생하였는지 현재로서는 알 길이 없지만, 그것이 미생물 중에서도 박테리아나 아케아와 비슷한 형태였다는 점만은 분명합니다. 이것은 바로 최초 생명체의 증거를 박테리아 모양의 화석에서 찾아볼 수 있기 때문입니다.

지금까지 발견된 가장 오래된 생명체의 화석은 호주 서부에서 발견된 것으로, 이것을 스트로마톨라이트그림11라고 부르고 있습

☛ 그림 11_ 미생물 화석인 스트로마톨라이트의 단면

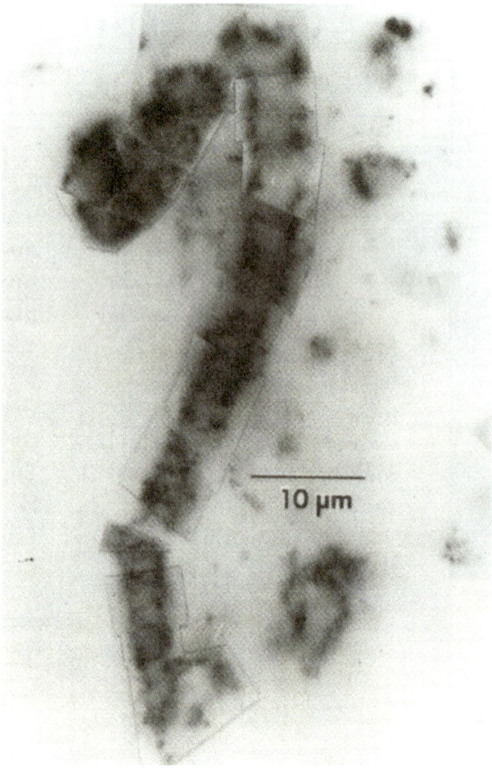

☛ 그림 12_ 35억 년 전의 미생물 화석
스트로마톨라이트 내부에서 발견되는 35억 년 전의 미생물 화석. 긴 줄의 형태를 띠며, 광합성을 했을 것으로 추정된다.

니다. 스트로마톨라이트는 긴 줄 형태의 광합성을 하는 박테리아가 퇴적되면서 생긴 미생물 화석으로, 지금까지 발견된 화석 중 가장 오래된 것은 약 35억 년 전의 것입니다.그림12 미국의 플로리다나 호주의 바닷가에서는 지금도 스트로마톨라이트가 만들어지는 것을 볼 수 있습니다.

가장 오래된 화석은 35억 년 전쯤의 것이지만, 실제로 지금의 박테리아, 아케아, 진핵세포의 공동 조상그림9은 이미 38억 년 전 경에는 지구에 나타났을 것으로 보입니다. 이때 지구 환경이 급속히 바뀌면서 미생물도 더불어 다양하게 진화하기 시작한 듯합니다. 난세에 영웅이 나온다고, 어려운 환경에서 능력 있는 미생물들이 많이 나타난 거죠.

초기 지구에 살던 광합성 미생물들은 지금의 식물처럼 이산화탄소를 마시고 산소를 내뿜는 광합성을 하지는 않았습니다. 그러다가 약 30억 년 전쯤에 광합성을 하는 박테리아의 일종인 시아노박테리아그림13가 나타났습니다. 이 미생물의 출현은 지구 생물의 역사에 있어서 가장 큰 변화의 기폭제가 되었죠. 왜냐하면 지구에 드디어 산소가 생겨나기 시작했기 때문입니다. 이후에 시아노박테리아의 지속적인 역할로 지구의 산소 농도는 점점 증가해서 8억 년 전쯤에는 지금처럼 약 20%에 이르게 되었습니다. 그리고 산소가 생기면서 지금과 같은 모습의 식물과 동물이 탄생할 수 있는 여건이 만들어졌습니다. 그러니 우리가 숨쉬고 있는 산소는 모두 수십억 년 동안 산소를 만들어 온 시아노박테리아 덕택임을 알아야 하겠습니다.

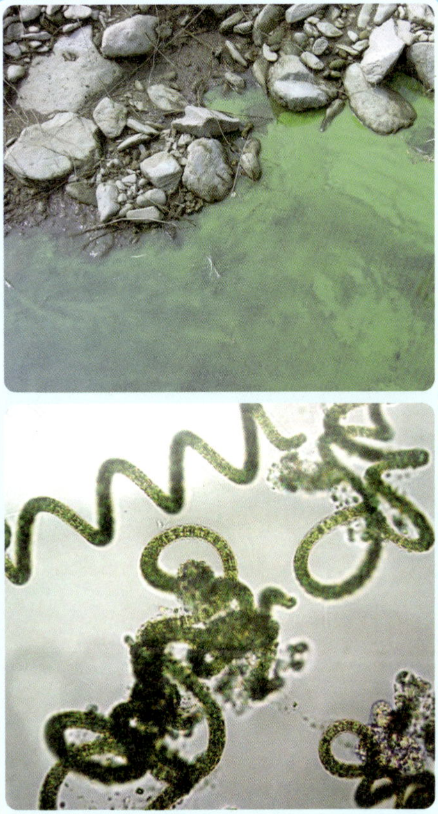

제공: 오희목

그림 13_

- **이름:** 시아노박테리아(남조류)
- **학명:** *Cyanobacteria*(blue-green algae)
- **종류:** 박테리아, 시아노박테리아
- **사는 곳:** 바다, 강, 호수에 널리 분포
- **특징:** 박테리아의 일종으로 식물과 같은 산소를 만드는 광합성을 한다. 지구 초창기부터 산소를 만들어서, 지금과 같이 동물과 식물이 나타나는 데 결정적인 역할을 했다. 간혹 호수나 강에서 녹조를 일으키기도 한다. 식물이 가지고 있는 엽록체도 과거에 시아노박테리아였던 것이 공생했다고 볼 수 있다.

우리 세포와 미생물의 더불어 살기

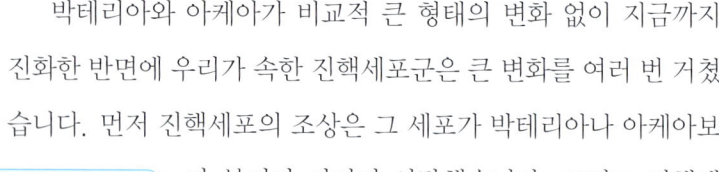

∞ **프로테오박테리아***Proteobacteria*
자연계에 다양하게 존재하며, 대장균, 이질균, 살모넬라 등이 대표적이다.

박테리아와 아케아가 비교적 큰 형태의 변화 없이 지금까지 진화한 반면에 우리가 속한 진핵세포군은 큰 변화를 여러 번 거쳤습니다. 먼저 진핵세포의 조상은 그 세포가 박테리아나 아케아보다 부피가 커지기 시작했습니다. 그리고 진핵세포의 조상 가운데 하나의 안으로 박테리아의 일종인 프로테오박테리아∞가 이사를 왔습니다. 이때부터 진핵세포와 프로테오박테리아는 한 지붕 식구가 되어 공생共生을 시작한 거죠. 시간이 지나면서 두 세포는 역할 분담을 하고, 셋방을 살던 프로테오박테리아는 산소 호흡을 통해 영양분으로부터 에너지를 생산하는 일을 전담하게 됩니다. 이것이 바로 우리 세포 속에 있는 미토콘드리아그림14의 정체입니다.

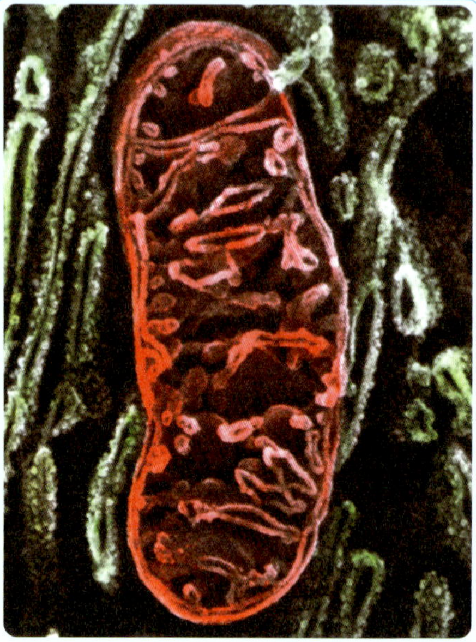

그림 14_

- **이름:** 미토콘드리아
- **학명:** Mitochondria
- **종류:** 박테리아, 프로테오박테리아
- **사는 곳:** 동물, 식물, 원생생물과 같은 진핵세포의 내부
- **특징:** 진핵세포 내 소기관으로 산소 호흡을 해서 에너지를 만드는 역할을 한다. 과거에는 독립생활을 했으나, 현재는 반드시 진핵세포 내에서 공생을 해야 하는 방향으로 진화했다. 미토콘드리아에 문제가 생기면 다양한 질병이 발생할 수 있다. 미토콘드리아는 어머니로 부터만 물려받는다.

식물의 경우에는 나중에 또 다른 공생을 하게 됩니다. 바로 지구에 산소를 제공한 주인공인 시아노박테리아가 식물 세포 안으로 들어와 같이 살게 된 겁니다. 역시 식물 세포와 공생하게 된 시아노박테리아는 이미 자리를 잡고 있던 미토콘드리아처럼 분업을 하면서, 다른 일은 하지 않고 전적으로 광합성을 담당하게 되었습니다. 이것이 바로 현재의 식물 엽록체의 과거입니다. 다시 정리하면 식물은 진핵세포, 프로테오박테리아, 시아노박테리아가 함께 모인 '한 지붕 세 가족' 형태의 세포입니다. 그래서 동물, 식물, 프로테오박테리아의 산소 호흡 방식이 같고, 식물의 광합성 방법이 지금의 시아노박테리아와 같은 겁니다. 이런 '공생설'은 여러 가지 과학적인 증거에 근거를 두고 있으며, 학계에서도 일반적으로 인정받고 있습니다.

지구 역사 다시 둘러보기

지구의 역사를 이야기하다 보니, 시간상으로 감이 안 잡히는 분이 많은 것 같습니다. 그렇다면 한번 지구의 역사를 한 달의 시간으로 환산해서 생각해보도록 하죠.그림15 지구가 만들어지고 3일째에 최초의 생명체가 지구에 나타납니다. 14일에는 시아노박테리아가 나타나서 광합성을 통해 대기의 산소 농도를 높이기 시작합니다. 20일에는 미생물 형태의 최초의 진핵세포가 나타났으며, 24일경에야 비로소 다세포로 된 생명체가 나타납니다. 27일에는 수생 동식물이 다양하게 진화하며, 28일에는 동식물이 육상으로 진출하고, 29일에는 공룡이 지구를 지배하고 최초의 곤충과 포유류가 지구에

그림 15_ 지구의 역사를 한 달로 본 달력

나타납니다. 마지막 날인 30일에는 최초로 새가 지구의 하늘을 날고, 꽃을 피우는 현화식물∞이 나타납니다. 인류가 지구에 출현한 시기는 마지막 날 자정이 거의 다 된 시각인 자정 10분 전이고, 인간이 역사를 기록한 기간은 한 달이라는 지구 역사 중에서 마지막 30초에 불과합니다. 제 설명을 들으시면서, 지금은 우리 인류가 마치 지구의 주인으로서 모든 권리가 있는 것처럼 지구의 구석구석을 파괴하고 있지만, 장구한 지구의 역사를 볼 때 얼마나 미미한 존재인지 새삼 느껴지실 겁니다! 인류가 내일 멸종한다면, 지구 역사 한 달 중에서 인류가 존재했던 10분의 의미는 아마 거의 없을 겁니다. 반면에 지구 역사의 대부분을 함께 한 미생물은 가장 오래된 생명체로 지금도 존재하고 앞으로도 끝까지 지구와 함께 할 것이 자명합니다.

∞ **현화식물**
꽃이 피는 식물을 총괄하는 분류군으로, 밑씨가 노출되어 있는 겉씨식물과 밑씨가 씨방 속에 들어 있는 속씨식물로 나뉜다.

바이러스는 생물인가 무생물인가?

그러고 보니, 바이러스에 대한 이야기가 빠진 것 같네요. 원래 바이러스라는 말은 라틴어의 독毒에서 나왔습니다. 간염, 에이즈, 사스, 독감, 조류독감, 구제역 등등, 요즘 들어 참으로 많은 바이러스가 일으키는 질병들이 신문지상을 장식하고 있죠. 게다가 컴퓨터 바이러스까지 기승을 부려서 아마 바이러스란 단어를 듣기만 해도 지긋지긋하실 겁니다. 그런데 이 바이러스들의 정체가 무엇일까요? 왜 이 녀석들은 우리를 이처럼 괴롭힐까요?

우리가 지금까지 보아온 생명의 계통수그림9를 다시 한 번 보아주십시오. 유심히 보면 바이러스가 빠져 있습니다. 생명의 계통수에서 빠져 있으니, 바이러스는 생물체가 아닐까요? 사실 바이러스는 완전한 생명체라고 보기 어렵습니다. 그렇다고 무생물로 볼 수도 없습니다. 자신의 유전자를 가지고 있고, 감염을 통해 증식을 할 수 있기 때문이죠. 정확하게 바이러스와 다른 생명체가 어떻게 다른지 한번 살펴볼 필요가 있을 것 같습니다.

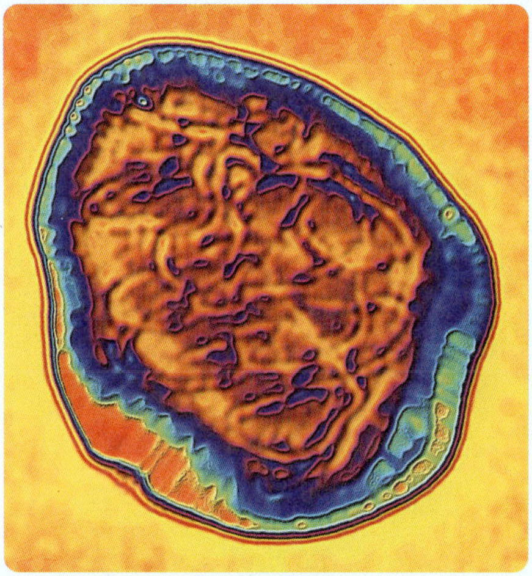

그림 16_

◉**이름:** 홍역 바이러스
◉**학명:** Measles virus
◉**종류:** 바이러스, ssRNA negative-strand virus, Mo-nonegavirales, Paramyxoviridae, Paramyxovirinae, Morbillivirus
◉**사는 곳:** 사람의 세포 속
◉**특징:** 스스로 살 수 없으며, 숙주인 사람의 세포 속에서만 살 수 있다. 주로 어린아이에게 가려움증과 고열을 동반하는 홍역을 일으킨다. 홍역은 매우 전염성이 강하고, 한번 걸리면 평생 면역력이 생긴다.

주로 아이들에게 홍역을 일으키는 홍역 바이러스그림16와 치명적인 식중독을 일으키는 박테리아인 리스테리아 모노사이토제네스그림17를 한번 비교해보겠습니다. 그림을 보시면, 두 생물체 모두 동그란 모양으로 막에 싸여 있습니다. 그리고 모두 유전물질을 그 안에 가지고 있습니다. 박테리아, 아케아, 진핵세포균을 포함한 모든 생명체는 DNA를 유전물질로 가진다고 이미 말씀드렸습니다. 바이러스의 경우에는 DNA 이외에 RNA를 유전물질로 가진 것도 존재하죠. 여기에 보여드린 홍역 바이러스 이외에도 에이즈, 사스, 조류독감을 일으키는 바이러스도 RNA를 유전물질로 가지고 있습니다.

그런데 바이러스와 박테리아 사이에 큰 차이가 하나 있습니

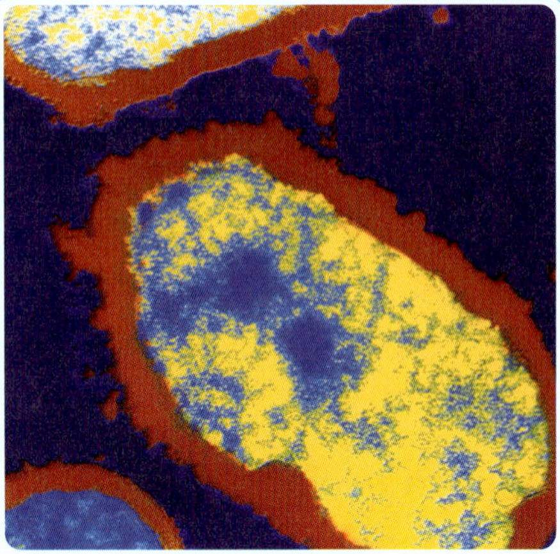

그림 17_

- 이름: 리스테리아 모노사이토제네스
- 학명: *Listeria monocytogenes*
- 종류: 박테리아, 그람양성세균
- 사는 곳: 토양에 널리 분포
- 특징: 사람에게 감염되면 식중독을 일으킨다. 식중독균 중에서 가장 치명적이며, 감염되면 5명 중 1명꼴로 사망할 수 있다. 리스테리아는 육류나 가금류 고기, 해산물, 야채 등 많은 음식물에서 공통적으로 발견된다. 특히 면역력이 약한 노약자나 임산부에게 위험하다.

다. 박테리아인 리스테리아의 경우 앞에서 말씀드린 중심도그마(21쪽)가 가능하다는 겁니다. 즉, 세포 안에서 DNA로부터 단백질을 만드는 전사와 번역을 스스로 할 수 있습니다. 그런데 바이러스는 유전물질인 DNA나 RNA만 있지, 중심도그마를 자체적으로 할 수 있는 단백질을 가지고 있지 않습니다. 그러나 바이러스도 자신이 가지고 있는 유전자를 이용하기 위해서는 분명히 중심도그마를 이행해야 하죠. 그럼 바이러스의 비책은 무엇일까요?

모든 바이러스는 반드시 숙주宿主로 사용되는 세포가 있습니다. 그리고 이 세포는 박테리아, 아케아 또는 진핵세포군에 속하는 온전한 생물체여야 합니다. 바이러스는 이 숙주의 중심도그마에 사용되는 단백질을 빌려서, 자신의 유전자로부터 단백질을 만듭니다.

숙주세포는 바이러스의 유전자를 자신의 유전자인 줄 알고 속아서 바이러스 유전자로부터 단백질을 만들어주고, 심지어는 바이러스의 유전체까지 복제해줍니다. 정리하면 바이러스는 중심도그마를 스스로 해결하지 못하고, 그 때문에 숙주생물에 기생을 하는 생물체입니다. 그래서 완전한 생물체라고 보기도 어렵고 해서, '생물과 무생물의 중간' 이라고 흔히 이야기하는 겁니다.

숙주 host
기생당하는 동식물을 말하며, 기주寄主라고도 한다.

바이러스는 어디서 왔을까?

그럼 바이러스는 어디서 온 것일까요? 생명의 계통수 그림 9를 보면, 바이러스를 제외한 모든 생물이 하나의 조상 세포로부터 진화한 증거가 보입니다. 그렇다면 바이러스도 하나의 조상으로부터 진화한 것일까요? 바이러스의 유전자를 분석해보면, 이들이 서로 유연관계가 없다는 것을 쉽게 알 수 있습니다. 예를 들어 독감을 일으키는 인플루엔자 바이러스와 에이즈 바이러스의 유전자는 전혀 연관성이 없습니다. 현재 일반적으로 인정하는 학설은 바이러스가 기존에 존재하는 생명체로부터 빠져나온 유전자 조각이라는 가설입니다.

박테리아로부터 우리 인간에 이르기까지 모든 생명체는 유전체 안에 자기 스스로 움직이는 유전자 조각이 존재합니다. 이 유전자 조각은 유전체 위에서 위치를 옮기거나, 복사본을 다른 곳에 만들거나, 심지어는 다른 생명체로 옮겨갈 수도 있습니다. 이렇게 '옮겨다니는 유전자 조각'이 변해서 만들어진 결과물이 바이러스라는 것이 이 가설의 핵심입니다.

바이러스도 그럼 미생물일까요? 이미 말씀드렸듯 '동물과 식물을 제외한 생물이 미생물'이라고 정의했으니, 바이러스도 미생물에 속하겠지요. 한창 이슈가 된 광우병이라는 것이 있습니다. 광우병을 일으키는 주범은 프리온 ∞ 이라는 물질인데, 이것은 생물도 아니고 바이러스도 아닙니다. 그런데도 광우병에 걸린 소의 고기를 먹으면 사람도 같은 질병에 걸립니다. 바로 전염성이 있는

∞ **프리온**Prion
단백질Protein과 비리온(Virion: 바이러스 입자)의 합성어로, 바이러스처럼 전염력을 가진 단백질 입자라는 뜻이다.

거지요. 그러나 사실 프리온은 단순히 단백질입니다. 유전물질이 아니기 때문에 생물로 볼 수 없습니다. 그럼에도 많은 사람들이 프리온도 일종의 미생물처럼 다루기도 합니다. 마지막 시간에는 이 프리온에 대해 좀 더 자세히 알아보겠습니다.

보이지 않는 세계의 지배자를 찾아서

베르나르 베르베르의 소설『개미』의 한 구절을 읽어보겠습니다.

> "인간의 존재는 그들(개미)이 전적으로 지구를 지배하는 동안에 일어난 짤막한 삽화에 지나지 않는다. 개미들은 우리보다 더, 한없이 그 수가 많다. 그들이 더 많은 도시를 가지고 있고 훨씬 더 많은 생태 구역을 차지하고 있다. 그들은 어떤 인간도 살아남을 수 없는 건조지대, 한랭지대, 열대지대, 습지대에 살고 있다. 우리의 눈길이 미치는 어느 곳에나 개미들이 있다. 개미들은 우리가 여기에 있기 1억 년 전에도 있었고, 원자 폭탄을 견디어낸 희귀한 유기체들 가운데 하나였다는 점으로 미루어볼 때, 우리가 지구에서 사라지고 난 1억 년 후에도 틀림없이 여기에 남아 있을 것이다. 3백만 년에 걸친 우리의 역사는 그들의 역사에 비하면 하나의 사건에 지나지 않는다."

지구상에서 가장 성공한 생명체 가운데 하나인 개미에 대한 대단한 예찬이며, 구구절절 모두가 사실입니다. 저는 이 글을 읽으며, '인간'을 '개미'로 바꾸고 '개미'를 '미생물'로 바꾸면 이 글이 개미라는 생명체를 설명하기에 적절했던 것처럼, 미생물을 설명하기에도 적절할 듯하다는 생각을 했습니다. 여러분은 어떻게 생각하십니까? 한번 살펴보기로 할까요?

개미는 어떤 동물보다도 다양한 곳에 살고 있습니다. 맞는 이야기입니다. 그리고 그곳에는 개미와 함께 수많은 미생물이 살고 있습니다.그림18 심지어는 개미 한 마리의 몸속에도 수억 마리의 미생물이 살고 있습니다. 물론 개미가 살 수 없는 곳에도 미생물은

제공: 최재천

☛ 그림 18_ **열심히 잎을 잘라 나르고 있는 잎꾼개미**
잎꾼개미*Atta cephalotes*는 모은 잎으로 미생물 농장을 만드는데, 개미 한 마리의 몸속에는 수억 마리 이상의 미생물이 살고 있다.

살 수 있습니다. 현재 100도에 가까운 온천물에서 살 수 있는 생물체는 미생물뿐입니다. 진정으로 지구상에 미생물이 살지 못할 곳은 거의 없습니다. 수백만 년의 역사에 불과한 인류에 비해 개미는 수억 년의 역사를 가지고 있습니다. 그러나 지구 최초의 생명체였던 미생물은 38억 년의 역사를 가지고 있고, 지구 역사 대부분의 주인공이었습니다. 유구한 개미의 역사도 미생물의 역사에 비하면 하나의 장章에 불과한 거죠. 또 지구상에 존재하는 다양한 미생물은 그 수도 엄청나게 많아 정확히 헤아리기는 어렵지만, 개미를 비롯한 모든 동물을 합친 숫자보다도 수만 배 이상은 될 겁니다. 지금 이 순간 제 몸 안에 살고 있는 미생물의 수만 해도 지구의 인구보다 많습니다. 베르베르는 인류가 사라진 1억 년 후에도 개미가 살아남아 있을 거라고 했는데, 아마 개미가 사라진 1억 년 후에도 미생물이 살아 있으리라는 생각이 듭니다. 만약 지구상에서 미생물이 사라진다면, 아마 그건 지구 생물체가 모두 멸종했음을 의미하겠지요.

앞으로 여러 시간에 걸쳐 다양한 미생물과 그들이 살고 있는 마이크로 세계로 가보도록 하겠습니다. 우리 몸 주변에서부터 시작해 점점 남극이나 심해처럼 접근하기 어려운 극한 조건의 환경에까지 다양한 곳으로 여러분과 함께 여행을 해보겠습니다. 시작에 앞서 여러분이 준비하실 것은 오직 상상력 하나입니다.

●● 두 번째 이야기

한 집안의 가장에게 딸린 식구가 있다면, 그는 가족 전체를 먹여 살릴 책임이 있겠죠. 만약 여러분에게 지구 인구의 수백 배나 되는 미생물들이 딸린 식구라면 어떻게 하시겠어요? 그리고 이들이 우리 몸을 전장으로 삼아 시도 때도 없이 전쟁을 벌이고 있다면요? 미생물들은 인간이 나타나기도 전에 지구상에 자리를 잡았지만, 이중 일부는 우리 몸을 자신의 삶의 무대로 생각하고 살아갑니다. 우리가 바로 이 미생물들의 가장인 셈이죠. 가장이 가족이 누구인지조차 몰라서야 되겠어요? 지금부터 다 같이 그들을 만나보겠습니다.

두 번째 이야기

인간과 동고동락하는 미생물 이야기

자, 지금부터는 미생물이 살고 있는 세계를 두루 가보도록 할까요? 이번 시간에는 먼저 우리 몸을 한번 살펴보도록 하겠습니다. 앞에서도 설명했듯이, 생물의 기본 단위는 세포입니다. 미생물중 대표선수 격인 대장균처럼 하나의 세포로 이루어진 생명체도 있고, 동물이나 식물처럼 무수히 많은 세포로 이루어진 생명체도 있습니다. 인간의 경우, 정자와 난자가 만나 처음의 수정란 단계에서는 하나의 세포이지만 계속 분열을 해서 세상에 태어날 때는 약 3조 개의 세포를 가지게 됩니다. 그리고 어른으로 성장하면서, 약 60조에서 100조 개까지 그 수가 늘어납니다. 정말 엄청나죠? 우리가 키가 크고, 몸무게가 늘어나는 것은 우리 몸의 세포가 커지는 것이 아니라 바로 세포 수가 늘어나기 때문입니다.

여기서 더 놀라운 사실은 우리 몸에서 우리와 더불어 생활하고 있는 미생물의 수가 이보다 10배 가량 많다는 사실입니다. 주인인 나보다도 더 많은 미생물 손님이 나와 항상 같이 다니며, 사실은 나 때문에 먹고산다는 겁니다! 물론 눈에 보이지 않으니까 우리가 이 점을 그동안 모르고 지내던 것이고요. 그렇다고 불결하다거나 불쾌하게 생각할 필요는 전혀 없습니다. 왜냐하면 이들 미생물들은 대부분 우리 몸에 해를 입히는 것이 아니라, 오히려 병을 일으킬 수 있는 다른 나쁜 미생물을 물리쳐주는 역할을 하기 때문입니다. 이처럼 이로운 미생물을 우리는 정상균총이라고 통칭해서 부릅니다. 그리고 정상균총에 문제가 생기면 여러 가지 병이 생길 수 있습니다.

우리 몸에서 많은 미생물이 살고 있는 곳 중의 하나가 바로 입속입니다. 이를 잘 닦지 않으면, 그 안의 음식물이 부패해서 냄새

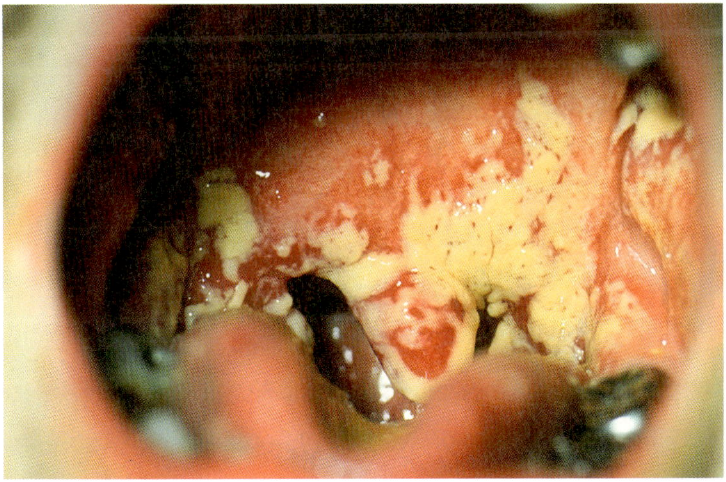

그림 19_ 아구창

아구창은 입 속의 점막이나 혀, 잇몸 등에 하얀 반점이 생기는 병으로 곰팡이의 일종인 캔디다 알비칸스가 일으킨다. 젖먹이에게 흔한 질병이다.

그림 20_

- **이름**: 캔디다 알비칸스
- **학명**: *Candida albicans*
- **종류**: 곰팡이, 자낭균류, 효모류
- **사는 곳**: 사람의 점막 (입 속, 장 속, 여성의 질)
- **특징**: 사람의 점막에 사는 곰팡이로 거의 모든 사람에게서 발견된다. 면역력이 떨어진 노약자나 에이즈 환자의 경우 기회감염을 일으킬 수 있다. 여성에 발생하는 캔디다 증(질염)의 원인균이다. 입 속을 찍은 전자현미경 사진에서 캔디다 곰팡이(푸른색의 큰 공 모양)와 박테리아(노란색의 작은 공 모양)가 엉겨 있다.

가 나기도 하고, 충치가 생기기도 하죠. 만약 그걸 막으려고 강력한 살균제로 입 속 미생물을 모두 없앴다고 가정해볼까요? 이제는 충치 걱정 없이 행복할까요? 아마 아닐 겁니다. 입 속에는 해로운 미생물이 본격적으로 자라기 시작했기 때문입니다.그림19 이 미생물은 전에 살던 정상균총에 속하는 녀석들처럼 착하지 않습니다. 바로 곰팡이의 일종인 캔디다 알비칸스그림20가 여기에 해당하는데, 이처럼 아구창 같은 질병을 일으키게 됩니다. 왜 이런 일이 생길까요? 간단합니다. 아파트의 한 동에 사는 주민의 수가 대략 일정한 것처럼 우리 몸에는 일정 수의 미생물이 살 수밖에 없습니다. 그렇다면 누가 사는 것이 좋겠습니까? 당연히 비교적 착한 미생물인 정상균총이 사는 것이 좋겠지요. 이 녀석들이 없어지면, 그동안 정상균총과의 경쟁에서 져서 한쪽 구석으로 밀려나 있던 병원균이 자라서 질병을 일으키게 됩니다.

이처럼 정상균총은 우리의 건강을 지켜주는 파수꾼이므로, 미생물이라고 해서 함부로 몸 밖으로 몰아내려는 것은 정말 잘못된 생각입니다. TV 광고에서처럼 무조건 "세균을 몰아내자"라는 주장은 과학적으로 항상 옳은 것만은 아닌 셈입니다. 건강한 삶을 유지하기 위해서는 우리 몸뿐만 아니라 우리와 함께 동고동락하는 미생물에 대한 이해가 필요합니다. 지금부터는 본격적으로 우리 몸 구석구석에서 보금자리를 틀고 살아가는 미생물들에 대해 알아보기로 하겠습니다.

피부는 거대한 사막, 모공은 오아시스

보통 성인의 피부를 모두 펴면 약 2제곱미터(약 0.6평)가 되는데, 그 부위마다 피부의 성질이 서로 다릅니다. 일반적으로 인간의 피부는 자주 마르기 때문에 미생물에게는 그리 좋은 서식처가 아닙니다. 건조한 곳에서는 미생물이 살 수 없다는 걸 여러분도 경험으로 잘 알고 계실 겁니다. 바짝 마른 곳에 곰팡이가 핀 것을 보신 적이 있나요? 없죠. 대신 습한 곳에는 반드시 검게 곰팡이가 피기 마련입니다. 햇볕에 말리면 더 좋지만, 환경을 건조하게 만들어주어도 미생물이 자라는 것을 효과적으로 막을 수 있습니다. 젖은 행주를 바짝 말리면 소독 효과를 볼 수 있는 것도 바로 이 때문입니다.

많은 피부용 화장품이 건조를 막는 기능을 하는 걸 아시죠? 이처럼 피부는 매우 건조한 환경이고, 미생물에게는 사막과 같은 곳입니다. 그래서 대부분의 미생물, 특히 박테리아의 경우 비교적 습기가 많은 피부의 땀샘이나 그 주위에만 국한해서 살고 있습니다. 대개 1제곱센티미터 넓이의 피부에 100마리 정도의 박테리아가 살고 있는데, 미생물의 기준으로 보면 피부는 고비사막과 같다고 볼 수 있습니다. 물론 땀을 흠뻑 흘린 날이면, 미생물에게는 마치 사막의 단비 같아서 젖어 있는 동안은 증식하기 좋은 조건이 됩니다.

겨드랑이나 성기 주위는 아포크린샘apocrine gland이라는 땀샘이 많이 분포해서 따뜻하고 습기가 높습니다. 그리고 이 때문에 많은 박테리아가 집중적으로 서식할 수 있습니다. 또한 이 부위에는 흔히 암내가 나기도 하는데, 이는 직접적인 땀 냄새라기보다는 박테리아가 땀을 분해하고 남은 화합물인 지방산과 암모니아의 냄새입니다. 실제로 땀샘 주위의 박테리아를 모두 제거한 후에 아포크린샘의 냄새를 맡아보면 아무 냄새도 나지 않습니다. 아포크린샘 외에 모낭 주변의 피지선을 통해 미끈한 땀이 분비되는데, 사람의 땀은 주로 산성이며 그 안에는 수분 이외에도 박테리아에게 영양분이 되는 아미노산, 염분, 젖산, 지방이 충분하게 들어 있습니다. 그래서 모낭은 이들 미생물에게는 훌륭한 서식처가 되는 거죠. 그러니까 모낭 주위는 사막 같은 피부 위의 오아시스라고 할 수 있습니다.

여름에 특히 땀 냄새나 발 냄새가 심한데, 이는 미생물이 잘 자랄 수 있도록 수분(땀)이 많고 온도가 높기 때문입니다. 그래서 발을 자주 깨끗이 씻고 말리는 것이 중요합니다. 명심하십시오, 발 냄새의 주범은 여러분이 아니라 미생물이라는 것을 말이죠!

프로피오니박테리움 에크니그림21는 정상균총에 속하는 박테리아지만, 모공이 막혀 피지가 쌓일 때는 증식하여 여드름을 만드는 주범입니다. 어린 아이들에게는 여드름이 잘 생기지 않습니다. 실제로 조사해보면 여드름을 일으키는 프로피오니박테리움 에크니가 어린아이에게서는 발견되지 않고, 16~17세가 되어서야 처음 나타나는 것을 알 수 있습니다. 그래서 여드름을 '청춘의 꽃'이라고 하는가 봅니다. 2004년 7월 독일 과학자들이 이 여드름 주범의 유전체를 완전히 해독했습니다. 여드름균은 모두 2,333개의 유전자를 가지고 있으며 이 가운데 일부 유전자가 인간의 피부세포와 조직을 파괴하는 효소를 만들어낸다는 것을 알아냈습니다. 이 박테리아가 이들 효소를 이용해서 우리 피부를 공격하고, 이때 파괴된 피부 조직을 먹고 자라는 겁니다. 거기다 이 박테리아가 만드는 단백질이 우리의 면역체계와 상호 작용을 해서 여드름을 유발한다는 사실도 알아냈습니다. 이제 여드름의 원인에 대해서 속속들이 알았으니, 여드름을 제압하는 일도 그리 먼 이야기는 아닐 것 같습니다.

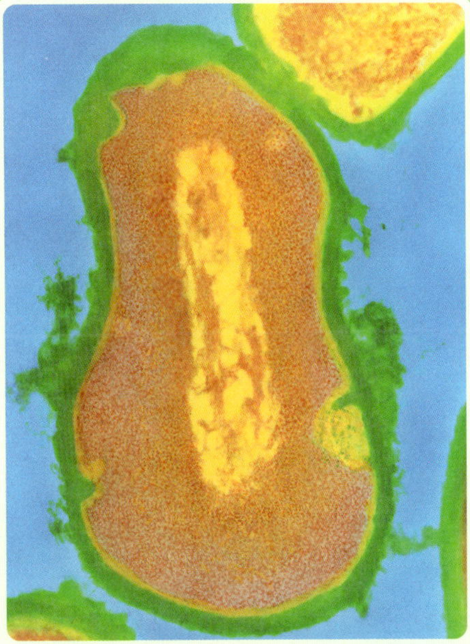

그림 21_

- **이름:** 프로피오니박테리움 에크니
- **학명:** *Propionibacterium acne*
- **종류:** 박테리아, 방선균
- **사는 곳:** 사람의 피부, 장 속
- **특징:** 우리 피부에 사는 박테리아로 프로피온산Propionic acid을 만들어서 유해한 다른 박테리아의 성장을 막는 유익균인 동시에 여드름을 일으키는 주범이다. 산소가 있는 곳에는 살 수 없는 절대 혐기성 미생물이다.

입 속의 미생물들

구강, 즉 입 속은 우리 신체에서 가장 복잡하고도 다양한 환경을 미생물에게 제공합니다. 우리는 입 속에 지속적으로 침을 분비하는데, 이 침에는 박테리아의 세포벽을 선택적으로 공격하는 리소자임lysozyme이라는 단백질 효소가 들어 있어서 입 속에서 박테리아가 성장하는 것을 저지합니다. 하지만 이것만으로 우리가 계속 섭취하는 음식과 함께 들어오는 많은 미생물을 모두 막아내기는 역부족입니다. 게다가 구강에는 미생물을 기준으로 항상 엄청난 양의 영양분이 있어서 많은 미생물이 서식할 수 있는 최적의 조건을 제공합니다.

우리가 이를 깨끗이 닦으면, 치아 표면의 박테리아를 상당 부분 제거할 수 있습니다. 그러나 곧 침 속에 있는 단백질로 인해 치아 위에 얇은 막이 형성되고, 그 위에 다시 박테리아가 붙어서 층 위에 층을 형성하게 됩니다. 이것을 생체막그림22이라고 하는데, 이

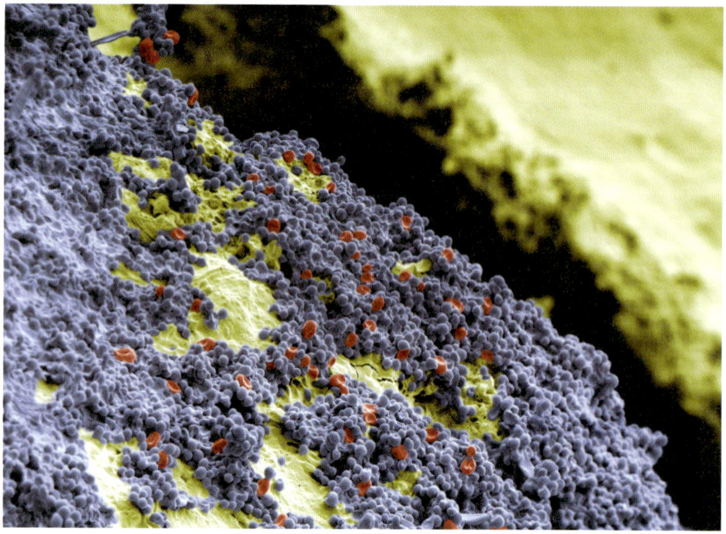

그림 22_ **치아(노란색)의 표면을 덮고 있는 구강 내 박테리아들(파란색)**
치아의 표면에는 여러 층의 미생물이 생체막을 형성한다.

것의 역할을 규명하는 것이 요즘 미생물학의 최첨단 분야 중 하나입니다. 생체막을 형성하는 데 주로 관여하는 박테리아는 연쇄상구균 ∞ 이고, 이들 박테리아가 치아 표면에 만드는 두꺼운 층이 바로 치약 광고에 많이 나오는 플라크입니다.

시간이 지나면서, 이미 형성된 플라크에 실 모양의 푸조박테리움 ∞ 이 달라붙으면 플라크가 더 두꺼워집니다. 플라크를 형성하는 박테리아들은 대개 입 속의 영양분을 이용해서 발효를 하는데, 이때 미생물은 젖산과 같은 다양한 유기산을 발효의 산물로 만듭니다. 그리고 이 유기산이 치아 표면의 칼슘을 제거하는 역할을 해서 충치가 발생하는 직접적인 원인이 됩니다.그림23 다시 말해 충치는 세균의 감염증이라는 거죠. 일단 치아 표면의 에나멜층이

∞ **연쇄상구균** *Streptococcus*
동그란 모양의 그람양성박테리아의 일종. 피부나 점막에 널리 분포하며, 기회가 있으면 병을 일으키기도 한다.

∞ **푸조박테리움** *Fusobacterium*
산소가 없는 곳에서만 자라는 혐기성 박테리아. 잇몸의 염증을 일으키기도 한다.

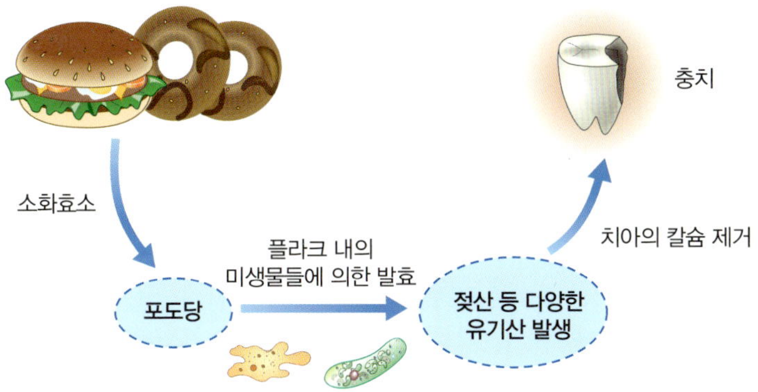

그림 23_ **충치의 발생 기작**
입 속으로 들어온 음식물은 소화효소에 의해 분해되면서 포도당을 형성한다. 포도당은 플라크의 미생물에 의해 다양한 유기산으로 전환되는데, 산에 의해 치아의 칼슘이 제거되면서 충치가 발생한다.

ꝏ **불소**fluorine
주기율표 제7B족에 속하는 할로겐족 원소로, 플루오르라고도 한다.

ꝏ **소브리누스균***Streptococcus sobrinus*
그람양성박테리아로 충치와 관련이 있다.

이 유기산에 의해서 파괴되면, 그 아래에 있는 치아층도 박테리아가 만드는 단백질분해효소에 의해 파괴되고, 결국은 충치가 심해집니다. 흔히 치약 제조에 많이 사용하는 불소ꝏ는 치아의 칼슘과 결합해서, 박테리아가 내는 유기산에 의한 침식을 막아서 충치를 예방하는 효과가 있는 것으로 알려져 있습니다.

충치를 일으키는 연쇄상구균 중에서도 두 종류가 가장 큰 역할을 한다고 보시면 됩니다. 소브리누스균ꝏ은 치아에 가장 먼저 달라붙는 첨병尖兵의 역할을 하고, 뮤탄스균[그림 24]이 주로 치아를 상하게 하는 주범입니다. 뮤탄스균은 우리가 섭취한 설탕과 같은 영양분을 다당류의 하나인 덱스트란dextran이라는 끈적거리는 물질로 바꿉니다. 이 물질은 박테리아가 치아 표면에 달라붙는 데 중요한 역할을 하는데, 대개 80~90% 사람의 구강에서 이 뮤탄스균이 발견됩니다.

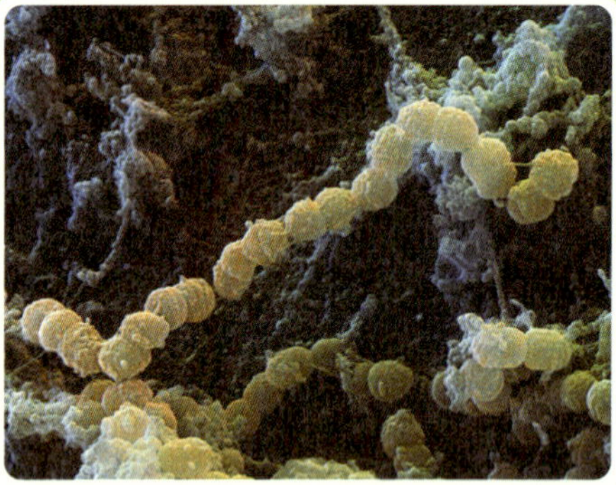

그림 24_

- 이름: 뮤탄스균
- 학명: *Streptococcus mutans*
- 종류: 박테리아, 그람양성세균, 연쇄상구균
- 사는 곳: 사람의 입 속
- 특징: 동그란 모양의 박테리아로 여러 개가 모여 사진처럼 사슬을 형성한다. 모든 사람의 구강에 있는 정상균총에 속하며, 플라크를 만드는 충치의 주범이다.

아쉽게도 충치를 막을 수 있는 예방약이나 백신은 아직 없습니다. 충치에 걸리지 않으려면 입 속의 박테리아가 이용할 수 있는 당분을 먹지 않는 것이 최우선이겠지만, 바로 양치질을 해서 씻어내는 것이 그 다음에 취할 수 있는 차선의 방법입니다. 연구에 따르면 당분을 섭취하고 나서 1분 30초 뒤면 박테리아로 인한 충치가 시작된다고 하네요. 재미있는 점은 아프리카 탄자니아의 아이들에게서는 충치가 거의 발견되지 않는다고 합니다. 아마도 이 아이들이 설탕 성분을 거의 섭취하지 않는 것과 연관이 있어 보입니다. 하지만 우리는 어떻습니까? 당분의 가장 해로운 형태인 하얀 정제설탕이 들어 있는 청량음료와 음식 등을 수시로 먹고 있는 것이 현실입니다.

최근에는 충치를 예방하기 위해 설탕 대신 감미료로 자일리톨을 사용하는 경우가 많아졌습니다. 자일리톨은 단맛을 내면서도 설탕과 달리 뮤탄스균을 비롯한 충치균이 발효를 할 수 없어 충치가 진행되지 않는 특징이 있습니다. 그래서 입 속의 박테리아가 치아를 손상시키는 유기산을 만들 수 없게 하는 겁니다. 더 재미있는 점은 자일리톨이 다른 당분과 비슷하게 생겨서, 뮤탄스균이 자꾸만 자신의 세포 안으로 자일리톨을 끌어들인다는 겁니다. 그런데 이미 말씀드렸듯 박테리아가 자일리톨을 소화시킬 수 없으니, 섭취한 자일리톨은 박테리아 세포 안에 자꾸만 쌓여, 아이러니하게도 박테리아는 너무나 배부른 상태에서 굶어 죽게 됩니다. 인간이 충치균을 멋지게 속인 셈이죠.

위 속의 미생물들

우리가 섭취한 음식물은 침에 있는 아밀라아제 ∞ 같은 효소에 의해 분해가 시작됩니다. 하지만 본격적인 소화는 바로 위胃에서부터 시작되죠. 위의 가장 큰 특징은 강력한 소화효소와 함께 내부의 산성도가 pH2 ∞ 정도로 매우 높다는 점입니다. 위의 산성

∞ **아밀라아제**amylase
침이나 위액 속의 아밀라아제는 녹말을 가수분해하여 말토오스를 생성하므로 소화작용에 있어 꼭 필요하다.

∞
pH값이 낮을수록 산성도가 높다. 식초가 pH3 정도이다.

도가 이렇게 높은 이유는 음식과 함께 들어온 미생물을 죽이기 위해서이고, 실제로 위 내부처럼 산성도가 높은 환경에서 살 수 있는 미생물은 많지 않습니다. 위산은 입 속에 있던 많은 미생물이 소장 등의 소화관으로 옮겨가는 것을 막는 일차적인 방어벽 역할을 합니다. 그래서 위 속에는 정상균총으로 볼 수 있는 미생물은 없습니다. 하지만 우리가 원하지 않는 병원균인 헬리코박터 피로리라는 박테리아가 위 속에서 자랄 수 있습니다.

위 속의 불청객, 헬리코박터 피로리

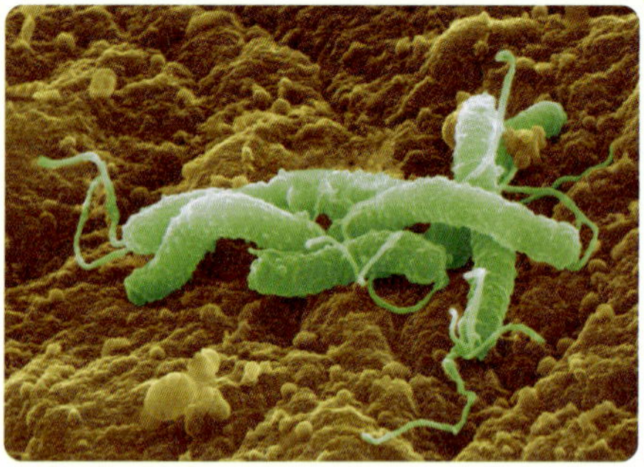

그림 25_

- **이름:** 헬리코박터 피로리
- **학명:** *Helicobacter pylori*
- **종류:** 박테리아, 프로테오박테리아
- **사는 곳:** 사람의 위
- **특징:** 사람의 위에서 사는 병원성 박테리아로 위염과 위암을 일으키는 것으로 알려져 있다. 몸은 꼬여 있으며, 세포의 끝에 보이는 실 모양의 편모로 빠르게 이동할 수 있다.

요즘에 언론이나 방송에서 많이 다루어서 헬리코박터 피로리, 줄여서 헬리코박터라는 이름의 미생물을 못 들어보신 분은 별로 없을 겁니다. 헬리코박터는 나선형으로 꼬인 모양을 한 박테리아로 위와 십이지장에 서식합니다.그림 25 전 세계 인구의 약 50%가 이 박테리아를 위 속에 가지고 있다고 하니, 결코 남의 이야기는 아닙니다.

헬리코박터는 다른 미생물이 살지 못하는 높은 산성도의 위 속에서 살 수 있도록 오랜 진화를 거쳤습니다. 우리 위의 표면은 강력한 위산으로부터 스스로를 보호하기 위해 점막으로 둘러싸여 있는데, 헬리코박터는 이를 절묘하게 이용해 위 속에서 생존을 합니다. 위액은 산성도가 pH2로 높지만, 위벽 점막의 안쪽은 산성도가 pH4로 점차 낮아지고, 가장 안쪽의 점막세포 근처는 중성인 pH7로 산성도가 떨어집니다. 입을 통해 위로 들어간 헬리코박터는 산성도가 낮은 바로 이 점막세포 주위에 자리를 잡고 살아가게 됩니다.

헬리코박터의 '살신성인' 생존 전략

헬리코박터의 또 하나의 생존 전략은 바로 요소분해효소를 많이 만든다는 점입니다. 요소는 이 효소에 의해 분해가 되면 탄산가스와 알칼리성의 암모니아가 되는데, 이 암모니아가 바로 위산을 중화하는 역할을 하게 되는 거죠. 침이나 위산에는 요소가 많기 때문에 강력한 요소분해효소는 헬리코박터를 위산으로부터 보호하는 방패 역할을 충분히 할 수 있습니다. 재미있는 점은 강한 위산이 엄습할 때 헬리코박터가 요소분해효소를 밖으로 분출해 위산을 중화해야 하는데, 이것이 잘 안 된다는 점입니다. 왜냐하면 헬리코박터가 만들어놓은 요소분해효소가 자신의 세포 밖으로 나가지 못하기 때문입니다. 좀 한심하지요? 기껏 방패를 만들어 놓고 쓰지도 못하게 됐으니까요.

최근 연구를 통해 이유가 밝혀졌는데요, 바로 헬리코박터 중 일부가 위산으로 몸이 터져 죽으면서, 그 안에 있던 요소분해효소가 모두 세포 밖으로 나오게 된다는 겁니다. 그러면 그 주위에서 요소가 분해되고 암모니아가 생기면서 위산이 중화되고, 주변에 있는 다른 헬리코박터가 살아남게 됩니다. 실제로 위산에 살아남은 헬리코박터는 주변의 죽은 헬리코박터로부터 나온 요소분해효소를 자신의 세포 주변에 갑옷처럼 두른다고 합니다. 단세포 생물인 헬리코박터가 이처럼 자신의 죽음으로 동료를 보호하는 '살신성인'의 전법으로 진화했다는 사실이 놀라울 따름입니다. 죽은 동료의 시체를 넘어 살아남은 헬리코박터는 증식을 통해 금방 그 수를 회복할 수 있습니다. 이처럼 끈끈한 동료애 때문에 헬리코박터는 가장 퇴치하기 어려운 병원균 가운데 하나로 알려져 있습니다. 또 항생제의 도움을 받지 않고서는 우리의 면역 시스템이 물리칠 수 없는 아주 독종 미생물입니다. 단세포 생물인 미생물조차 소수의 희생으로 전체가 살아남는다는 정신을 실천하는데, 수조 개의 세포로 이루어진 지구상에서 가장 진화한 생명체인 인간이 선뜻 이를 실천에 옮기지 못하는 것은 왜일까요? 오염으로 인한 지구의 멸망이 뚜렷이 보이는데도, 당장 눈앞의 이익 때문에 여러 가지 환경 관련 조약에 서명하지 못하는 국가가 많이 있다는 점에서 인간이 하등한 미생물에게 분명히 배울 점이 있어 보입니다.

헬리코박터 발견의 뒷이야기

헬리코박터의 발견 이면에는 재미있는 일화가 있습니다. 그 이야기는 1980년대 초 호주의 퍼스 병원에 근무하던 병리학자로빈 워렌 박사로부터 시작됩니다. 병리학은 병의 원리를 밝히기 위해서 병의 상태나 병든 조직 등을 연구하는 기초의학 분야로, 워렌 박사는 위염 환자들의 위 조직을 검사하면서 위 속에 박테리아가 살고 있다는 사실을 알게 되었죠. 하지만 당시에는 아무도 이 사실을 믿으려 하지 않았던 것 같습니다. 물론 이분이 상습적인 거짓말쟁이라서 그랬던 건 아닙니다. 바로 다음과 같은 고정관념 때문이었습니다. 첫째는 모든 음식물이 흐물흐물 녹아버릴 정도로 혹독한 환경인 위 속에 박테리아가 살고 있다고 아무도 생각지 못했고, 둘째는 교과서에서 위에는 아무것도 살 수 없다고 배웠기 때문이었습니다. 고정관념은 과학자에게는 큰 족쇄와 같습니다. 역사적으로도 교과서에 언급된 유명한 사람이 주창한 가설만 믿다가 과학적인 대발견을 한 경우는 거의 없습니다. 교과서를 뒤집는 연구 내용이 나와야, 그게 바로 과학자로서 이름을 알리는 길이 아닐까요? 물론 기존의 고정관념을 깨는 사람에게는 혹독한 비판과 고독이 따르게 마련이지만 말이죠.

아무튼, 이때쯤 배리 마샬(Barry J. Marshall, 1952 ~)이라는 신참내기 의사가 워렌 박사와 같이 연구를 하게 됐습니다. 위 속의 박테리아를 현미경으로 확인한 두 사람은 모든 노력을 다해 이 미생물을 실험실에서 인공 배양하려고 했습니다. 그래야 미생물의 존재가 확실히 증명되니까요. 하지만 초기엔 그다지 성공적이지 못했습니다. 그러다가 서양에서는 상당히 긴 부활절 휴가 기간

동안 내버려둔 실험관에서 박테리아가 자란 것을 나중에 우연히 발견하게 되었습니다. 당시 두 사람은 헬리코박터가 대장균과 같은 일반적인 박테리아보다 훨씬 천천히 자란다는 사실을 몰랐던 겁니다. 그러니까 이전 실험에서는 헬리코박터가 자라기는 했지만, 눈에 보일 정도로 많이 자라지는 못했던 거죠. 박테리아가 눈에 보일 정도로 자라려면 최소한 수억 개 정도로 그 수가 불어나야 합니다.

세계 최초로 배양에 성공한 마샬 박사는 이후 연구를 통해 헬리코박터가 위염을 일으킨다는 사실도 알아냈습니다. 그러나 미생물이 위염을 일으킨다는 그의 주장을 다른 의사나 과학자들이 쉽게 받아들이지 않았습니다. 그래서 그는 주저 없이 헬리코박터가 들어 있는 용액을 직접 마셨습니다. 비록 일주일 후쯤에 지독한 위염을 앓았지만, 그의 무모한 용기가 다른 사람들에게 자신의 주장을 설득시키는 데는 분명 효과가 있었겠죠? 그 후 헬리코박터 덕분에 마샬 박사는 세계적으로 유명 인사가 됐습니다. 물론 부와 명예를 함께 거머쥐었죠. 지금은 주로 헬리코박터의 중요성을 알리기 위해 전 세계를 누비고 있는 마샬 박사는 국내 한 요구르트 회사의 TV 광고에도 출연하여 "헬리코박터가 고약하고 나쁜 균"이라고 말하더군요. 덕분에 한국인들에게도 이젠 익숙한 존재가 된 것 같습니다.

헬리코박터는 과연 위암을 일으킬까?

헬리코박터의 존재 여부 자체가 큰 논란거리였듯, 이 박테리아가 위암을 일으키는가에 대해서도 학자들 사이에 많은 논란이 있어왔습니다. 그러나 요즘에는 대부분의 학자가 헬리코박터가 위염을 일으키는 동시에 위암의 원인이 된다는 사실을 인정하고 있죠. 1994년 세계보건기구WHO는 헬리코박터를 일급 암 유발인자로 공식적으로 인정하기도 했습니다. 하지만 헬리코박터 감염자의 위암 발병 확률이 두 배 정도 높다는 역학적 증거만 있을 뿐, 위암을 일으킨다는 직접적인 증거는 아직도 없는 형편입니다. 일본 홋카이도 의대 연구팀이 2천 명을 대상으로 조사한 바에 따르면 헬리코박터를 박멸한 환자의 위암 재발률은 2.2%인 데 반해, 치료를 하지 않은 경우의 재발률은 5.2%에 달한다고 합니다. 이런 여러 가지 간접적인 증거가 헬리코박터를 위암의 한 요인으로 지목하고 있습니다.

우리나라는 헬리코박터에겐 천국

알고 계신 분도 있겠지만, 우리나라는 세계적인 헬리코박터 강국 중의 하나입니다. 국내에서 행해진 조사 자료에 따르면 헬리코박터 감염자 중 65%는 위염을, 10~20%는 소화성 궤양을 앓고 있는 것으로 밝혀졌으며, 반대로 위궤양 환자의 60~80%, 십이지장궤양 환자의 90~95%에서 헬리코박터가 발견됩니다. 우리나라 사람에게서 특히 헬리코박터가 많이 발견되는 이유는 국이나 찌개를 같이 떠먹거나 술잔을 돌리는 식생활 문화에서 기인한 것으로 보입니다. 또 소화가 잘 되게 해준다며 음식을 씹어 아이에게 먹이는 부모가 있는데, 그야말로 "너 위염 걸려라" 하는 것과 같으니 앞으론 절대 삼가시기 바랍니다. 미국에서 조사된 바에 따르면 부모 모두가 헬리코박터에 감염된 경우 자녀가 감염될 확률은 무려 40%에 달한다고 합니다. 반면에 부모가 모두 헬리코박터에 감염되지 않은 경우, 아이는 약 3%만이 헬리코박터에 감염되었다는 거죠. 이 사실로 미루어보아, 가족 사이의 감염이 가장 심각한 전파 경로가 될 수 있음을 알 수 있습니다.

미국이나 호주의 헬리코박터 감염률은 20대에 약 20%, 50대에 50% 이하이고, 50대 이상에서도 50% 이하이지만, 우리나라에서는 5세 무렵이면 이미 50%의 감염률을 보이고 8세가 되면 전 국민 중 80%, 20대가 되면 무려 90% 이상이 헬리코박터에 감염된 것으로 나타납니다. ∞ 나이가 들수록 감염률이 높은 것을 알 수 있는데, 시간이 흐를수록 헬리코박터와 접촉할 기회가 많아서 그렇습니다. 또한 이미 말씀드린 대로 '같이 먹는' 식생활 문화 때문인지는 모르겠지만, 외국의 헬리코박터 재발률이 1%에 불과한데 반해 우리나라는 12~15%로 상당히 높은 편입니다. 한번 감염된 헬리코박터는 자연히 사라지는 경우가 거의 드물고, 평생을 감염자의 위에서 머물게 됩니다.

최근에 헬리코박터 퇴치용 요구르트를 비롯해 다양한 항헬리

∞ 출처: 경상대학교 헬리코박터 피로리 연구센터(http://nongae.gsnu.ac.kr/~helico).

코박터 식품들이 시중에 판매되고 있습니다. 실험관 내에서 헬리코박터를 죽이거나 성장을 저하시키는 물질이 이런 식품들에 포함되어 있습니다만, 단순히 섭취하는 것만으로 위 점막 깊숙이 숨어 사는 헬리코박터가 모두 제거되지는 않습니다. 아직까지 항생제가 아닌 식품의 첨가물이나 유산균 같은 다른 박테리아가 위 속의 헬리코박터를 완전히 박멸했다는 보고를 어디에서도 들은 적이 없습니다. 그러므로 헬리코박터 감염자는 필요한 경우엔 의사의 처방 아래 항생제 복용을 통해 박멸 치료를 해야 합니다.

전 세계적으로 수천 명의 과학자가 연구에 매달려도 아직까지 어떻게 헬리코박터가 위염, 더 나아가 위암을 일으키는지 정확히 모르는 실정입니다. 최신 연구 결과에 따르면 이 특이한 박테리아와 우리 위의 점막세포가 어떤 신호를 주고받는 것이 분명해 보입니다. 하지만 어떤 신호가 어떻게 오고가는지, 그 비밀을 푸는 데는 아직도 많은 시간이 걸릴 듯싶네요. 그나마 다행인 것은 헬리코박터 감염이 에이즈 같은 난치병과 달리 항생제 복용으로 쉽게 완치가 가능하다는 겁니다.

헬리코박터 유전체에 비밀이 있다

위암 발병률이 상대적으로 높은 우리나라에서도 헬리코박터에 대한 연구가 활발히 이루어지고 있습니다. 최근에는 한국생명공학연구원과 경상대학교 의과대학 연구팀이 한국인으로부터

한국생명공학연구원
http://www.kribb.re.kr

분리된 헬리코박터의 유전체를 완전히 해독해냈습니다.그림26 한국인 환자로부터 분리된 헬리코박터의 유전체는 약 159만 개의 염기쌍으로 이루어져 있는데, 이는 미국이나 영국에서 유행하는 헬리코박터의 그것보다 4~5% 정도 작습니다. 그리고 미국과 영국의 균주는 88% 정도 유전체가 유사한 데 비해서, 우리나라 균주는 이들 서양 균주와 약 60%정도밖에 비슷하지 않다는 사실이 밝혀졌죠. 연구자들에 따르면 한국인으로부터 분리된 헬리코박터는 미국이나 유럽에서 유행하는 헬리코박터와 유전적으로 상당히 달라서, 치료법이나 그 대책 수립에도 우리 나름대로의 방법이 필요하다고 합니다.

헬리코박터와 위암 발생의 모든 비밀은 생명의 청사진인 유전

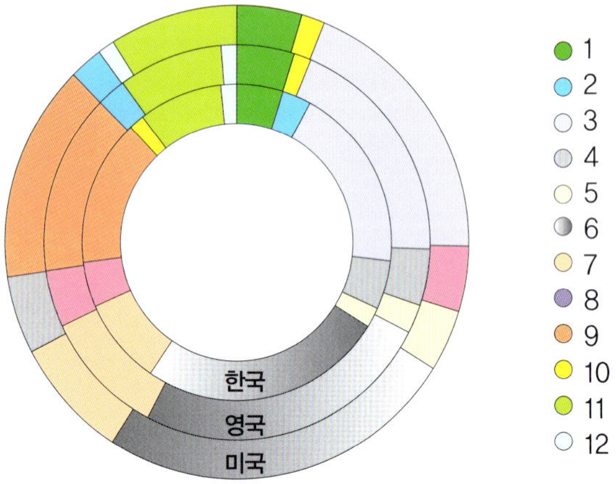

제공: 김상수

그림 26_ 우리나라 환자에서 분리한 헬리코박터의 유전체를 미국, 영국의 균주와 비교한 그림

체에 있습니다. 다행히도 우리는 인간과 헬리코박터, 두 생물체의 유전체 정보를 모두 손에 넣고 있으니, 이제는 그 비밀의 방으로 가는 열쇠만 찾으면 될 것 같습니다. 해외뿐만 아니라 우리나라에도 이 열쇠를 향해 뛰고 있는 많은 연구자가 있는데, 기왕이면 꼭 우리나라에서 열쇠를 찾았으면 하는 바람입니다.

장 속의 미생물들

자, 이제 위를 거쳤으니 그 아래로 연결된 소화기관을 따라가면서, 그곳의 미생물 주민을 만나보겠습니다.그림27 잘 아시다시피

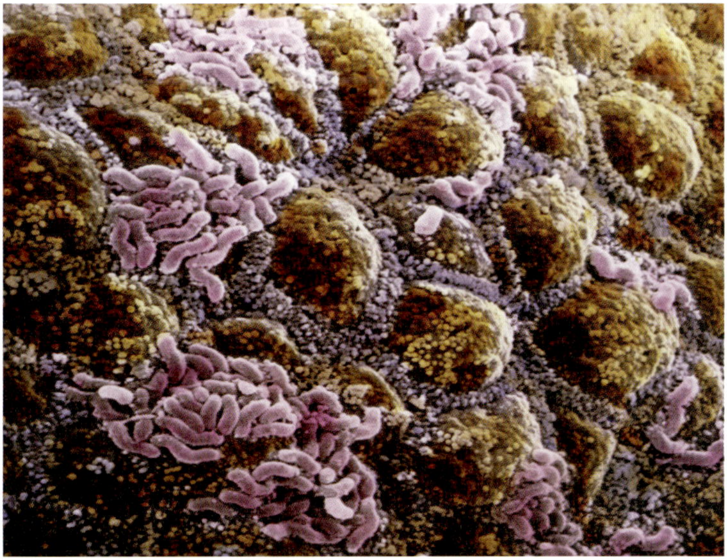

그림 27_ **대장의 상피세포 위에 붙어 있는 장내 미생물들**
500종 이상의 다양한 박테리아가 대장에 살고 있으며, 이들의 분포가 대장의 건강에 중요한 영향을 끼친다.

유산간균 *Lactobacillus*
유산균에 속하는 박테리아로 우리 몸 안에서는 정상균총으로 유익한 역할을 하고, 요구르트나 김치 같은 발효식품을 만드는 주인공이기도 하다.

우리가 입을 통해 먹은 음식물은 위에서 1차로 소화가 된 후에 소장과 대장으로 이동합니다. 인간의 장腸은 굉장히 유동적인 공간으로 장의 안쪽은 상피세포로 싸여 있는데, 소장의 경우 1분에 2~5천만, 대장의 경우 2~5백만 개의 상피세포가 떨어져서 우리가 먹은 음식물과 섞입니다. 피부에 비유한다면 계속 피부의 바깥쪽 세포가 벗겨지는 것과 같습니다. 매 분 이렇게 많은 세포가 떨어져 나오지만 새로운 상피세포가 계속 만들어지기 때문에 장이 얇아지지는 않습니다.

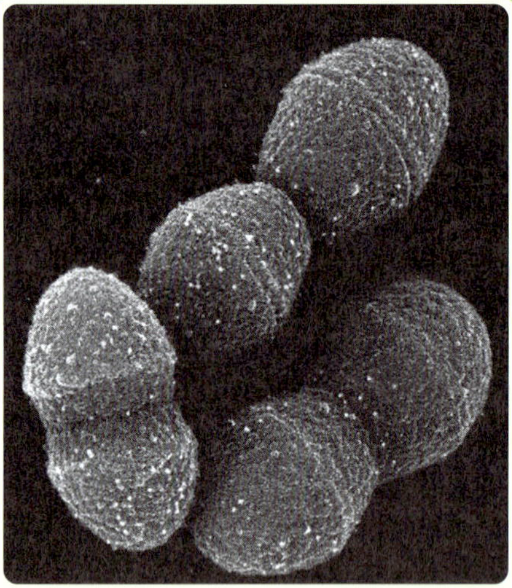

그림 28_

- **이름:** 장내연쇄상구균
- **학명:** *Enterococcus*
- **종류:** 박테리아, 그람양성세균
- **사는 곳:** 사람, 동물의 장 속
- **특징:** 둥근 모양의 박테리아(보라색으로 표시)로 사슬을 형성한다. 사람이나 동물의 장 내부에 사는 정상균총의 일부이다. 그러나 장 밖으로 나가면 요도나 피부의 상처 등에서 자라나 병을 일으킨다.

소장은 소화와 영양분의 흡수가 일어나는 곳으로 십이지장, 공장 및 회장으로 구성되어 있습니다. 위와 붙어 있는 십이지장은 위와 마찬가지로 산성도가 높아서 미생물이 살기 어렵습니다. 물론 여기서도 헬리코박터는 예외입니다. 공장에서 회장으로 가면서 산성도가 점점 떨어져 그곳에 사는 미생물의 숫자도 크게 늘어납니다. 미생물이 많은 부위에서는 소장의 내용물 1그램마다 십만에서 천만 마리의 박테리아가 존재합니다. 소장에서 많이 발견되는 박테리아는 주로 장내연쇄상구균그림28이나 유산간균 ∞ 입니다.

대장은 미생물 사회의 대도시

우리 몸에서 가장 많은 미생물이 발견되는 곳은 바로 대장입니다. 인구 밀도가 높은 멕시코시티나 서울쯤에 해당한다고 보시면 됩니다. 이들 장내 미생물의 대부분은 박테리아인데 대장의 내용물 1그램마다 천억에서 1조 마리가 살고 있습니다. 지구의 인구가 60억이니, 지금 제 대장 속에 사는 미생물의 수만 해도 지구 인구의 수십 배나 됩니다. 이를 무게로 따지면, 한 사람의 대장에는 1~1.5킬로그램의 박테리아 있는 것과 같습니다. 소고기 두 근 정도 되니까, 상상만 해도 엄청난 양이 아닙니까? 더욱 놀라운 것은 우리가 몸 밖으로 내보내는 대변의 3분의 1이 장내 미생물이라는 사실입니다. 실로 엄청난 수의 미생물을 매일 화장실을 통해 배출하고 있는 겁니다.

대장 안에 사는 박테리아의 일부는 대장균과 같이 산소를 이용할 수 있지만, 대부분은 오히려 산소가 있으면 죽어버리는 혐기성嫌氣性 박테리아입니다. 어떻게 대장에 산소가 없을 수 있냐고요? 물론 중간에 여러 개의 괄약근이 있어 공기를 차단하지만, 대장도 앞으로는 입, 뒤로는 항문과 연결되어 있기 때문에 산소가 아예 없다고는 할 수 없습니다. 하지만 조금이라도 산소가 있으면 대장균이 재빨리 호흡을 해서 소모하기 때문에 대장 안은 항상 산소가 전혀 없는 상태로 유지됩니다. 대장균과 같은 박테리아는 산소가 있을 때는 사람처럼 산소 호흡을 하고 산소가 없을 때는 발효를 하는데, 산소 호흡이 에너지 확보 면에서 유리하기 때문에 조금이라도 산소가 있으면 우선적으로 산소 호흡을 하게 됩니다.

대장에 사는 대표적인 혐기성 미생물로 클로스트리디움과 박테로이데스그림 29를 들 수 있습니다. 대장 속에는 500종 이상의 다양한 박테리아가 발견되는데, 이들 대장 박테리아의 종류는 사람마다 크게 다르며, 같은 사람이라도 나이나 심지어는 건강 상태에 따라 다릅니다. 또 우리가 섭취하는 음식에 의해서도 크게 영향을 받습니다. 예를 들어, 육식을 주로 하는 사람은 채식을 하는 사람에 비해 박테로이데스의 수가 많고 대장균이나 유산균의 수가 적습니다.

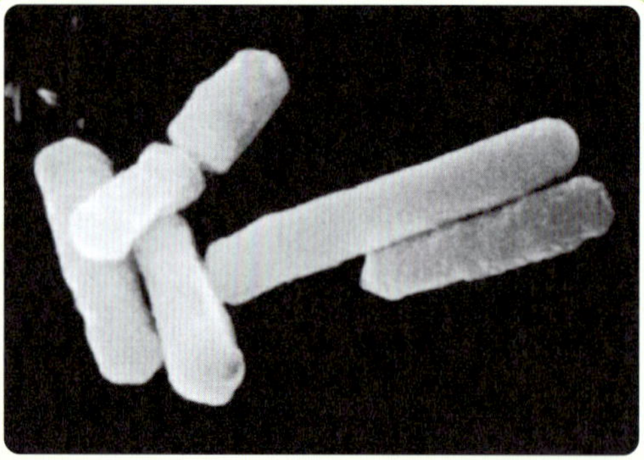

그림 29_

- **이름:** 박테로이데스
- **학명:** *Bacteroides*
- **종류:** 박테리아, *Bacteroidetes*
- **사는 곳:** 사람, 동물의 장 속
- **특징:** 사람이나 동물의 장 속에 사는 정상균총의 일부이다. 사람의 경우 대장에서 가장 많이 발견되는 우점종이다. 대장에서 많이 발견될 것 같은 대장균은 실제로 대장에서 흔한 미생물은 아니다. 산소가 있는 곳에서는 살 수 없는 혐기성 미생물이다.

장내 미생물의 고향은?

그럼 이렇게 많고 다양한 장내 미생물은 어디로부터 오는 걸까요? 우리가 어머니 뱃속의 태아일 때는 유해균과 유익균을 따질 것 없이 미생물이 전혀 없는 무균 상태로 있게 됩니다. 그러나 분만할 때 산도, 질, 공기 등을 통하여 여러 미생물에 노출돼서, 출생 후 하루가 지나면서부터 나오는 아기의 대변에 이미 대장균, 클로스트리디움, 포도상구균, 유산균 등의 다양한 박테리아가 나타

클로스트리디움 *Clostridium*
그람양성세균에 속하는 박테리아로 산소가 없는 환경에서 주로 산다. 토양, 갯벌, 동물의 장 등에 서식하며, 일부는 인간에게 병을 일으킬 수 있다.

포도상구균 *Staphylococcus*
지름 1㎛ 미만의 작은 균으로, 원 모양의 세포가 다소 불규칙적으로 모여 포도송이 모양의 배열을 나타낸다. 중이염·폐렴 등의 화농성 염증을 일으킨다.

나기 시작합니다. 이건 이미 아기의 대장에 이들 미생물이 자리를 잡았다는 증거로, 이때부터 죽는 순간까지 인간의 대장에는 유해균과 유익균의 끊임없는 전쟁이 시작됩니다.

이미 말씀드렸듯 인간의 장은 매우 유동적이라, 이곳에 자리 잡은 미생물도 영원히 머물 수는 없습니다. 소장이나 대장의 벽에 철석같이 붙어 있어도, 장세포가 계속 떨어져 나오기 때문에 같이 대변으로 나올 수밖에 없습니다. 그래서 상당히 많은 미생물이 대변과 섞여서 몸 밖으로 빠져나가고, 새로운 미생물이 음식과 함께 이사 오게 되는 소장과 대장은 마치 유동 인구가 많은 인천국제공항과 같습니다. 자 그럼, 장내 미생물이 우리에게 주는 혜택에 대해서 자세히 살펴보기로 하겠습니다.

장내 미생물이 우리를 살찌게 한다

장내 미생물이 건강에 중요하다는 말을 많이 들어보셨을 겁니다. 대장 안의 미생물이 하는 일은 매우 다양하고 우리에게도 중요합니다. 먼저 우리 몸에 필요한 영양소 중에 우리가 직접 만들지 못하는 필수 비타민을 장내 미생물이 만들어줍니다. 비타민 B1, B2, B6, B12 그리고 K가 장내 미생물이 만들어주는 비타민 중 일부입니다. 미생물이 이것들을 만들면, 우리는 대장을 통해 흡수하기만 하면 되는 겁니다. 우리 몸에서 꼭 필요한 스테로이드 물질의 경우, 간에서 만들어진 다음 담즙을 통해 장으로 보내집니다. 그리고 그곳에서 장내 미생물에 의해 물질 구조의 변화가 일어난 후에 다시 장으로부터 흡수됩니다. 그러니까 만약 미생물이 없다면 스테로이드 대사에도 문제가 발생한다는 이야기죠. 이외에도 우리가 섭취한 탄수화물, 지방 등 여러 영양분의 섭취에도 장내 미생물의 도움이 큽니다.

종합해서 다시 말씀드리면, 장내 미생물이 우리의 영양 섭취에 큰 기여를 한다는 겁니다. 일반적으로 장 속에 기생충이 있으면, 우리가 흡수할 영양분을 뺏겨서 사람의 몸무게가 줄어든다고 생각하기 쉽습니다. 장내 미생물의 경우도 마찬가지일까요? 쥐를 이용한 연구를 통해 증명한 바로는, 미생물이 전혀 없는 환경에서 키운 쥐보다 미생물, 즉 정상균총을 가진 쥐가 약 30%정도 무거운 것으로 밝혀졌습니다. 물론 대장의 미생물도 음식물로부터 영양분을 얻어가지만, 결과적으로 우리에게 주는 영양분이 더 많다는 이야기로 볼 수 있을 것 같네요.

장내 미생물과 동물의 대화

미국 워싱턴 의과대학 제프리 고든 교수의 연구에 따르면 장내 미생물은 사람의 소장이나 대장세포들과 끊임없이 화학적 언어를 통해 대화한다고 합니다. 고든 교수팀은 미생물이 없는 상태로 키운 무균 생쥐에 정상균총이자 유익한 박테리아인 박테로이데스를 먹인 후, 어린 쥐의 소장 세포가 어떻게 반응하는지를 관

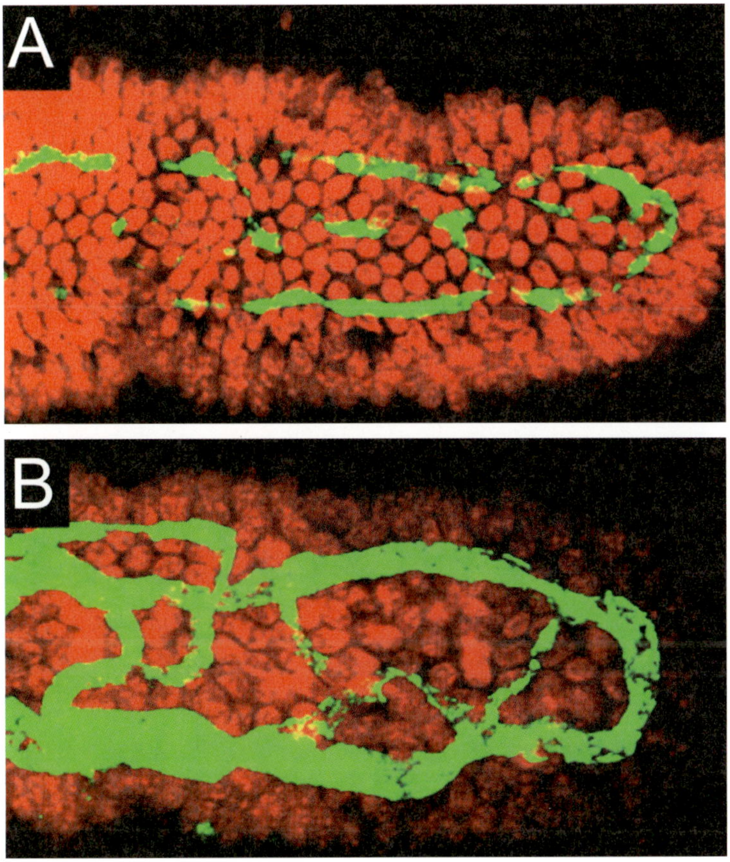

☛ 그림 30_ **미생물과 소장의 혈관 형성**

A는 무균 상태로 키운 쥐의 소장, B는 박테로이데스 박테리아를 먹인 쥐의 소장을 찍은 혈관 사진이다. 연두색으로 나타난 것이 소장의 혈관으로, 무균 상태보다 장내 미생물이 있을 때 혈관 형성이 활발한 것을 알 수 있다.

찰했습니다. 그 연구 결과를 봐주시기 바랍니다.그림30 그림에서는 쥐 소장의 상피세포에 발달한 혈관을 연두색으로 염색했습니다. 그림 A에 나타난 무균 상태로 키운 쥐의 소장세포에는 그림 B에 나타난 박테로이데스를 먹여서 키운 쥐의 경우보다 상대적으로 적은 양의 혈관이 형성되어 있음을 알 수 있습니다. 이처럼 연구진은 박테로이데스가 정착한 쥐의 소장 부위에서 혈관 형성이 활발히 일어나고, 그로 인해 소장의 영양분 흡수 능력이 향상됨을 확인했습니다. 이는 박테리아가 쥐의 소장세포에 어떤 화학 신호를 전달해서 대장의 혈관 형성과 흡수 능력을 향상시킨 것으로 해석될 수 있습니다.

같은 연구팀이 2003년에는 이 미생물의 유전체를 완전히 해독하여, 화학 신호의 정체를 밝힐 수 있는 실마리를 제공했습니다. 박테로이데스 유전체의 특징은 곡식이나 야채 등에 많이 함유된 다당류 탄수화물을 분해하는 유전자가 많이 발견되었다는 점입니다. 우리가 음식물을 통해 많은 양의 식물성 다당류를 섭취하는데, 이런 다당류는 단당류로 분해가 되어야 대장에서 흡수가 가능합니다. 그런데 인간이 다당류를 분해하는 다양한 효소를 모두 가지고 있는 것은 아닙니다. 우리에게 없는 분해효소는 바로 박테로이데스 같은 장내 미생물이 가지고 있어서, 우리 대신에 단당류로 분해해주는 것이죠. 실제로 우리가 음식물 섭취를 통해 얻는 칼로리의 10~15%는 장내 미생물이 분해하는 다당류로부터 얻는 것으로 알려져 있습니다. 만약 미생물이 없다면, 소화되지 않고 대변과 함께 몸 밖으로 내보내질 겁니다.

너무 깨끗해도 문제?

요즘 주변에 아토피그림31나 천식과 같은 알레르기성 질환을 앓고 있는 아이들을 많이 볼 수 있습니다. 특효약도 없는 형편이어서 아픈 아이를 지켜보는 부모의 마음은 참 답답하기만 할 뿐입니다. 이들은 모두 과거 한국전쟁 직후 등 가난한 시절에는 잘 들어보지 못했던 질병들입니다. 재미있는 사실은 우리의 위생 상태가 좋아질수록 이런 질병이 증가하고 있다는 점입니다. 이런 현상은 우리나라뿐 아니라 선진국에서도 똑같이 일어나고 있습니다.

장내 미생물과 아토피가 관련이 있다는 주장이 최근 스웨덴 카롤린스카 연구소의 연구진에 의해 대두되었습니다. 이들은 아이들 44명의 장내 미생물을 태어난 후부터 1년간 조사했는데, 생

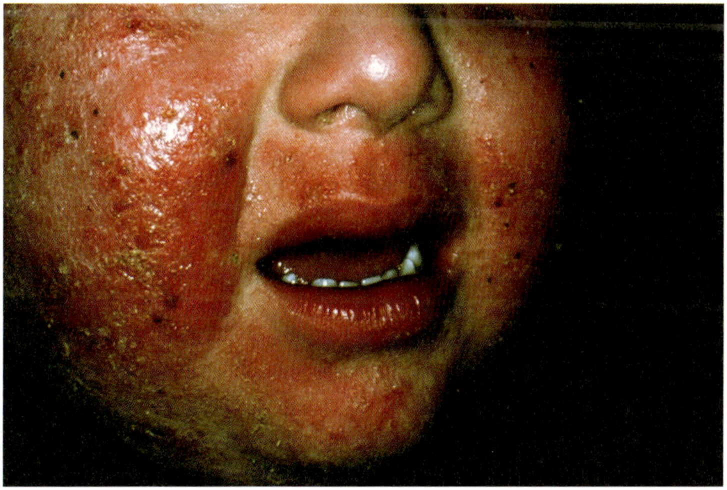

그림 31_ **아토피를 심하게 앓고 있는 아이의 얼굴**
최근 이러한 알레르기성 질환이 미생물과 상호작용이 없는 지나치게 청결한 환경 때문이라는 주장이 대두되고 있다.

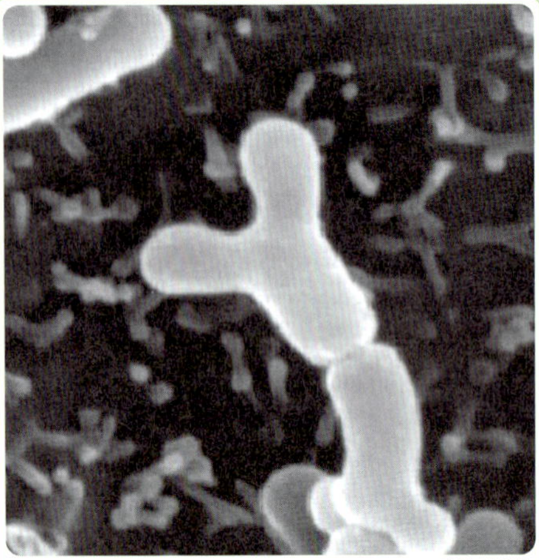

제공: 지근억

그림 32_

- **이름:** 비피도박테리아
- **학명:** *Bifidobacterium* sp.
- **종류:** 박테리아, 방선균
- **사는 곳:** 사람, 동물의 장 속
- **특징:** 사람이나 동물의 장 속에 사는 정상균총의 일부이다. 산소가 있는 곳에서는 살 수 없는 혐기성 미생물로, 유산을 만드는 유산균에 속한다. 건강한 장에는 이 박테리아가 많으며, 가지를 치는 모양을 하고 있는 것이 특징이다.

후 두 살 때 아토피에 걸린 아이들과 건강한 아이들은 장내 미생물의 종류가 다르다는 것을 알아냈습니다. 아토피에 걸린 아이들은 대체로 장내 유익균으로 알려져 있는 장내연쇄상구균과 비피도박테리아그림32의 수가 정상아에 비해 상대적으로 적었습니다. 이 결과에 따르면 장내 미생물과 아토피가 직접적인 연관이 있어 보이며, 이는 장내 미생물이 생후 일어나는 인간의 정상적인 면역체계 발달에 깊이 관여함을 의미한다고 볼 수 있는 증거입니다. 이 연구 결과는 그동안 여러 학자에 의해 제기됐던 "선진국의 아이들은 위생적으로 너무 깨끗한 환경에서 자랐기 때문에 아토피에 잘 걸린다"는 주장을 지지하는 연구 결과이기도 합니다.

아무리 좋은 장내 미생물도 처음에는 몸의 외부로부터 들어와야 합니다. 지나치게 깨끗한 환경은 생후 1~2년 사이에 일어나는 유익한 미생물의 정착을 방해할 수 있습니다. 극히 일부 병원성 미생물이 무서워서 우리 아이들을 너무 미생물로부터 멀리한다면, 아토피와 같은 질환을 부를 수도 있는 것이죠. 무엇이든 지나치면 좋지 않습니다. 청결도 마찬가지입니다. 아이들은 역시 콘크리트 바닥보다는 흙 위에서 자연과 함께 실컷 뛰노는 것이 제일 좋습니다.

프로바이오틱은 새로운 개념의 미생물 의약품

앞서 장내 미생물이 우리의 건강에 중요하다고 말씀드렸습니다. 그리고 수많은 장내 미생물 중에서도 우리가 유익균이라고 부르는 미생물이 높은 비율을 차지하고 있어야만 합니다. 그러기 위해서는 몸의 바깥에서 유익균을 계속 공급해주어야 하는데, 이 역할을 하는 것이 바로 프로바이오틱입니다. 장내 유익균으로 사람 또는 동물이 섭취하였을 때 건강상에 좋은 효과가 나타나는 것을 통칭해서 프로바이오틱이라고 부릅니다. 대표적인 프로바이오틱으로는 요구르트에 함유된 유산균을 들 수 있습니다. 프로바이오틱은 의약품의 개념으로 사용되는 경우도 있는데요, 설사 증세가 있을 때 병원에서 프로바이오틱을 처방하는 예를 흔히 볼 수 있습니다.

요즘 들어 과민성 대장증후군 ∞ 이나 염증성 대장질환과 같은 난치성 대장질환에 프로바이오틱을 사용하는 치료법이 국내외에서 다양하게 개발되고 있습니다. 한 연구에 의하면 유산균을 섭취하면 장관에서 분비하는 IgA라는 항체가 증가하여 결과적으로 면역력이 증강된다고 합니다. 물론 모든 장내 미생물이 이런 효과가 있는 것은 아니므로, 어떤 미생물이 프로바이오틱으로서 가장 적합한지에 대한 다방면의 연구가 있어야 합니다.

간혹 항생제를 장기간 복용하면 원래 우리가 죽이고자 했던 병원균 이외에도 무해한 장내 미생물을 대량으로 죽이는 일이 벌어지기도 합니다. 물론 이때 장내 유익균도 죽게 되어, 대장에는 힘의

∞ **과민성 대장증후군**irritable colon syndrome
정서적 긴장이나 스트레스로 인해 장관의 운동 및 분비 등에 기능장애를 일으키는 상태로, 복통을 일으키고 설사와 변비를 되풀이한다.

공백이 생기게 됩니다. 그렇게 되면 그동안 장내 유익균의 견제로 자라지 못하고 있던 클로스트리디윰 퍼프린젠스그림33 같은 병원균이 맘껏 장 속에 자라면서 장염을 일으키게 됩니다. 목이 붓는 증세로 항생제를 복용했는데, 설사를 하는 경우가 바로 여기에 해당합니다. 이런 점이 바로 우리가 항생제를 남용하면 안 되는 또 하나의 이유로 볼 수 있습니다. 이렇게 대장에 유해균이 자란 경우에도 프로바이오틱의 복용을 통해 다시 정상, 즉 대장의 평화를 찾을 수 있습니다.

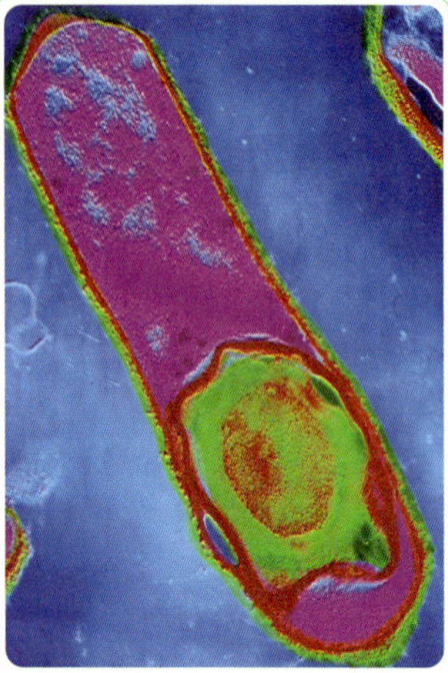

그림 33_

- 이름: 클로스트리디윰 퍼프린젠스
- 학명: *Clostridium perfringens*
- 종류: 박테리아, 그람양성세균
- 사는 곳: 사람의 장 속, 토양
- 특징: 사람의 장 속에 살고 있으며, 유익균이 줄어들면 독소를 분출하며 번식하여 장염을 일으킨다. 산소가 있는 곳에는 살 수 없는 절대 혐기성 미생물로, 동물의 배설물과 토양에도 널리 분포한다. 사진에서 가운데 녹색 부분이 포자이다.

프로바이오틱의 대표 주자인 요구르트

요즘 건강에 대해 관심이 많아 웰빙 바람이 불고 있습니다. 우리 민족은 먹을거리로 건강을 지키려는 욕구가 특히 강한데, 이런 분들에게 아주 좋은 것이 프로바이오틱입니다. 프로바이오틱은 유익균이니까 많이 또 자주 먹어도 전혀 해가 되지 않습니다. 대표적인 프로바이오틱 제품인 요구르트는 그 종류만 해도 수십 가지에 이릅니다.

우리나라에서 제조되는 요구르트는 종류에 따라 서로 다른 유산균을 사용합니다. 외국에서 프로바이오틱 효과가 검증된 유산균을 수입해서 요구르트를 제조하는가 하면, 한국인의 장에서 분리한 토종 유산균을 사용하기도 합니다. 우리가 이런 유산균 제품을 섭취하는 이유는 이들 유익균을 장 안쪽까지 보내기 위함인

데, 이것이 그리 쉽지만은 않습니다. 유산균뿐만 아니라 대부분의 박테리아가 강한 위산에 의해 위에서 죽고, 간신히 살아남은 녀석들도 결국 담즙에 의해 죽고 맙니다. 결국 원래 요구르트에 들어있던 유산균 중 아주 일부만 살아서 장까지 도달하는 겁니다. 때문에 각 제조업체들은 위산과 담즙에도 끄떡없는 강한 유산균 개발에 몰두하고 있습니다. 그중 한 방법이 박테리아의 표면을 미세한 캡슐로 싸서 보호하는 것인데요. 이런 캡슐은 위에서는 녹지 않고 장에서만 녹기 때문에 유산균을 장까지 안전하게 보내는 보호복 역할을 할 수 있습니다.

미생물이 뀌는 방귀?

우리는 누구나 방귀를 자주 뀝니다. 만약에 여러분께서 "난 그렇지 않아" 하신다면 100% 자신도 모르게 하는 거짓말입니다. 일반적으로 성인은 하루 평균 열네 번 방귀를 뀌어 수백 밀리리터의 가스를 밖으로 내보냅니다. 대략 맥주 한두 병 정도쯤 될까요. 방귀 자체는 불쾌하지만, 여기서 우리는 불필요한 선입견을 버리고 방귀에 대해 정확히 이해할 필요가 있습니다. 왜냐하면 실제로 방귀의 불쾌한 성분을 만드는 장본인은 바로 장내 미생물이기 때문입니다. 그러니 미생물이 한 일을 우리가 부끄러워해야 할 필요가 없는 거죠.

방귀의 조성은 미생물이 결정한다

방귀는 기체입니다. 그렇다면 이 기체들은 어디서 온 것일까요? 방귀의 절반 정도는 음식물을 섭취할 때 식도를 통해 같이 들어온 공기입니다. 대기 중의 20%를 차지하는 산소는 소화관을 거치면서 우리 몸에 흡수되거나 장내 미생물이 호흡하는 데 사용하기 때문에, 대장에까지 이르면 대개 질소만 남습니다. 나머지 방귀의 절반은 장내 미생물이 만드는 가스로 이루어져 있습니다. 예를 들면 유산균과 같은 장내 박테리아들은 유산을 만들면서 동시에 이산화탄소와 같은 가스를 만들어냅니다. 대장 속에는 다양한 미생물이 존재하며 이들이 발효를 통해 만드는 가스의 종류는 실로 다양합니다. 방귀의 독특하고 불쾌한 냄새는 여러 박테리아가 만드는 황화수소를 비롯해 황을 포함한 가스 성분에 의한 것입니다. 이런 기체는 주로 계란 썩는 냄새와 비슷한 불쾌한 냄새를 유발합니다. 여기에 역시 미생물이 만드는 질소 화합물인 스카톨skatole이나 인돌indole이 가세하면 방귀 냄새는 아주 고약해집니다. 방귀의 냄새를 좀 순화시키려면 미생물이 좋아하는 달걀이나 고기류의 섭취를 줄이는 것도 한 가지 방법입니다.

조용하고 따뜻한 방귀의 냄새가 지독하다는 속설이 있습니다. 솔직히 제 경험상 사실인 것 같습니다. 그 이유가 무엇일까요? 우리가 삼킨 공기가 소화관을 따라 대장을 빠르게 지나가면, 중간에 몸 속으로 흡수되지 않아 가스의 양이 많고 온도도 낮습니다. 물론 이런 경우 대장의 미생물이 불쾌한 가스를 만들 시간이 충분

황화수소Hydrogen sulfide, H_2S
무색의 가스로 계란 썩는 냄새가 난다. 다양한 미생물이 동물의 대장이나 쓰레기 매립지 등에서 이 가스를 만든다.

치 않아서 냄새가 없는 겁니다. 반면에 위장의 운동이 원활하지 않으면 공기가 장시간 대장에 머물고, 이때 장내 미생물이 충분한 시간을 가지고 가스를 만듭니다. 또 미생물의 활발한 대사 때문에 따뜻한 방귀가 됩니다. 이런 방귀는 대개 불쾌한 냄새를 유발하는 경우가 많습니다. 불쾌한 방귀는 식사 조절과 함께 장내 미생물을 조절함으로써 효과적으로 줄일 수 있다고 합니다.

메탄을 만드는 미생물

우리 몸의 미생물은 대부분 박테리아에 속하는 것들이었습니다. 하지만 대장에 사는 녀석들 중에는 박테리아가 아닌 아케아 소속인 것들도 있습니다. 이들은 이산화탄소와 수소를 먹고 메탄가스를 만드는 메탄 발효를 하는데, 이를 메탄생성아케아그림34라고 부릅니다. 메탄은 무색 · 무취의 가스로 이산화탄소와 함께 지구 온난화의 주범으로 알려진 물질이죠. 메탄생성아케아 때문에 우리의 방귀에는 메탄이 일부 포함되어 있습니다. 그러니까 우리 모두는 지구 온난화에 매일매일 조금은 일조하고 있는 셈입니다.

하지만 너무 자책하실 필요는 없습니다. 메탄 발효는 사람보다는 초식동물의 위장관에서 훨씬 많이 일어납니다. 최근 뉴질랜드에서는 지구 온난화 방지 차원에서 소,

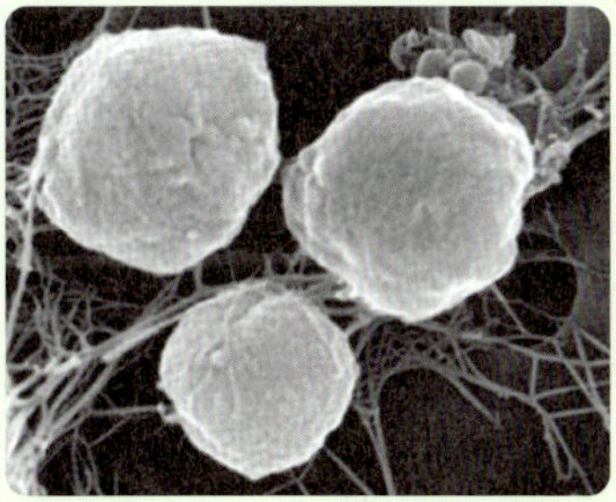

그림 34_

- **이름:** 메탄생성아케아
- **학명:** Methanogen
- **종류:** 아케아, 유리아케오타
- **사는 곳:** 사람의 장 속
- **특징:** 사람과 초식동물의 장 속에 살고 있으며, 이산화탄소와 수소로부터 메탄을 만드는 유일한 생명체이다. 습지와 쓰레기 매립지에 많이 존재하며, 이들이 만드는 메탄가스를 모아 난방이나 발전 등에 쓰일 수가 있다. 메탄은 지구 온난화의 주범 가운데 하나이다.

양 등 가축에 대한 이른바 '방귀세稅' 도입을 추진하고 있다고 합니다. 목초를 주식으로 하는 소, 양, 사슴, 염소 등이 방귀를 통해 배출하는 메탄가스 배출량은 뉴질랜드 전체 온실 가스 배출량의 절반에 이르는 것으로 파악되고 있어 제기된 조치라고 하네요.

발암 물질과 장내 미생물

지금까지 우리 장에 사는 미생물들이 하는 좋은 역할에 대해서 주로 말씀드렸습니다. 그런데 장내 미생물이 발암 물질을 만들어낼 수 있다는 최신 연구 결과들이 속속 발표되고 있습니다. 미생물이 억울해 할지 모르니 좀 더 정확히 말씀드리면, 우리가 섭취한 무해 화학물질 가운데 일부를 미생물이 변화시켜 발암 물질로 만든다는 겁니다.

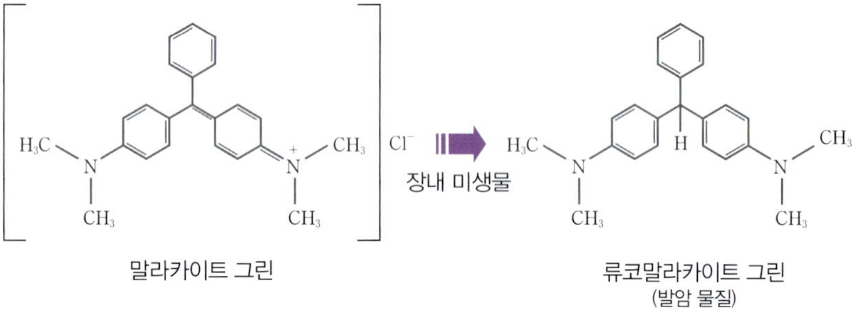

그림 35_ 미생물에 의한 말라카이트 그린의 전환
말라카이트 그린은 수산 양식에서 많이 쓰이는 항생물질이다. 그 자체는 발암 물질이 아니지만, 우리 장 속의 미생물에 의해 발암 물질인 류코말라카이트 그린으로 바뀐다.

대표적인 예를 하나 들어보겠습니다. 가죽이나 화학 섬유 등을 염색할 때 쓰는 진한 녹색 염료 중에 말라카이트 그린Malachite green이라는 물질이 있습니다. 이 물질은 염료인 동시에 곰팡이나 기생충을 죽이는 역할을 하기 때문에, 1930년대부터 전 세계적으로 어류 양식에 많이 사용되어 왔습니다. 얼마 전에도 TV 다큐멘터리를 보다 보니, 양식장에 뿌릴 물고기밥에 이 녹색 물질을 섞는 모습이 보이더군요. 말라카이트 그린 자체는 큰 문제가 없지만, 우리의 장 속에 들어올 경우 문제가 심각해집니다. 말라카이트 그린의 화학식그림35을 봐주시기 바랍니다. 왼쪽이 말라카이트 그린의 화학 구조입니다. 그런데 이 구조가 장 속에서는 미생물이 가지고 있는 효소 때문에 그림의 오른쪽에 있는 류코말라카이트 그린으로 바뀌게 됩니다. 두 물질의 구조가 거의 비슷합니다만, 자세히 보시면 차이점을 발견할 수 있습니다. 그 차이 때문에 류코말라카이트 그린만이 우리 세포에 암을 유발할 수 있는 거죠.

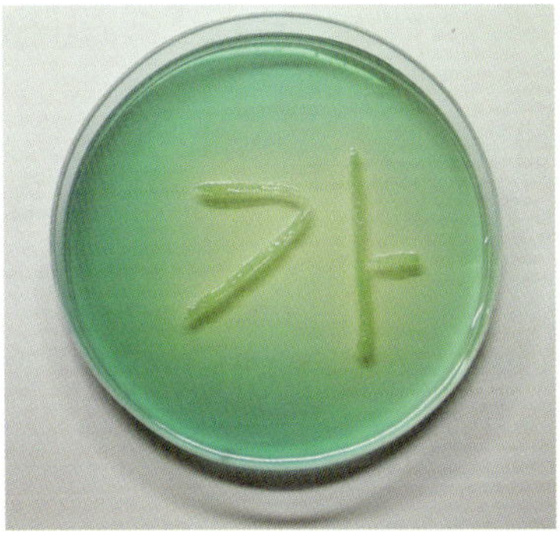

그림 36_ **말배지**

말라카이트 그린을 넣은 배지에서 대장균(하얀색)을 키운 모습. '가' 로 표시된 대장균 주변의 말라카이트 그린이 대장균에 의해서 류코말라카이트 그린으로 바뀌면서 투명해진 것을 알 수 있다.

간단한 실험으로 증명해보겠습니다. 실험실에서 장내 미생물을 키울 때 사용하는 한천평판배지에 말라카이트 그린을 조금 넣어보았습니다. 그리고 이 배지에 장내 미생물의 한 종류인 대장균을 키웠습니다. 며칠 후에 어떤 일이 일어났을까요?그림36 보시다시피 대장균이 자란 부근에 말라카이트 그린이 사라졌지요! 사실은 사라진 것이 아니고 류코말라카이트 그린으로 바뀐 겁니다. 말라카이트 그린은 진한 녹색인 반면에 류코말라카이트 그린은 무색입니다. 발암 물질인 류코말라카이트 그린이 발생한 것이 과연 장내 미생물의 책임일까요? 만약 그렇다면, 장내 미생물을 모두 없애야만 할까요? 아니죠. 애초에 말라카이트 그린을 먹은 우리의 잘못입니다. 말라카이트 그린은 지금은 발암물질로 잘 알려져서 전 세계적으로 전시용 수족관을 제외한 식용 양어장에서는 사용이 금지되어 있습니다.

몸의 다른 점막 부위의 미생물들

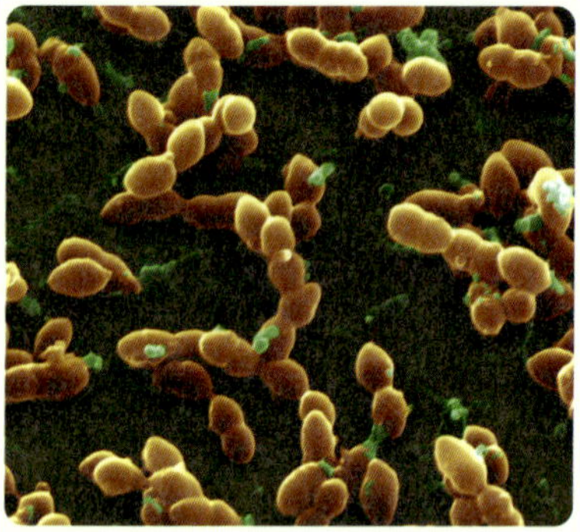

그림 37_

- **이름:** 폐렴구균
- **학명:** *Streptococcus pneumoniae*
- **종류:** 박테리아, 그람양성세균, 연쇄상구균
- **사는 곳:** 사람의 호흡기 점막
- **특징:** 동그란 모양의 박테리아로 정상균총의 일부이지만, 때때로 면역이 약한 사람에게 폐렴, 중이염, 수막염, 부비강염, 복막염 등을 일으킨다. 사진은 허파 표면의 섬모에 붙어서 자라고 있는 폐렴구균의 무리이다.

우리 몸의 많은 부분이 점막층으로 되어 있습니다. 적당한 습기와 영양분이 존재하는 점막층은 특히 미생물이 살기 좋은 곳입니다. 대표적인 곳으로 콧속, 목, 기관氣管, 폐와 같은 호흡기를 들 수 있습니다. 공기 중에는 많은 미생물이 떠다닙니다. 그렇다고 파리처럼 날개를 달고 윙윙 날아다닌다고 생각하시는 건 아니죠? 미생물은 너무 가벼워 공기 중에 둥둥 떠다니거든요. 그런가 하면 우리가 기침할 때 나오는, 눈에 보이지 않을 정도로 작은 물방울이나 먼지에 붙어서 공중을 떠다니기도 합니다.

우리가 숨을 들이쉬면, 공기 중에 떠다니는 미생물이 몸속의 점막층에 달라붙게 될 겁니다. 공기 중에 있는 대부분의 미생물은 콧속에 붙잡혀서 콧물과 함께 몸 밖으로 나오지만, 일부는 깊게는 폐 속까지도 들어갈 수 있습니다. 일반적으로 인후 부위에는 다양한 박테리아가 정상균총으로 살고 있는데, 황색포도상구균 ꝏ 이나 폐렴구균그림37과 같은 병원성 박테리아도 여기에 포함됩니다. 이들은 평상시에는 병을 일으키지 않는데, 이는 바로 우리 몸의 면역체계와 함께 여러 유익한 박테리아들이 이들을 견제하기 때문입니다. 인후 부위에 많은 박테리아가 정상균총으로 사는 반면, 건강한 사람의 기관과 폐에서는 미생물이 발견되지 않습니다. 만약 발견된다면 당장 병원으로 달려가 치료를 받으셔야 합니다.

ꝏ **황색포도상구균** *Staphylococcus aureus*
정상균총이지만 면역력이 저하된 사람에게 질병을 일으키기도 한다.

우리 몸에서 발견되는 또 하나의 점막층은 소변이 나오는 경로인 요도입니다. 일반적으로 방광에서는 미생물이 발견되지 않지만, 소변이 지나는 통로인 요도는 방광 쪽은 무균 상태이나 끝으로 갈수록 많은 박테리아가 발견됩니다. 요도의 끝 쪽에서 발견되는 박테리아로는 대장균, 프로테우스 미라빌리스그림38 등이 있는데, 이중 일부는 기회감염을 일으킵니다. 기회감염이란, 말 그대로 평상시에는 기를 펴지 못하고 있다가, 자신에게 유리하게 환경 조건이 바뀌면 바로 증식하여 병을 일으키는 것을 말합니다. 예를 들어 요도에 사는 박테리아도 요도 안의 산성도가 바뀌면

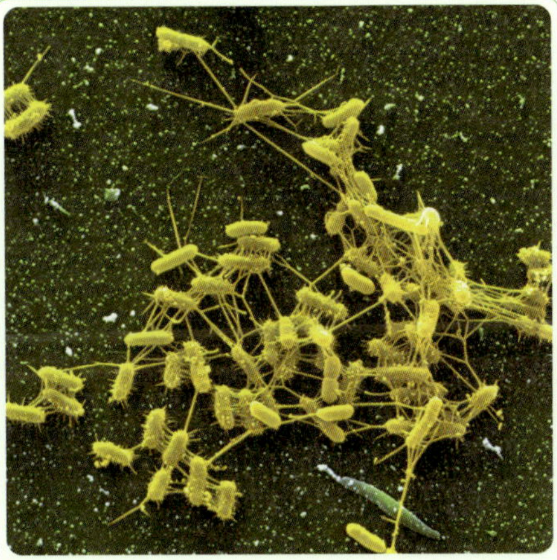

그림 38_

- **이름:** 프로테우스 미라빌리스
- **학명:** *Proteus mirabilis*
- **종류:** 박테리아, 감마 프로테오박테리아
- **사는 곳:** 사람의 요도, 토양, 강, 호수
- **특징:** 일반적으로 토양이나 강, 호수 등에 살지만, 인간의 대장에서 정상균총의 일부로 살기도 한다. 인간의 요도에서는 때때로 기회감염을 일으킬 수 있다. 유전적으로는 대장균과 가까운 박테리아이다. 세포 밖으로 많은 양의 실 모양의 편모를 만들어서 빠르게 이동할 수 있다.

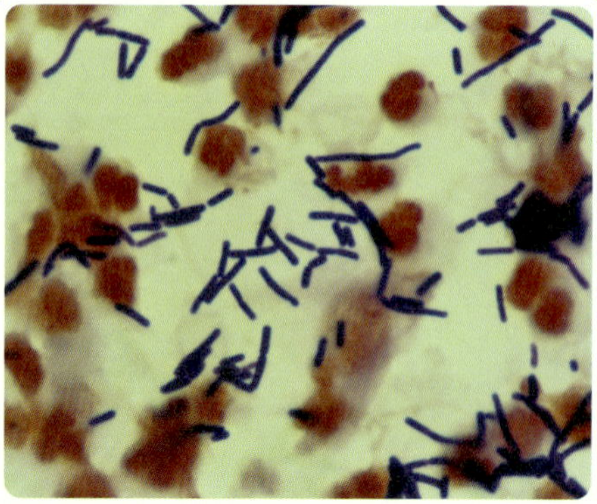

그림 39_

- 이름: 엑시도필러스 유산간균
- 학명: *Lactobacillus acidophilus*
- 종류: 박테리아, 그람양성세균, 유산간균
- 사는 곳: 사람의 질
- 특징: 여성의 질 안쪽 점막에서 유산을 만들어 다른 유해균이 살지 못하도록 만드는 유익균이다. 그림에서 박테리아는 청색으로, 사람의 면역세포는 빨간색으로 염색됐다.

증식을 해서 요도염을 일으키기도 합니다. 대체로 이런 증상은 특히 여성에게서 많이 일어납니다. 여성의 질도 점막으로 되어 있는데, 남성에게는 없는 기관으로 다양한 미생물의 서식처입니다. 성인의 경우 질 내부는 약산성을 띠고 있고, 다당류인 글리코겐이 다량으로 분포합니다. 정상적인 질의 내부에 서식하는 유산균의 일종인 엑시도필러스 유산간균그림39은 사람이 만들어준 글리코겐을 분해해서 유산을 만들어 질 내부의 산성도를 높이는 역할을 하는 것으로 알려져 있습니다. 이렇게 질 내부가 산성으로 유지되면, 그곳에 같이 살고 있는 캔디다 알비칸스그림20와 같은 병원균의 증식을 억제하는 효과가 있습니다.

반면에 사춘기 이전의 여성의 질 내부는 글리코겐을 생산하지 않으므로 엑시도필러스 유산간균이 존재하지 않습니다. 유산균이 없으니, 질 내부도 산성이 아닌 알칼리성이 됩니다. 사춘기 이전의 여성은 유산균 대신에 대장균, 포도상구균, 연쇄상구균 등이 정상균총을 이루게 됩니다. 그러다 폐경기가 지나면 다시 글리코겐의 생산이 멈추어, 사춘기 이전의 상태로 질 안쪽의 조건이 바뀌고 정상균총을 이루는 미생물의 조성도 따라서 바뀝니다. 대장의 건강을 유산균이 함유된 요구르트를 이용해서 유지하려는 것처럼, 적당한 유산균을 투입해 질 내부의 건강을 유지하려는 연

글리코겐*Glycogen*
포도당의 중합체로 주로 동물세포가 만드는 다당류이다.

구가 현재 국내외에서 진행 중입니다. 적당한 유산균을 스프레이 용기에 담아 정기적으로 뿌려주는 방법도 여기에 해당하겠죠.

정상균총이 중요하다

지금까지 우리 몸에 우리와 같이 살고 있는 미생물에 대해서 말씀드렸습니다. 우리는 지금도 수많은 미생물과 우리 자신의 몸을 함께 사용하고 있습니다. 그 중에는 유익한 균도 있고, 병을 일으키는 무해한 균도 존재합니다. 이들은 우리 몸을 전쟁터 삼아 지금 이 순간에도 치열한 전투를 벌이고 있습니다. 우리는 당연히 유익균이 병원균을 이기기를 바라고 응원해야겠지요. 그런데 그들이 누구인지조차 몰라서야 전투를 지휘하는 장군의 책임을 다했다고 보기 어렵지 않겠습니까? 그동안의 많은 연구를 통해서 유익한 미생물 없이는 우리가 건강하게 살 수 없다는 사실은 자명해졌습니다. 비록 보이지는 않지만, 우리가 이들 정상균총을 이루는 미생물을 정확히 알고 이들의 역할을 이해해야 하는 이유가 바로 여기에 있습니다.

●● 세 번째 이야기

드라마 〈대장금〉에서 볼 수 있듯이 우리 조상들은 흔히 장맛을 가지고 음식솜씨를 평가했습니다. 그런데 된장이나 간장과 같은 발효음식의 실제 요리사가 따로 있다는 사실을 아세요? 바로 눈에 보이지 않는 발효 미생물들입니다. 술, 김치, 식초, 된장, 요구르트, 치즈 등 미생물이 우리에게 선물한 음식이 없다면 어떻게 살아갈지, 참 막막합니다. 보이지는 않지만 음식솜씨 하나는 끝내주는 미생물 주방장들을 소개합니다.

세 번째 이야기

미생물 주방장의 음식 이야기

우리는 한 끼 식사를 하면서도 수고하신 농민과 어민을 생각하게 됩니다. 그런데 이분들 말고도 먹을거리를 풍요롭게 하는 데 결정적인 역할을 한 주인공이 있습니다. 바로 미생물입니다! 제 말이 의심된다면, 한번 생각해볼까요? 아침에 먹은 식빵 한 조각은 굽기 전에 곰팡이의 일종인 효모[그림40]로 발효를 시킨 겁니다. 점심에 먹은 된장국의 된장은 효모와 유산균을 사용하여 콩을 발효시킨 것이죠. 간장도 미생물의 발효로 만든 것이고, 최근에 국내에서 크게 소비가 늘어난 요구르트는 우유를 유산균으로 발효한 제품입니다. 마지막으로 저녁과 함께 한 소주 한잔 역시 미생물인 효모로 발효한 식품입니다. 우리의 선조는 현미경과 같은 장비 하나 없이도 이렇게 다양한 미생물 발효식품을 창조하고 개발해왔습니다. 유목민들의 경우 주로 우유를 발효시킨 음식이 발달한 반면, 우리나라는 주로 콩이나 채소를 발효시킨 음식이 발

달했습니다. 이번 시간에는 다양한 발효식품을 만드는 미생물 주방장에 대한 이야기를 해볼까 합니다.

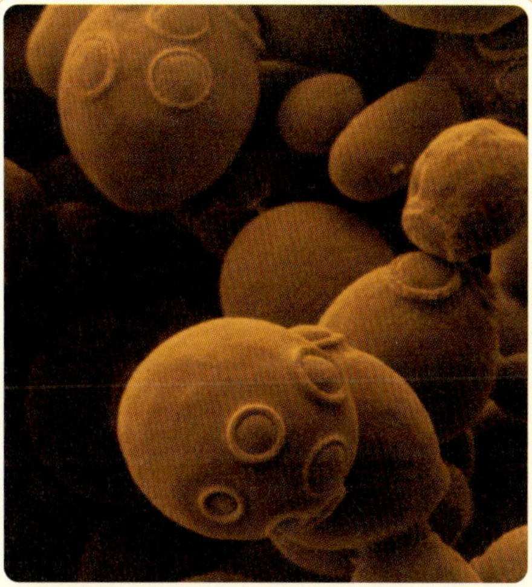

그림 40_

◉**이름:** 효모(사카로마이세스 세레비지아)
◉**학명:** *Saccharomyces cerevisiae*
◉**종류:** 진핵세포군, 곰팡이, 자낭균류
◉**사는 곳:** 식물의 표면, 토양 등 다양한 환경에 분포
◉**특징:** 빵, 술 등을 만들 때 사용되는 대표적인 발효 미생물. 동그란 모양이며, 분열을 하기보다는 모세포로부터 작은 딸세포가 만들어지고 이것이 점점 커져서, 결국은 떨어져 나가는 버딩budding이라는 방법으로 증식한다. 사진에서 여러 개의 딸세포를 만든 모세포의 버딩 자국을 볼 수 있다.

미생물은 쓸데없이 왜 술을 만들까?

미생물이 만드는 발효식품 중에서 전 세계적으로 가장 많이 만들어지고 있는 것이 무엇인지 아십니까? 바로 술입니다. 말도 많고 탈도 많은 술은 인류 역사와 함께 발전해왔으며, 세계적으로 가장 많이 즐겨 먹는 기호식품입니다. 녹말질이 많은 곡류, 감자류, 과일, 동물의 젖 등의 영양분을 효모와 같은 미생물이 분해하면 에틸알코올 또는 에탄올—줄여서 알코올—이 생기는데, 이 산물이 바로 술입니다. 또 이 과정을 알코올발효라고 합니다. 미생물의 먹이가 되는 재료, 발효에 사용된 미생물의 종류, 발효하는 과정, 발효 후 처리법 등에 따라 다양한 종류의 술이 만들어집니다.

그런데 미생물은 왜 알코올을 만들까요? 우리를 위해 만들까요? 아닙니다. 미생물도 먹고살기 위해 알코올을 만듭니다. 그리고 이 과정을 우리는 발효라고 합니다.

호흡을 하는 미생물, 발효를 하는 미생물

지구의 생물체는 어떤 방식이든 에너지를 만들어야 스스로 살 수 있습니다. 그런데 놀랍게도 인간, 쥐, 딱정벌레, 벼, 효모 그리고 우리 장에 사는 대장균에 이르기까지 에너지를 얻기 위해 공통적으로 사용하는 방법이 바로 '호흡' 입니다. 여기서 말하는 호흡은 우리가 숨을 쉬는 것과는 다른 의미입니다. 아무튼 이 호흡이란 것은 포도당을 천천히 연소시키면서, 그 과정에서 발생하는 에너지를 다음에 사용할 수 있도록 ATP란 물질로 저장하는 작업입니다.

이때 중요한 것이 바로 산소가 사용된다는 점입니다. 즉 호흡을 통해 포도당과 산소로부터 에너지가 만들어지고 찌꺼기로 이산화탄소가 남습니다. 이것이 바로 우리가 산소를 마시고, 이산화탄소를 내뱉는 이유입니다.

만약 산소가 없다면 어떻게 될까요? 인간을 비롯한 모든 동물과 식물은 에너지를 얻지 못해서 죽습니다. 그런데 대장균이나 효모와 같은 미생물은 호흡을 멈추고 재빨리 발효를 시작해서 계속 살 수 있습니다. 발효는 포도당을 연소하지만, 호흡을 할 때처럼 완전히 이산화탄소로 산화시키지 못합니다. 이때 포도당이 불완전하게 타면서 찌꺼기로 알코올, 유산, 초산 등의 다양한 물질이 만들어지게 됩니다. 에너지도 호흡을 할 때 얻는 양의 20분의 1 정도밖에 얻을 수 없고요. 그래도 우리처럼 호흡을 못해서 숨이 막혀 죽는 편보다는 백 배 낫지 않겠어요?

효모는 알코올을 발효의 산물로 만들지만, 박테리아 중에는 초산이나 유산과 같은 유기산의 종류를 만드는 것들도 있습니다. 발효식품에는 모두 미생물이 발효를 하고 남은 수많은 종류의 유기물이 포함됩니다. 술, 김치, 식초, 된장, 요구르트, 치즈 등은 모두 알고 보면 미생물이 먹고 남긴 일종의 잉여물인 셈입니다.

술은 언제부터 담가 먹었나

술이 자연스럽게 만들어질 수도 있다는 사실을 아세요? 예를 들면 나무의 움푹한 곳에 포도송이가 떨어져 쌓여 있다가, 포도껍질에 묻어 있는 효모에 의해 자연발효되면서 바로 포도주가 만들어질 수 있습니다. 실제로 원숭이 중에서 이런 식으로 술을 담가 먹는 종도 있다고 합니다. 정확한 기록은 없지만 사람이 담가 먹기 시작한 최초의 술은 아마도 과실주였을 겁니다. 왜냐하면 포도처럼 단맛이 나는 과실의 경우, 포도당과 같은 단당류가 많아 발효가 바로 됩니다. 하지만 곡류나 감자류에는 포도당보다는 다당류인 녹말∞이 주성분을 이루고 있어, 이를 포도당으로 일일이 끊어주는 당화 과정을 거쳐야 하기 때문입니다.

이미 신석기시대인 기원전 6천 년경에 지금의 이라크 지역에서 메소포타미아인들이 포도주를 담근 기록이 있습니다. 또 초기 청동기시대 고대 이집트 지역에서 포도주를 담가 먹던 기록이 무덤 벽화에 기록돼 있고요. 당시 상류층만이 향유했던 포도주 문화

∞ **녹말**
녹말 또는 전분은 포도당이 여러 개가 연결된 다당류이다. 이런 다당류를 생물이 이용하기 위해서는 이를 단당류인 포도당으로 일일이 잘라주는 당화가 필요하다. 우리 몸에서는 침과 소장의 소화효소가 이를 담당한다. 미생물 발효에 녹말을 사용하기 위해서는 반드시 당화를 거쳐야 한다.

는 고대 이집트인에게 사회적으로 중요한 요소였다고 보여지는데, 특히 파라오라 불리는 고대 이집트 왕들은 무덤에까지 포도주를 여러 병 가지고 가기도 했답니다. 곡물을 이용한 양조는 기원전 4천 년경부터 시작된 것으로 보이는데, 메소포타미아인과 수메르인이 보리를 이용하여 빵 반죽에 물을 가하여 자연발효시킨 원시적인 맥주를 제조한 것이 처음입니다.

술은 크게 양조주, 증류주, 재제주로 나뉩니다. 양조주는 과일에 있는 단당류를 바로 발효시키거나, 곡물에 있는 녹말을 당화시킨 다음 발효시킵니다. 포도주, 맥주, 막걸리, 청주 등이 모두 양조주에 속합니다. 양조주의 알코올 농도가 12~14%를 넘지 못한 반면에 증류주는 양조주를 증류하여 알코올의 농도를 높인 술입니다. 위스키, 브랜디, 보드카, 소주 등이 여기에 속합니다. 재제주는 증류주나 양조주에 향료, 약초, 초근목피 등을 첨가하고 설탕이나 꿀 등을 당화하여 만든 술입니다. 칵테일에 들어가는 다양한 맛과 향의 술들이 여기에 속합니다. 요즘 우리나라에서 크게 유행하고 있는 포도주부터 한번 자세히 알아보겠습니다.

포도주의 역사와 종류

포도주Wine는 역사상 가장 오래된 술로서 다양한 신화와 전설에도 자주 등장합니다. 구약성서 속의 노아가 방주에서 내려와 맨 처음 한 일이 아라라트산 기슭에서 포도를 재배한 것인데, 그

포도로 포도주를 만들어 마시고 취해서 잠들었다는 기록이 있습니다. 또 포도주의 신神 박카스는 원래 동물과 식물의 생명을 관장하는 신이었는데, 고대 희랍 사람들에게 포도의 재배법과 포도주 만드는 법을 가르쳤다는 신화도 있습니다. 앞서 말씀드렸듯이 포도주는 포도와 포도즙을 발효시켜 만든 양조주의 일종입니다. 포도에는 효모가 바로 발효에 사용할 수 있는 단당류가 많이 있으므로, 맥주와 같은 곡주를 만들 때 꼭 필요한 당화 과정을 거칠 필요가 없는 '단單발효주' 입니다. 포도주는 크게 백포도주White wine, 적포도주Red wine, 로제와인Rose wine으로 나누죠.

포도주 만들기

심장병이나 고혈압 등 성인병에 좋다는 적포도주를 만드는 방법을 먼저 살펴보겠습니다. 먼저 원료가 되는 적색 포도를 통째로 기계로 으깬 다음 효모와 아황산을 넣습니다. 발효에 사용되는 미생물은 자연적으로 포도껍질에 존재하는 효모를 사용할 수도 있습니다. 하지만 이들은 알코올에 대한 내성이 적어서, 발효하는 동안 우리가 원하지 않는 다른 잡균이 자라기 쉽죠. 그래서 대부분의 상업용 포도주 발효에는 사카로마이세스 엘립소이듀스그림41와 같은 효모를 실험실에서 대량으로 키워서 사용합니다. 이때 같이 넣어주는 아황산은 포도주가 산화되는 것을 막고, 효모 이외의 곰팡이와 같은 다른 미생물이 자라는 것을 방지하는 역할을 합니다.

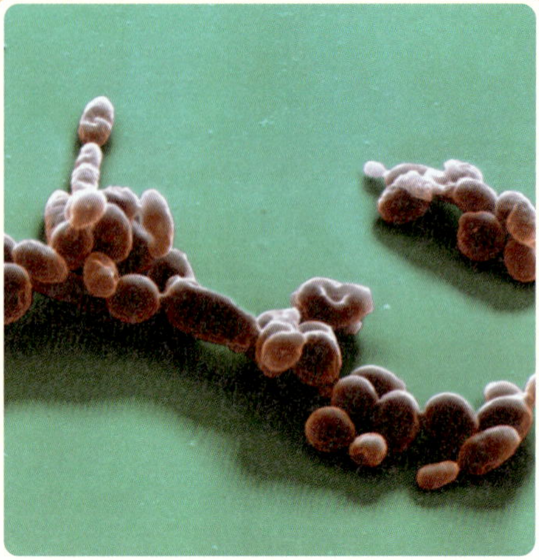

그림 41_

⊙이름: 사카로마이세스 엘립소이듀스
⊙학명: *Saccharomyces ellipsoideus*
⊙종류: 진핵세포군, 곰팡이, 자낭균류
⊙사는 곳: 포도의 표면
⊙특징: 효모의 일종으로 상업용 포도주를 담글 때 사용하는 전문적인 미생물이다. 오른쪽 끝에 버딩으로 떨어져 나오기 직전의 딸세포가 보인다.

그 다음에 발효조 안에서 20~25도 정도의 온도로 3주정도 발효를 시킨 다음 여과해서 액체만 모으면, 주主발효가 끝나게 됩니다. 그림42

이때 1~2% 정도의 발효가 안 된 포도당 성분이 남아 있는데, 여과액을 1~2년간 13~15도 정도의 저온에서 천천히 발효시키면 남은 당 성분이 0.2% 이내로 줄어들고 단맛도 줄어들게 됩니다. 이렇게 발효를 마친 포도주는 나무통에 넣고 저장하는데, 1년에 3번 정도 통을 바꾸어가면서 숙성시킵니다. 그림43 숙성된 포도주는 깨끗이 여과를 한 다음 병에 넣고 6개월 이상을 다시 숙성시킵니다.

적포도주에는 포도껍질에 존재하는 폴리페놀계 화합물과 타닌 성분이 많이 함유되어 있습니다. 이들 성분이 심장병, 혈관 질환, 암 등의 예방에 좋다고 알려져 있으니, 한두 잔 정도 과음하지 않는 범위에서 적포도주를 드시는 것은 건강에 좋습니다. 백포도주는 청포도나 껍질을 제거한 적색 포도로 만들어서 그 색이 투명합니다. 적포도주가 수년 동안 숙성시키는 데 비해 백포도주는 비교적 짧은 기간 동안만 숙성시키는 차이가 있습니다. 로제와인의 경우 적색 포도를 통째로 으깬 상태에서 발효하다가, 도중에 껍질과 줄기를 제거해서 적포도주보다는 연한 장밋빛을 띠는 포도주입니다. 포도주의 알코올

☛ 그림 42_ **대규모의 포도주 양조 탱크**

과거와 달리 현대 포도주 양조장에서는 선별된 효모와 포도를 이용해서 자동화된 공정을 통해 포도주를 대량 생산한다.

☛ 그림 43_ **포도주를 나무통에 넣고 숙성시키는 장면**

포도주는 수년간 숙성되는데, 나무를 통해 산소가 제한적으로 공급되면서 천천히 미생물에 의한 다양한 발효산물이 생성된다. 이것이 미묘한 포도주 맛의 비밀이다.

함량은 원료가 되는 포도의 당 함량, 발효에 사용되는 효모의 종류, 발효 기간 등에 의해 결정되는데, 대개 6~14%입니다.

맥주의 기원에 대해서

맥주Beer의 어원은 '마시다' 라는 뜻의 라틴어인 Bibere 또는 게르만족의 언어 중 '곡물' 을 뜻하는 Bior에서 왔다고 합니다. 포도주보다 오래 되지는 않았지만, 맥주도 이미 기원전 4천 년 전부터 중동 지역에서 만들어온 증거가 있으며, 기원전 3천 년경에는 고대 이집트에서도 마시기 시작했다고 합니다. 그 후에 그리스, 로마시대를 거쳐 중세에는 수도원을 중심으로 맥주의 제조 방식이 크게 발달했습니다. 15세기 이후에야 비로소 지금처럼 맥주에 호프를 사용하는 것이 일반화되고, 도시의 발전과 함께 대중화되어 갔습니다. 맥주로 유명한 독일에서는 1516년 빌헬름 4세가 '맥주순수령' 을 공포한 적이 있습니다. 맥주를 만들 때 보리, 호프, 물의 세 가지 원료 이외에는 사용해서는 안 된다는 법으로, 당시에 다른 재료를 가미한 맥주의 품질에 문제가 있었음을 반증하는 기록이기도 합니다. 그리고 실제로 독일 맥주의 품질 유지 및 향상에 크게 기여한 것으로 보입니다. 프랑스, 벨기에 등의 주변국에서는 과일 같은 다른 재료를 섞은 맥주가 많이 발달했는데, 이 맥주순수령 때문에 당시 독일로 수출을 하지 못했다고 합니다. 결과적으로 독일은 일종의 자국 산업보호를 위한 수입 제한 조치를 한 거죠. 나중에 주변국의 항의로 이를 철폐하기는 했습니다만. 최근 국내의 한 맥주회사가 이 '맥주순수령'을 쌀 같은 다른 곡류를 섞지 않고 보리로만 만든 자사 맥주의 광고에 사용하기도 했습니다.

맥주를 만드는 방법

맥주는 기본적으로는 보리를 발아시킨 맥아(엿기름)와 호프, 효모, 물을 원료로 만들어지는 술입니다. 호프나무는 암수가 다른 다년생의 뽕나무과에 속하는 넝쿨식물로, 암나무에 피는 작은 솔방울 모양의 암꽃만을 맥주 양조에 사용합니다. 맥주를 만들기 위해서는 맨 처음 보리를 먼저 발아시키는데, 이때 맥아(싹이 난 보리)에서 아밀라아제가 대량으로 만들어지고, 이 효소에 의해 보리의 녹말은 단당류로 당화됩니다. 당화된 맥아는 효모에 의해서 발효 과정을 거치는데, 이 경우 당화와 발효가 완전히 별개로 이루어지므로 '단행복발효'라고 합니다.

녹말이 당화를 거치면 맥아당과 덱스트린으로 분해가 되는데, 이를 여과하여 고형분을 제거한 것이 바로 맥아즙Wort입니다. 맥아즙에는 원료 보리의 1~2%에 해당하는 호프를 첨가하고 한두 시간 정도 끓이는데, 이때 호프 특유의 향이 맥아즙에 스며들죠. 이후에 호프를 제거하고 효모로 알코올 발효를 하게 됩니다. 맥주의 종류는 발효에 사용되는 효모의 종류에 따라 '상면발

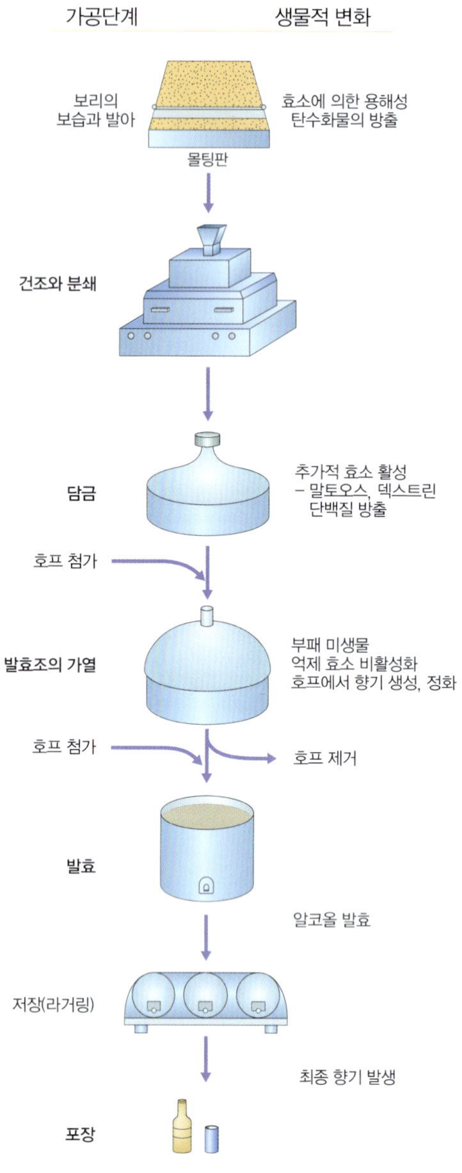

그림 44_ 맥주 제조 과정

효 효모'와 '하면발효 효모'를 이용한 맥주로 다시 나누어집니다. 하면발효의 경우 발효가 끝나가는 시점에 효모가 응집되면서 바닥에 가라앉는데, 사카로마이세스 칼스버겐시스그림 45와 같은 미생물이 대표적으로 사용됩니다. 하면발효는 2~10도 정도의 낮은 온도에서 오랫동안 이루어지며, 이런 맥주를 통칭해서 라거Lager라고 합니다. 국내에서는 한 맥주회사가 라거를 제품의 상표로 사용하고 있는데, 외국에서 라거는 특정 종류의 맥주를 모두 지칭하는 말입니다. 하면발효를 하면 효모가 맥아당을 거의 먹어치워서, 맥주가 엷고 투명한 색을 띱니다. 우리나라의 맥주는 대부분이 이 라거에 속한다고 보시면 됩니다.

상면발효의 경우 하면발효처럼 효모가 뭉쳐서 침전되지 않고, 발생하는 탄산가스를 따라 발효 중에 액체의 표면으로 떠오르는 특징이 있습니다. 사카로마이세스 세레비지아그림 40가 대표적인 상면발효 효모이며, 이때 만들어진 맥주를 에일Ale이라고 합니다. 세레비지아는 로마시대 때 맥주를 'Cerevisia'라고 부른데서 유래했다고 하네요.

발효 과정에서 발생하는 이산화탄소로 인해 맥주는 탄산가스를 가득 함유하게 됩니다. 발효가 끝난 맥주는 효모나 기타 불순물로 혼탁하므로 여과를 거쳐 맑게 합니다. 보통 병맥주의 경우 60~70도에서 열처리를 하여 효모를 비롯해 맥주 안에 존재하는 모든 미생물을 살균하여 판매합니다. 열을 처리하지 않고 필터에 미생물을 걸러서 제거하는 공정도 있는데, 이 경우에는 비열처리 맥주라고 합니다. 비열처리는 열에 의해 맥주가 변질되는 것을 막아주는 장점이 있지만, 처리 시설과 비용이 많이 드는 단점이 있습니다. 생生맥주의 경우 미생물을 제거하지 않기 때문에 효모가 살아 있습니다. 하지만 시간이 지나면서 효모가 발효를 계속하면서 맥주를 변질시킬 수 있으므로, 생맥주는 가급적 냉장 보관하고 빨리 마셔야 합니다.

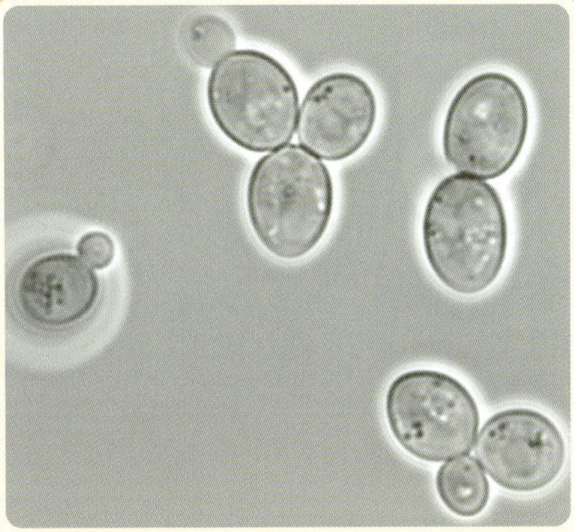

그림 45_

- **이름:** 사카로마이세스 칼스버겐시스
- **학명:** *Saccharomyces carlsbergensis*
- **종류:** 진핵세포균, 곰팡이, 자낭균류, 효모류
- **사는 곳:** 맥주 양조장
- **특징:** 맥주 양조에 사용되는 하면발효 효모의 일종. 발효가 되면서 자기들끼리 뭉쳐지며 발효조 아래로 가라앉는 특징이 있다.

세계 각국의 맥주들

라거 맥주만 주로 생산, 판매되던 우리나라에도 최근 여러 종류의 에일이 생산되거나 수입되고 있습니다. 비터Bitter는 영국과 아일랜드에서 주로 생산되는 붉은 호박색 계통의 에일이며, 스타우트Stout는 보리를 볶고 호프를 많이 넣어서 검은색을 띠는 에일

제공: 하이트맥주

그림 46_ **대규모 맥주 양조 시설**
현대의 맥주 공장은 자동화된 설비로 일관된 품질의 맥주 생산이 가능하다.

로 아일랜드의 기네스Guinness가 유명합니다. 벨기에의 램빅Rambic 에일은 인공적으로 효모를 넣어주지 않고, 자연 상태의 효모를 이용하여 1~2년 동안 나무로 된 발효조에서 발효시키는 맥주입니다. 이때 발효조에 다양한 과일을 넣어 맛과 향이 우러나오도록 한다고 하네요.

오늘 언급한 다양한 맥주 중에서도 제가 제일 선호하는 맥주는 바로 비터입니다. 영국 유학 시절부터 즐겨 마셨는데, 아쉽게도 아직 우리나라에서는 대량 생산되지 않고 않습니다. 영국으로 여행할 분이 계시면 꼭 한번 다양한 비터의 맛을 체험해보시기를 권합니다. 참, 그러려면 몇 달은 머물러 계셔야겠네요.

라거의 경우에도 최근 다양한 양조기술이 개발되어 그 종류가 다양해졌습니다. 일본에서 처음 개발된 드라이Dry 맥주는 옥수수나 쌀의 당분을 첨가하여 완전히 발효시킴으로써 단맛이 적고 깨끗한 것이 특징입니다. 반면에 아이스Ice 맥주는 온도를 낮추어 맥주 안의 물이 얼도록 한 다음 여과함으로써 얼음 결정과 함께 찌꺼기를 거르는 방법을 사용합니다. 라이트Light 맥주는 일반 맥주에 비해 칼로리와 당분을 줄인 종류로 주로 체중 걱정이 많은 미국인들이 선호하는 맥주입니다.

알코올을 농축시킨 증류주

미생물, 특히 효모가 다양한 식물을 발효해서 알코올을 만들어내는 것이 바로 술입니다. 우습게도 이 효모는 자신이 만든 알코올의 함량이 14%를 넘으면 죽어버리기 때문에 모든 양조주는 알코올 함량이 14% 이상이 될 수 없습니다. 그런데 우리 주위에는 위스키나 소주처럼 이보다 알코올 함량이 높은 술이 많이 있지 않습니까? 이렇게 알코올 도수가 높은 술은 발효한 양조주를 열을 가해 증류시켜 알코올의 함량을 높인 증류주에 해당합니다. 비등점이 78도인 알코올이 물보다 빨리 증발하는 원리를 이용한 겁니다. 즉 발효된 술을 가열하면 알코올이 먼저 증발하고, 이때 기화된 기체를 식히면 원래의 양조주보다 알코올 함량이 높은 액체를 얻을 수 있습니다. 원칙적으로 모든 양조주는 증류할 수 있고,

그로부터 증류주를 얻을 수 있습니다.

위스키, 알고 마시자

먼저 증류주의 대표주자인 위스키에 대해 알아볼까요. 주변에 보면 위스키는 많이 마시는데, 어떻게 만들어지고 왜 각각 다르게 불리는지 모르시는 분이 많더라고요. 위스키는 원료에 따라 그레인Grain과 몰트Malt위스키로 나눕니다. 그레인위스키는 비교적 저렴한 밀이나 옥수수 같은 곡물을 원료로 사용하며, 당화를 위해서 맥아를 일부 섞어줍니다. 맥아에는 아밀라아제 효소가 있어서 당화가 가능한 거죠. 반면에 몰트위스키를 만들 때는 100% 맥아만을 사용합니다. 발효는 맥주와 비슷한 방법으로 하며, 발효가 끝나면 7~8%의 알코올을 가진 액체가 남게 됩니다. 이 발효액을 두 번 증류하게 되는데, 첫 번째 증류를 하면 약 20% 정도의 알코올을 함유한 액체가 되고, 두 번째 증류를 하면 약 68% 정도의 위스키 원액을 얻게 됩니다.그림47 두 번째 증류를 할 때는 처음에 나오는 액체와 나중에 나오는 액체는 버리고, 중간에 나오는 액체만 선택적으로 모아야 합니다. 고품질의 위스키를 얻기 위해서는 숙련된 기술자가 증류되어 나오는 액체의 맛을 보고, 연속적으로 증류되어 나오는 알코올을 어디서부터 어디까지 모을 것인가를 제대로 결정해야 합니다. 스코틀랜드의 한 위스키 공장에서 이 작업을 직접 본 적이 있습니다. 그때 기술자는 파이프에 연결

☛ 그림 47_ **스코틀랜드의 위스키용 증류기**

위스키 공장에서 발효가 끝난 발효액의 알코올을 농축하는 데 사용되는 단식 증류기이다.

된 수도꼭지를 통해 증류가 되어 나오는 위스키의 맛을 지속적으로 체크합니다. 주당이 가장 선호할 직업인 것 같죠? 이렇게 위스키의 맛이 한 사람의 판단에 의해 결정되니, 그 기술자가 위스키 공장에서 가장 중요한 일을 하는 사람으로 보이더군요. 몰트위스키의 경우 단식 증류기에서 2회 증류하여 수년간 오크나무통에 숙성시킵니다. 반면에 그레인위스키는 연속식 증류기에서 두 번

연속해서 증류를 합니다.

증류를 한 위스키 원액에는 알코올 이외에도 많은 성분이 들어 있게 됩니다. 이중 원하지 않는 성분은 오크나무로 만든 통에서 숙성시키는 동안 사라지게 됩니다. 오크통에서 위스키를 숙성시킬 때는 알코올의 농도를 63% 정도로 낮추고, 새로 만든 통보다는 스페인 와인인 쉐리나 다른 위스키를 만들 때 사용한 통을 일부러 다시 사용합니다. 위스키 종주국인 스코틀랜드에서는 모든 위스키를 3년 이상 숙성시키도록 법으로 정하고 있으며, 일반적으로 고급으로 취급되는 몰트위스키는 8년 이상을 숙성시킵니다.

1853년 에든버러의 앤드류 앳셔에 의해 개발된 브랜딩 Blending위스키는 몰트위스키와 그레인위스키를 적당히 혼합한 것으로 성질이 다른 위스키가 서로 풍미를 보충하여 맛과 향이 보다 특유한 위스키가 됩니다. 브랜딩 과정은 위스키의 맛을 결정짓는 중요한 과정이므로 영국인들은 흔히 이를 '예술' 로 비유하기도 합니다. 최근에는 기계적으로 이런 브랜딩 과정을 행하려는 노력의 일환으로 '인공 혀' 나 '로보트 코' 를 이용한 방법도 개발 중인데, 아직 성공했다는 소문을 듣지는 못했습니다. 요즘 같은 세상에도 사람만이 할 수 있는 일이 있다는 것이 그렇게 반가울 수가 없네요. 브랜딩위스키와 반대로 서로 다른 증류소에서 만들어진 위스키를 일체 섞지 않은 타입의 위스키를 싱글몰트위스키라고 부르며, 대표적인 상표로 '사슴이 있는 계곡' 이라는 뜻의 켈트어인 글렌피딕Glenfiddich이 있습니다. 제가 알기로는 국내에서 직접 발효하는 위스키는 없으며, 국산 위스키로 불리는 것들도 대부분 스코틀랜드에서 원액을 수입하여 알코올 농도가 40% 정도 되도록 희석한 브랜딩위스키입니다. 스코틀랜드에 가시게 되면 꼭 한번 위스키 양조장을 견학해보시기 바랍니다. 견학 중에는 술냄새에 취하고, 견학 후 공짜로 고급 위스키 한잔을 맛 볼 기회도 있으니까요.

우리 술의 미생물들

우리나라에서 술을 언제부터 담가 먹기 시작했는지는 정확히 알 수 없지만, 다른 민족과 비슷하게 초기에는 만들기 쉬운 과실주가 성행하다가 유목생활 당시에는 젖으로 만든 유주가, 그리고 농경시대에 들어서면서 곡물을 이용한 곡주를 만들어 왔으리라 추정됩니다. 대표적인 우리 술로는 탁주(막걸리)와 약주가 있습니다. 조상들은 쌀, 밀가루, 보리쌀, 옥수수, 고구마 등의 다양한 재료를 이용해서 술을 담갔는데요, 이들 재료의 주성분은 단당류가 아닌 녹말이기 때문에 당화를 해야 합니다. 맥주나 위스키를 만들 때 당화와 발효가 따로 이루어지는 데 비해, 우리의 술을 만들 때는 두 작업이 함께 이루어집니다. 이때 사용하는 것이 바로 누룩그림48입니다.

누룩은 술을 만들 때 사용하는 발효제, 즉 미생물 배양체입니

☛ 그림 48_ **누룩**
술을 만들 때 사용하는 발효제. 곰팡이, 효모를 곡류에서 키운 것으로 술의 주원료에 넣어서 당화와 발효를 할 수 있다.

다. 먼저 밀, 쌀, 녹두, 가을보리 등을 가루를 낸 다음 짚을 섞은 후 틀에 넣어서 모양을 냅니다. 그런 다음 온돌방에서 일주일에서 길게는 40일 정도 따뜻하게 해주면 짚에 있던 각종 곰팡이와 효모가 자라면서 누룩이 완성됩니다. 한마디로 누룩은 본격적인 발효를 하기 전에 미생물의 숫자를 늘려주는 작업이라고 볼 수 있습니다. 누룩은 녹말을 분해하는 아밀라아제나 단백질을 분해하는 프로테아제 등의 효소를 만드는 곰팡이를 다량으로 포함하고 있습니다. 누룩에서 발견되는 곰팡이로는 누룩곰팡이그림 49, 거미줄 곰팡이 ∞, 털곰팡이그림50 등이 있습니다.

탁주를 만들 때는 먼저 주원료인 쌀 등을 물에 섞어서 찐 다음 발효제를 넣게 됩니다. 발효제는 누룩과 발효용 효모를 대량으로 배양한 주모(밑술)가 있습니다. 탁주는 당화와 발효를 동시에 하는 술로서 '병행복발효주'이고, 약주는 탁주를 만든 다음 술독 안에 싸리나 대오리로 둥글고 깊게 통 같이 만든 '용수'를 박아 맑은 액체만 떠낸 것입니다.

그림 49_

◉이름: 누룩곰팡이
◉학명: *Aspergillus*
◉종류: 진핵세포군, 곰팡이, 불완전균류
◉사는 곳: 토양
◉특징: 된장, 간장, 감주, 청주 등의 양조용, 시트르산, 글루콘산, 이타콘산 등의 유기산 발효용, 녹말, 단백질, 펙틴 분해효소나 글루코오스옥시다아제 등의 효소 제품의 제조용, 스테로이드 화합물의 산화 생성 등 여러 분야에서 이용되는 유용한 미생물이다. 포도송이처럼 붙어 있는 것은 곰팡이 포자로 번식에 사용된다.

약주와 탁주가 양조주인 반면 소주는 우리나라의 대표적인 증류주입니다. 물론 저렴한 가격 때문에 서민들의 술이기도 하지요. 매출 1위의 국내의 한 소주회사가 파업을 한다고 하니, 마치 전쟁이라도 난 것처럼 소주를 사재기하는 현상까지 벌어지더군요. 우리나라에 증류법이 전해진 시기는 원나라 때로, 당시 소주는 지금과 달리 상당한 고급 주류로서 상류층에서 즐겨 마셨다고 합니다. 조선시대에는 소주가 극히 사치스러운 술이라 하여 소주의 제조를 금지하자는 상소가 있을 정도였다고 하니까요. 우리나라 소주는 다른 나라의 증류주와 확연히 구분되는 독특한 술로서 크게 희석식 소주와 증류식 소주로 나눌 수 있습니다. 증류식 소주는 약주나 탁주를 '고리'라고

∞ **거미줄 곰팡이***Rhizopus nigricans*
흔히 볼 수 있는 곰팡이로 봄·여름철 단맛이 나는 열매에 붙으면 하룻밤 사이에 거미줄에 걸린 듯 열매의 표면을 덮어버린다.

부르는 재래증류기그림 51로 증류하여 제조해왔던 소주이고, 희석식 소주는 알코올 함량 95% 내외로 증류한 주정을 희석하면서 다양한 첨가물을 넣어 마시기 적당하게 가미한 술입니다. 우리가 일반적으로 마시는 알코올 함량 25% 내외의 소주는 모두 희석식입니다. 반면에 증류식 소주는 증류식 소주용 곡류 사용을 금지하는 정부의 정책으로 1965년부터 생산이 금지되면서 그 맥이 끊겼었습니다. 그러다가 88서울올림픽을 계기로 우리나라 전통문화를 전수 · 보전하고 외부적으로는 외국인 관광객에게 우리나라 술을 널리 알리기 위하여 주류 제조에 관한 규제를 완화하면서 다시 생산이 가능하게 되었습니다. 1991년부터는 소주 제조 면허가 개방되고, 정부의 전통문화 전수 · 보전 정책 아래 전통 소주 제조업이 다시 활발하게 되었죠. 이때부터 생산된 증류식 소주로는 안동소주, 문배술, 고소리술, 한주, 옥로주 등이 있습니다. 그러니까 안동소주와 같은 전통소주와 시중에서 판매하는 대량 생산된 소주는 상당히 다르게 만들어진다고 볼 수 있습니다.

그림 50_

- 이름: 털곰팡이
- 학명: *Mucor*
- 종류: 진핵세포균, 곰팡이, 접합균류
- 사는 곳: 토양, 퇴비, 과일
- 특징: 그림의 배경에 보이는 가느다란 균사로부터 포자를 만들기 위한 포자낭(중앙)이 만들어진다. 포자낭 표면에 있는 포자들은 녹말을 당화하고 알코올을 발효하는 데 효과적인 미생물로 누룩을 만들 때 사용된다.

제공: 안동소주 전통음식 박물관

그림 51_ **전통적인 증류주인 소주를 만드는 모습**
사진은 안동소주를 만드는 방법으로 대량 생산되는 현대식 소주와는 다르다.

김치는 작은 생태계

김치는 배추를 비롯한 각종 채소를 소금에 절여 양념하고 숙성시킨 저장식품으로 우리 민족이 오래 전부터 개발해 온 겨우살이용 식품입니다. 아마도 원시 수렵시대를 거쳐 농경정착시대에 채소 재배가 어려운 겨울철에 채소를 보관하기 위해 소금에 절인 것이 김치의 시작으로 보입니다. 우리 조상들은 채소를 염장하여 보관하는 과정에서 우연히 소금기에 잘 견디는 미생물인 유산균에 의해 김치가 익는다는 사실을 발견하였을 겁니다. 또 유산균에 의해 유산발효가 일어나면 다양한 유기산이 발생하여 지금과 같은 독특한 김치의 맛을 얻을 수 있습니다.

역사적으로 김치는 이미 삼국시대 이전부터 우리 민족이 상용 식품으로 애용해왔다는 사실을 알 수 있습니다. 물론 이때까지의 김치는 고추가 빠진 백김치 형태였고, 1600년경부터 전래되어 재배되기 시작한 고추가 김치에 사용되면서 비로소 현재와 같은 우리 민족 고유의 김치가 개발되었습니다.

미생물학자들이 좋아하는 말 중에 "김치는 작은 생태계다"라는 말이 있습니다. 일반적으로 생태계라고 하면, '지구 생태계'처럼 큰 것만을 생각하기 쉽습니다만, 김치가 익는 과정도 그 안에서 다양한 미생물이 삼국지처럼 흥하고 망하는 과정이 발생하므로 감히 하나의 생태계라고 부를 수 있는 거죠.

김치의 발효과학

김치는 기본적으로 채소류를 소금에 절인 다음 미생물을 이용해서 발효시킨 음식입니다. 물론 소금과 양념으로만 버무린 겉절이나 일본인이 먹는 기무치도 김치로 볼 수 있지만, 미생물 발효 과정이 빠진 김치는 우리 고유의 김치라고 보기는 어렵습니다.

우리가 김치에 사용하는 재료는 엄청나게 다양한데, 주재료로 사용되는 채소만 해도 배추, 열무, 부추, 갓, 파 등 모두 73가지에 이릅니다. 여기에 첨가해서 들어가는 생선만 해도 북어, 대구, 가자미, 오징어 등 15가지에 이르고, 과일류도 밤, 호두, 은행, 매실 등 모두 12가지에 달합니다. 이외에 소금, 간장, 식초, 설탕 등 18가지 조미료와 멸치젓, 새우젓, 어리굴젓 등 13가지 젓갈류가 들어갈 수 있습니다. 각 지역마다 이렇게 다양한 재료를 조합할 수 있으니 우리 김치의 종류는 거의 무궁무진하다고 보아도 될 겁니다. 몇 년 전 조사 자료에 의하면 우리가 주로 먹는 김치의 종류만도 173가지나 된다고 합니다.

최근에 김치를 단순히 야채로 만든 음식으로 보기보다는 미생물이 관여하는 발효식품으로 보는 경향이 나타났습니다. 이는 마치 요구르트를 단순 유제품으로 보기보다는 유산균을 배양해서 우리 몸에 공급하는 프로바이오틱으로 보는 것과 같습니다. 그래서 일부 김치 관련 광고 카피로 '김치는 발효과학'이라는 말이 자주 사용되는 거죠. 지당한 말입니다. 저는 김치를 미생물학적인 관점에서 보는 것이 중요하다고 생각해왔습니다. 그렇다면 '김치발효'란 무엇을 의미할까요? 과연 우리가 매일 먹는 김치

제공: 하선정 종합식품

그림 52_ 대규모 공장에서 김치를 담가 포장하는 모습
최근 들어 김치의 대량생산과 해외수출이 활발히 이루어지고 있다. 사람이 김치를 버무리기만 하면, 미생물인 유산균이 김치발효를 통해 김치를 만든다.

안에선 무슨 일이 일어나는 것일까요? 지금부터 김치와 미생물의 관계에 대해 자세히 알아보기로 하죠.

미생물이 지배하는 생태계

김치를 담그는 과정을 한번 살펴볼까요? 대개 먼저 채소를 소금에 버무리고, 씻어낸 다음 양념을 합니다. 우리는 모든 양념과 채소를 사용하기 전에 깨끗이 씻는다고 하지만, 그 표면에는 상당수의 미생물이 묻어 있습니다. 이것들이 우리가 김치를 담그면 모두 김치 생태계의 주민이 되는 겁니다. 이들 미생물은 대부분 식물의 표면이나 토양에서 오는 것으로 우리 몸에 유익한 것도 있고, 드물게 병을 일으키는 것들도 있게 됩니다. 병원균은 대부분 우리가 일정 수 이상 먹어야만 병에 걸리므로 크게 걱정하실 필요는 없습니다만, 문제는 병원균의 숫자가 늘어나지 않도록 해야 한다는 것이죠.

처음에 담근 김치는 3% 정도의 농도가 높은 소금을 함유하게 됩니다. 인류의 조상은 이렇게 소금으로 유해균의 성장을 막아 썩는 것을 방지해왔습니다. 그래서 김치 안에 들어온 대부분의 미생물은 김치에 충분한 영양분이 있음에도 자라지 않고, 일부 내염성耐鹽性 미생물만 자라게 됩니다.

김치 속 또 하나의 특징은 공기와 닿는 표층을 제외하고는 산소가 없는 환경이 된다는 점입니다. 김치 안에 산소가 일부 녹아 있을 수 있으나, 그곳에 있는 호기성 박테리아가 금방 산소를 이용해서 고갈시키기 때문에 김치 안은 산소를 이용하지 않는 혐기성 미생물만 자랄 수 있습니다. 염분에 잘 견디며 산소를 이용하지 않고 살아갈 수 있는 박테리아는 자연계에 상당히 많지만, 김치의 경우에는 주로 채소의 표면에 붙어 있다가 김치 안으로 들어온 유산균이 여기에 해당합니다. 요구르트를 만들 때도 사용되는 유산균은 박테리아에 속하며 한 종류를 지칭하는 것이 아니고, 유산발효를 통해 유산을 비롯한 여러 가지 유기산을 만드는 박테리아를 통칭합니다. 그리고 이 유산균이 바로 김치발효의 주인공입니다.

'김치가 익는다' 는 말을 하는데, 이를 정확히 풀어 설명하면 '유산균에 의해 김치 내의 영양분이 발효되면서 유산을 비롯한 다양한 유기산이 김치 속에 축적된다' 는 의미가 됩니다. 발효로 유기산이 많이 생기면, 김치 안의 산성도가 높아지고, 그로 인해 김치가 시큼해집니다. 김치가 시어지면서 또 한 가지 생겨나는 변화는 유산균을 제외한 다른 미생물이 맥을 못 춘다는 점입니다. 그래서 김치 안은 곧 유산균 천지로 변해버리지요. 대개 이 시점이 약간 시큼하면서 일반적으로 김치가 가장 맛있을 때로 볼 수 있습니다. 유산균이 김치를 지배한다는 말은 맞지만, 한 종류의 유산균이 계속 군림하는 것은 아닙니다. 마치 고려시대의 무신정권처럼 서로 다른 유산균이 릴레이식으로 김치를 장악합니다. 재미있는 점은 유산균에 의한 유산발효가 계속되면, 산성도가 낮아지면

산패
음식물을 공기 속에 오래 방치해 두면, 공기 중의 산소 · 빛 · 열 · 세균 · 효소 · 습기 등에 의해 음식물이 산성이 되어 불쾌한 냄새가 나고, 맛이 나빠지거나 빛깔이 변하는 현상.

서 결국 그런 환경을 만든 유산균 자신조차도 사멸한다는 것입니다. 이때는 그동안 조용히 버티고 있던 곰팡이의 일종인 효모가 김치를 지배하기 시작합니다. 이 시점부터 김치가 매우 시어지며 산패酸敗가 일어납니다. 너무 익힌 김치에서 하얗게 자란 덩어리를 보신 적이 있을 텐데, 그게 바로 효모입니다. 이 정도의 신 김치를 좋아하시는 분들도 있는데, 김치 안에 유산균이 거의 없기 때문에 유산균에 의한 좋은 효과는 별로 없다고 보셔야 합니다. 이렇듯 처음에는 여러 가지 유산균에 의해서, 나중에는 효모에 의해서 그 내용물이 만들어지는 김치는 미생물이 만드는 음식으로 충분히 규정지을 수 있다고 봅니다.

김치발효의 주인공

그렇다면 김치발효의 주인공인 유산균에 대해 궁금해지실 겁니다. 저도 상당히 궁금해서 직접 시중에서 판매하는 5개사의 배추김치 유산균에 대해서 조사해봤습니다. 사실 그전에도 김치 미생물을 관찰한 학자들이 있었는데, 저는 최근에 개발된 유전자 분석법을 이용해서 유산균의 분포를 확인해보았죠. 이 연구 결과는 국제 식품 미생물학지에 발표되었는데, 다음과 같은 상당히 재미있는 결론을 얻을 수 있었습니다.

첫째, 잘 익은 김치에는 많은 박테리아가 살고 있는데, 99% 이상이 유산균으로 되어 있다는 점입니다. 다시 말해, 김치는 요구르트 못지않은 훌륭한 유산균 식품이라는 겁니다. 둘째는 김치마다 그 우점종, 즉 주인공이 달랐다는 점입니다. 같은 〈햄릿〉도 A극장에서는 유인촌 씨가 주인공이고, B극장에서는 최민식 씨가 주인공인 것처럼 말이죠. 주인공이 누구이든 연극 공연만 잘 되면 되듯이, 유산균이 달라도 담가지는 김치의 맛은 비슷합니다. 실제로 한 회사의 제품에서 유산균의 일종인 바이젤라 코리엔시스가 우점종이면, 다른 회사의 제품에서는 역시 유산균의 일종인 류코노스톡 젤리디움 이 우점종이었습니다.

물론 시중에서 판매하는 김치들에 특정 유산균을 넣어준 것은 아닙니다. 다만 김치가 익는 과정에서 자연적으로 이들 유산균이 김치를 지배하게 된 겁니다. 국내 다른 여러 학자들의 연구를 살펴보면 이들 유산균 이외에도 유산간균*Lactobacillus*, 페디오코커스*Pediococcus*, 연쇄상구균*Streptococcus* 등의 다양한 유산균이 김치에서 발견되고 있습니다. 아직 우리나라의 연구는 우리가 원하는 유산균을 이용해서 김치발효를 완벽히 제어하는 단계까지는 이르지 못하고 있습니다. 다시 말씀드리면 현재 우리가 가정이나 공장에서는 그 안에 어떤 유산균이 어떻게 발효하고 있는지 정확히 모른 채 김치를 담그고 있다는 겁니다. 앞으로 김치 미생물에 대한 연구가 절실한 이유가 여기에 있습니다.

류코노스톡 젤리디움*Leuconostoc gelidium*
동그란 모양의 유산균으로 김치가 맛있다고 느껴질 때까지 발효를 주도한다. 가정에서 김치를 담그면 류코노스톡의 수는 처음에 ml당 1만 마리 정도에서 시작해 김치가 익었을 때는 6천만 마리까지 늘어난다.

김치유산균 연구는 우리가 해야

최근 수년간 서울대학교 미생물연구소를 비롯한 국내 여러 연구진에 의해 김치유산균의 정체가 상당히 많이 밝혀졌습니다. 그 중에서 재미있는 점은 새로운 신종 유산균들이 김치에서 속속 발견되고 있다는 것입니다. 김치가 우리 고유의 음식으로 요구르트 같은 외국의 발효음식과 많이 다르므로, 그 안에 외국의 유산균과 다른 토종 유산균이 발견되는 것은 어쩌면 당연하다고 할 수 있겠습니다. 발견된 새로운 김치유산균은 류코노스톡 김치아이그림53, 락토바실루스 김치아이, 바이젤라 코리엔시스그림54 등으로 모두 '김치'나 '코리아'로 이름이 붙여졌습니다. 국내 연구자들은 새로운 김치유산균을 찾는 데 그치지 않고, 김치유산균의 모든 것을 알기 위해 유전체 연구에도 뛰어들고 있습니다. 제 연구실이 속한 서울대학교 미생물연구소에 의해 류코노스톡 김치아이의 유전체가 해독되었으며그림55, 한국생명공학연구원의 미생물유전체사업단에서도 김치발효에 중요한 류코노스톡 시트리윰*Leuconostoc citreum*의 유전체를 해독하였습니다. 이렇게 밝혀진 유전체 정보는 앞으로 김치유산균에 대한 우리의 이해를 넓히는 데 크게 기여할 것으로 보입니다.

그동안 우리는 김치를 단지 식품으로만 보아

락토바실루스 김치아이*Lactobacillus kimchii*
2000년 한국생명공학연구원의 연구진에 의해 김치에서 발견된 신종 유산균.

미생물유전체사업단
정확한 명칭은 미생물유전체활용기술개발사업단이다. 과학기술부가 1200억원을 지원하는 연구기관으로 자세한 정보는 www.microbe.re.kr에서 얻을 수 있다.

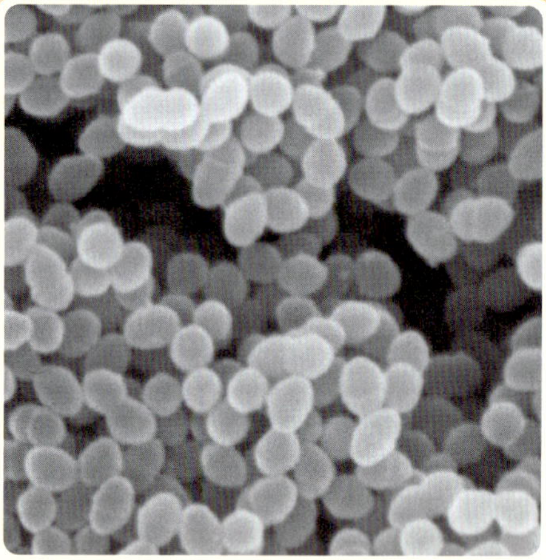

그림 53_

- **이름:** 류코노스톡 김치아이
- **학명:** *Leuconostoc kimchii*
- **종류:** 박테리아, 그람양성세균, 유산균
- **사는 곳:** 배추김치
- **특징:** 2000년 인하대와 서울대 연구팀에 의해서 배추김치에 발견된 신종 유산균. 최근에 유전체가 해독되어 국내 김치유산균 연구에 많은 기여를 할 것으로 보인다. '김치아이'란 이름은 김치에서 발견되었다는 뜻이다.

왔는데 이런 생각은 앞으로 바뀔 필요가 있습니다. 왜냐하면 현재 김치유산균을 고부가가치로 이용하려는 여러 연구가 다각적으로 진행되고 있기 때문입니다. 먼저 생각해볼 수 있는 것이 김치유산균을 프로바이오틱으로 사용하는 방안입니다. 한마디로 맛뿐만 아니라 건강에도 좋은 김치를 만드는 겁니다. 이를 위해서는 김치발효를 정확히 이해하고, 김치발효에 작용하는 미생물을 100% 제어하는 것이 관건입니다. 가정에서 담그는 김치나 국내 대부분의 김치회사에서 만드는 김치는 미생물에 대한 고려가 안 된 김치로 볼 수 있습니다. 요구르트, 치즈 등 외국의 발효식품은 모두 엄선한 유산균을 배양해서 발효 초기에 넣어주는데, 이를 스타터Starter라고 합니다. 반면에 김치의 경우는 배추나 양념의 표면에 묻어 있던, 무엇인지도 모르는 자연 상태의 유산균에 의해 발효가 이루어지기 때문에 정확한 맛과 향의 조절이 불가능했습니다. 앞으로 요구르트처럼 스타터 유산균을 사용하고 발효 과정을 제어해서, 항상 고품질의 김치를 생산하는 기술의 개발이 절실하다는 것이 제 생각입니다. 미생물에 대한 고려 없이 그냥 담그는 김치로는 밀려드는 저가의 중국산 김치를 막아낼 방도가 없으니까요. 안타깝게도 이미 2004년부터는 중국에서 수입하는 김치의 양이 우리의 해외 수출량을 넘

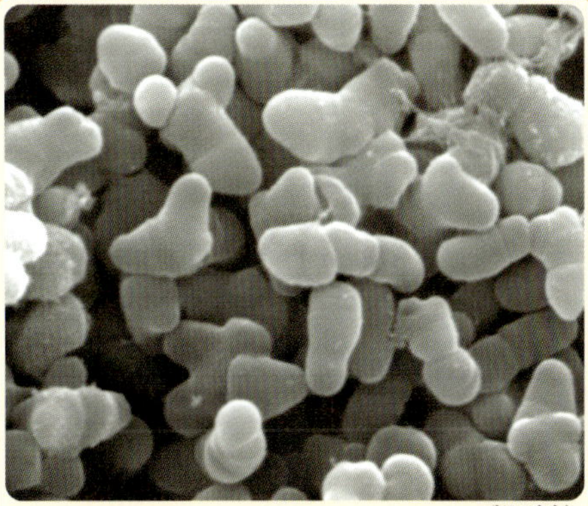

제공: 이정숙

그림 54_

- **이름:** 바이젤라 코리엔시스
- **학명:** *Weissella koreensis*
- **종류:** 박테리아, 그람양성세균, 유산균
- **사는 곳:** 배추김치
- **특징:** 유산균의 일종으로 채소의 표면에 살다가 김치로 옮겨오면 김치발효를 담당한다. 우리나라 배추김치에서 많이 발견되며, 2002년에 한국생명공학연구원의 연구팀에 의해 새로운 종으로 등록되었다. 이름 '코리엔시스'는 우리나라에서 발견되었다는 뜻이다.

☛ 그림 55_ **김치유산균 류코노스톡 김치아이의 유전체의 일부**
유산 생성에 관여하는 효소와 같이 김치의 맛을 내는 데 중요한 유전자들이 모두 밝혀져서 향후 김치발효 연구에 중요한 단서를 제공하고 있다.

어버렸다고 합니다.

김치에 존재하는 유용한 유산균은 다른 방식으로도 활용이 가능합니다. 김치에는 많은 미생물이 있고, 이들은 치열한 생존경쟁을 하기 마련입니다. 전쟁터에서 이들이 흔히 사용하는 무기가 바로 '항생물질' 입니다. 유산균도 예외가 아니어서 '항생 펩타이드' 라고 하는 항생물질을 생산해냅니다. 최근에 국내의 한 벤처회사에서 항생 펩타이드를 만드는 유산균그림 56을 김치로부터 발견했습니다. 다양한 식중독균을 죽이는 이 유산균의 산업적인 활용 가치는 상당히 큽니다. 항생 펩타이드를 대량 생산해서 항생제로 사용할 수 있으며, 유산균 자체를 식중독균을 죽이는 데 쓸 수도 있습니다. 이런 유산균을 샐러드 등에 뿌려두면 식중독균이 있더라도 자라지 못해 식중독을 예방할 수 있는 겁니다. 그리고 김치유산균을 유전공학적으로 응용하는 방법도 있습니다. 예를 들면 김치유산균이 간염바이러스의 항원 단백질을 만들도록 하면, 김치만 먹어도 간염백신 주사를 맞은 것 같은 효과를 내는 겁니다. 앞으로 김치유산균에 대한 연구가 활발히 진행되면, 곧 병원에서 백신 주사를 맞는 대신 김치 한 사발을 먹는 시대도 오지 않을까 하는 기대를 해봅니다.

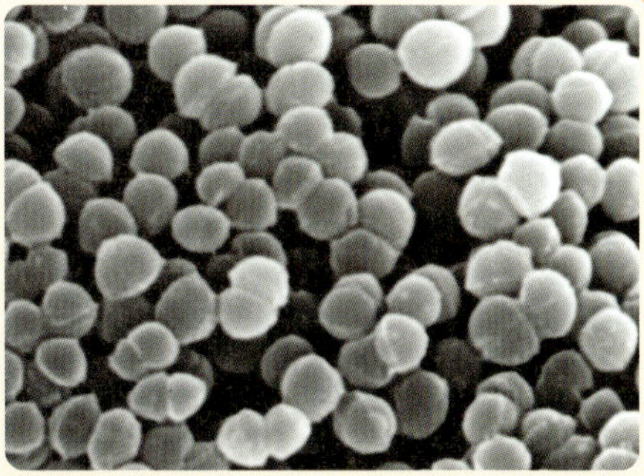

그림 56_

◎이름: 페디오코커스 펜토사시우스
◎학명: *Pediococcus pentosaceus*
◎종류: 박테리아, 그람양성세균, 유산균
◎사는 곳: 채소의 표면, 김치
◎특징: 식중독균을 죽이는 항생 펩타이드를 생산하는 김치 유산균. 국내의 한 벤처회사에 의해 상품화 되었다.

간장, 된장을 만드는 미생물

간장, 된장 등의 장류醬類는 우리 민족의 전통 발효식품으로 채식 위주의 식생활에서 중요한 조미료인 동시에 부식으로 애용되어 왔습니다. 장류는 주로 콩을 재료로 하며 미생물의 발효를 이용해서 만드는데, 조미 효과가 큰 글루탐산이나 칼슘과 같은 무기질이 많은 훌륭한 식품입니다.

전통적인 장을 만들려면 먼저 잘 여문 콩[白太]을 8~12시간 정도 물에 담근 후 삶습니다. 그리고 이를 절구에 찧은 다음 메주의 모양을 만듭니다. 이후 2~3일간 잘 말린 다음 볏짚을 엮어서 매달아 약 1개월 동안 발효시키게 됩니다. 그림 57 이때 발효의 주인공이 될 미생물은 주로 볏짚으로부터 이사를 오는데, 크게 곰팡이

☛ 그림 57_ 전통적으로 메주를 발효시키는 모습

와 박테리아로 나눌 수 있습니다. 일반적으로 메주의 갈라진 표면에는 털곰팡이나 거미줄곰팡이가 주로 자라며, 메주 내부에서는 주로 박테리아인 고초균그림 58이 자랍니다. 이들 미생물은 콩의 단백질을 분해하는 효소와, 녹말을 분해하는 아밀라아제를 대량으로 분비해서 콩 성분의 분해를 책임지게 됩니다. 이 과정에서 메주의 독특한 냄새가 나기 시작합니다.

간장을 담기 위해서는 메주 표면에 피어난 곰팡이를 잘 씻고 충분히 말립니다. 그 다음 항아리에 메주를 차곡차곡 쌓아 넣은 후 소금물을 항아리에 채우게 되죠. 이때 숯이나 붉은 통고추를

띄우기도 하는데, 숯은 나쁜 냄새를 흡착하며 고추는 잡균의 번식을 막기 위함입니다. 간장의 숙성에 관여하는 미생물은 소금기에 잘 견디는 것들로 고초균, 유산균, 효모가 있습니다. 이중 특히 김치에서도 흔히 발견되는 류코노스톡, 유산간균, 페티오코커스 같은 유산균 종류와 자이고사카로마이세스 같은 효모가 간장의 독특한 풍미에 크게 기여합니다. 숙성이 끝나면 윗물을 다른 간장독에 옮기는데 이것이 바로 생간장이 되고, 가라앉은 메주는 체로 걸러서 고형분만을 모으는데, 이것이 바로 생된장이 됩니다. 생간장은 각종 효소와 미생물이 살아 있어 부패되기 쉬우므로, 약 10~20분간 끓이는 '장달임'을 하면 풍미가 좋아지고 보관이 용이해집니다. 생된장은 다시 된장독에서 발효 및 숙성 단계를 거쳐 비로소 완전한 된장이 되는 거죠.

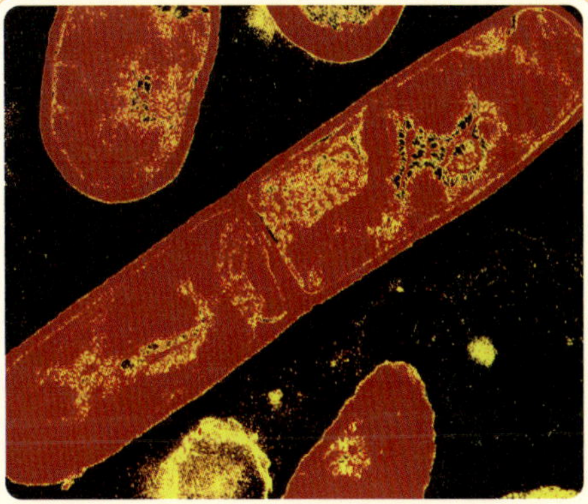

그림 58_

- 이름: 고초균枯草菌
- 학명: *Bacillus subtilis*
- 종류: 박테리아, 그람양성세균
- 사는 곳: 토양, 볏짚
- 특징: 내생포자를 형성하는 박테리아로 토양에 널리 분포한다. 전통적인 장을 담글 때 발효를 담당한다. 유용한 효소를 많이 내서, 산업적으로 인간에게 유익한 미생물이다.

우리가 시중에서 사먹는 양조간장은 위와 같이 전통적인 방법으로 만들지는 않습니다. 전통 간장의 경우 자연계에 존재하는 미생물로 발효가 이루어지는 데 비해, 양조간장은 공장에서 특별히 키운 미생물을 이용합니다. 간장용으로 주로 사용되는 미생물은 누룩곰팡이나 아스퍼질러스 소재가 있습니다. 이외에 미생물을 이용하지 않고 콩단백질을 분해해서 만드는 화학간장이 있습니다. 화학간장은 미생물 대신에 염산이나 단백질분해효소를

자이고사카로마이세스*Zygosaccharomyces*
곰팡이에 속하며, 효모의 일종이다.

아스퍼질러스 소재*Aspergillus sojae*
곰팡이의 일종으로 상업적인 간장 제조에 사용된다.

바실루스 낫또 *Bacillussubtilis natto*
그람양성박테리아. 고초균과 매우 유사한 박테리아로 일본의 발효식품인 낫또를 만드는 주인공이다.

이용해서 콩단백질을 분해하여 만들게 됩니다. 이 방법은 제조 시간이 짧고 또 저렴하게 간장을 만들 수 있지만, 미생물로 발효시킨 간장에 비해 풍미가 떨어져서 소비자의 선호도가 일반적으로 낮습니다.

간장과 마찬가지로 된장도 대량 생산을 위한 양조된장이 있습니다. 전통 된장과의 차이점은 콩과 함께 쌀, 보리, 밀 등의 곡류를 섞는다는 점과 간장을 분리하지 않은 점, 그리고 순수 배양된 미생물을 발효에 사용한다는 점입니다. 고추장의 경우에는 콩, 곡류 이외에 고춧가루를 섞어서 발효하는 것이 다릅니다.

청국장 – 웰빙족을 위한 전통 발효음식

요즘 건강을 최우선하는 이른바 '웰빙well-being'이 유행하고 있죠. 이번에는 진짜 웰빙 식품을 하나 소개해드리겠습니다. 바로 우리 전통 발효식품인 청국장입니다. 청국장은 빠른 시일 안에 만들 수 있는 발효식품으로 콩의 영양소를 가장 효율적으로 먹는 방법으로 알려져 있습니다.

청국장을 만들려면 원료인 콩을 충분히 물에 불린 다음 삶습니다. 삶은 콩은 볏짚으로 싸서 볏짚에 묻어 있던 발효 미생물의 성장 최적온도인 42도에서 2~3일 보온하면 발효가 끝납니다. 그림59 대량 생산을 위한 개량식의 경우엔, 볏짚이 아닌 순수 배양한 미생물을 사용하는데 주로 고초균이 사용됩니다. 일본에도 우리의 청국장과 거의 비슷한 낫또라는 것이 있는데, 만드는 방법은 비슷하나 먹는 방식은 완전히 다릅니다. 또한 낫또에 사용되는 박테리아는 바실루스 낫또로 청국장과 다릅니다.

제공: 견불동 된장

그림 59_ **박테리아에 의해서 발효가 끝난 청국장**
미생물에 의해서 콩단백질이 분해되면서, 끈적끈적한 물질을 만든다.
우리 전통의 청국장은 현대인의 대표적인 웰빙 음식으로 각광받고 있다.

청국장은 대부분의 외국인이 질색할 정도로 향이 자극적이기는 하나, 고단백질 식품으로 점성과 부드러운 촉감 이외에 다양한 분해효소가 다량으로 포함돼 있어 소화가 잘되기로 유명합니다. 또한, 발효에 사용된 고초균은 유산균과 비슷한 정장작용을 하므로 대장의 건강에도 기여하는 바가 큽니다. 제가 보기에는 가장 완벽한 식품의 하나로 볼 수 있습니다. 그리고 제대로 청국장의 효과를 보시려면, 국이나 찌개를 만들어 드시기보다는 그냥 '생청국장'으로 드시는 편이 좋습니다. 요즘에는 잡균의 생육을 억제해서 고약한 냄새를 없앤 생청국장을 시중에서 쉽게 찾아볼 수 있습니다.

요구르트는 유산균의 천국

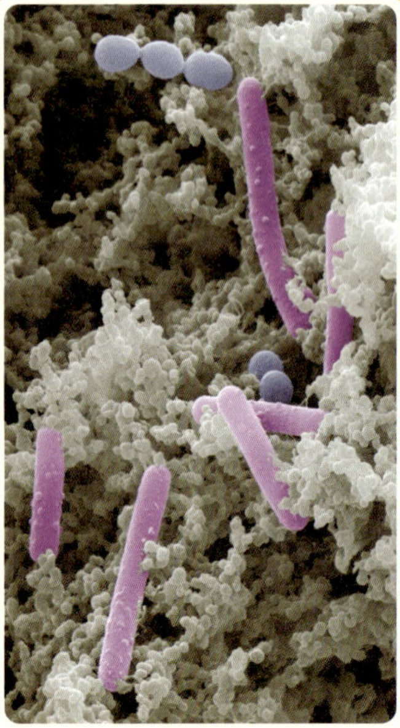

그림 60_

- 이름: 락토바실루스 불가리쿠스(푸른색)
- 학명: *Lactobacillus bulgaricus*
- 이름: 스트렙토코커스 써모필러스(붉은색)
- 학명: *Streptococcus thermophilus*
- 종류: 박테리아, 그람양성세균, 유산균
- 사는 곳: 요구르트
- 특징: 두 박테리아 모두 유산균의 일종이며, 상업용 요구르트 제조에 사용된다. 스트렙토코커스 써모필러스는 50~65도의 고온에서 자랄 수 있으며, 사진처럼 염주 알 형태를 띠기도 한다.

본래 요구르트는 발칸 지방, 중동, 특히 동부 지중해 연안 국가에서 제조, 음용되었습니다. 이미 1백 년 전에 러시아 태생의 생물학자인 메치니코프(Ilya Ilich Mechinikov, 1845~1916)는 불가리아에 장수자가 많은 이유는 유산균이 많은 요구르트를 상용하기 때문이라고 주장한 바 있습니다. 바로 요구르트를 마시면 유산균이 대장 내에서 독소를 생성하는 유해 미생물을 억압하고, 이 때문에 부패 성분의 발생 및 흡수를 억제한다는 겁니다.

요구르트는 우유와 같은 동물의 젖을 유산균으로 발효시킨 것을 말하며, 제조 원료와 사용된 유산균 등에 따라 종류도 다양합니다. 먼저 아무것도 첨가하지 않은 플레인요구르트는 락토바실루스 불가리쿠스나 스트렙토코커스 써모필러스와 같은 유산균그림60으로 발효한 제품으로, 이들이 만드는 유산 때문에 우유의 주성분인 단백질이 굳어 연두부와 같은 형태를 띠고 있습니다. 이것이 바로 '떠먹는 요구르트'로, 약간 신맛이 나기 때문에 많은 분들이 과즙이나 과일 잼을 섞은 제품을 선호합니다. 이외에 액상 요구르트가 있는데, 주로 우리나라와 일본에서 많이 생산됩니다. 최근 우리나라의 요구르트 업체에서는 기존의 외국에서 수입해온 유산균 이외에 다양한 토종 유산균을 개발하여 사용하고 있습니다. '한국인 유산균' 처럼 광고에 사용되는 종류입니다.

집에서 요구르트 만들어 먹기

☞ **완성된 요구르트**

① 우유 500cc와 요구르트 50cc를 준비한다. 이때 우유는 135도에서 2초 동안 살균한 고온 살균 우유를 사용한다. 저온 살균(파스튜라이제이션)된 우유는 일반적으로 고온 살균 우유보다는 고급이지만, 우리가 원하지 않는 미생물이 살아 있어 요구르트 제조에는 적당치 않다. 또한, 고온 살균 우유가 일반적으로 가격도 저렴하다.

② 요구르트와 섞은 우유를 보온 밥솥 등에 넣고, 37도 정도를 유지하며 5~8시간 정도 발효시킨다. 정기적으로 요구르트 제조를 할 경우에는 시중에서 쉽게 구할 수 있는 요구르트 제조기가 사용에 편리하다.

③ 발효가 끝나면 유산으로 인해 우유 속 단백질 성분이 응고되어 연두부와 같은 플레인요구르트가 완성된다. 물론 시중의 어느 요구르트보다도 싱싱한 유산균이 가득한 최고의 영양식이다. 시큼한 맛이 부담스러울 경우에는 생과일이나 잼을 섞어 먹어도 좋다.

* 유산균은 영원히 대장에 머물지 않으므로, 효과를 보기 위해서는 아침저녁으로 꾸준히 복용하는 것이 좋다.

경제적으로 절약할 수 있고, 좀 더 많은 양의 '싱싱한' 유산균을 가족들에게 공급하길 원하면, 집에서 간단히 만들 수도 있습니다. 저는 다섯 살 된 딸아이가 있는데, 요구르트를 정기적으로 먹여서인지 항상 배변이 좋은 편이고, 변비나 설사를 앓은 적이 거의 없습니다. 제 처도 며칠만에 큰 효과를 보고, 집 안에서 이루어진 작은 미생물학 실험에 대해 놀라워한 적이 있습니다. 혹시 대장에 문제가 있는 분들은 직접 만들어 먹지 않더라도, 꼭 요구르트를 장기적으로 복용해보시기 바랍니다.

치즈는 미생물이 만드는 예술품

제가 어렸을 때 〈톰과 제리〉라는 만화가 있었습니다. 아시겠지만 그 줄거리가 항상 똑같습니다. 고양이 톰이 생쥐 제리를 잡아먹으려고 온갖 술수를 쓰죠. 톰이 잘 쓰던 수법 중의 하나가 구멍이 숭숭 뚫린 치즈를 이용해서 제리를 유인하는 거였습니다. 그것이 바로 제가 처음 치즈를 접한 기억입니다. 그때는 잘 몰랐습니다만, 치즈에 구멍을 낸 주범이 바로 미생물이었습니다.

여러분들, 치즈 좋아하세요? 저는 매우 좋아합니다. 모차렐라치즈에 토마토나 오렌지를 곁들인 전채 요리도 좋고, 식사 후 달지 않은 비스킷에 프랑스 브리치즈를 얹고 적포도주 한잔을 걸치면 그 맛이 일품입니다. 치즈는 대표적인 서양 식품이지만 최근에는 우리나라에서도 그 소비가 꾸준히 늘고 있죠. 그리고 치즈도 우리 김치처럼 미생물의 작품입니다.

이미 기원전 6천 년경 메소포타미아에 치즈와 비슷한 식품에 대한 기록이 있으므로 그 기원은 아주 오래전인 것 같습니다. 김치처럼 치즈도 그 재료와 제조 방법에 따라 다양한 종류가 있으며, 치즈가 발달한 유럽, 특히 프랑스에서는 약 400종에 이른다고 합니다. 워낙 종류가 많다 보니, 오늘은 보편적인 치즈를 만드는 방법을 소개해드리기로 하겠습니다.

렌넷Rennet
렌넷은 우유만으로 자란 생후 3~6개월 된 송아지의 위에서 뽑아낸 응유 효소凝乳酵素(Rennin)이다. 일종의 단백질분해효소로 우유단백질의 약 80%를 차지하는 카제인을 파라카제인으로 분해한다.

치즈 만드는 법

치즈는 우유를 발효시킨 식품입니다. 그리고 발효의 산물로 유산을 비롯한 다양한 유기산이 만들어지게 됩니다. 치즈를 만들 때는 먼저 우유를 고온에서 살균한 다음 락토코커스 락티스그림61와 같은 유산균을 섞어줍니다. 이들 유산균은 발효를 통해 유산을 많이 만들어서 우유의 산성도가 높아집니다. 그리고 산도가 0.18~0.22%에 이르면 응유 효소인 렌넷을 넣어줍니다. 그리고 우유는 렌넷의 작용으로 응고되어 두부 같은 '커드curd'가 됩니다. 커드의 굳기가 적당해지면 커드를 잘라 안에 있던 액체인 유청을 배출시킵니다. 유청이 제거된 커드는 틀에 담아 압착을 해서 단단한 덩어리로 만듭니다. 이때 치즈의 풍미를 좋게 하고 과도한 발효를 억제하기 위해 소금을 넣습니다. 완성된 치즈는 숙성 단계를 거치는데, 치즈 안의 효소와 발효균이 적절히 작용하면서 곰팡이와 같은 부패균이 자라지 않도록

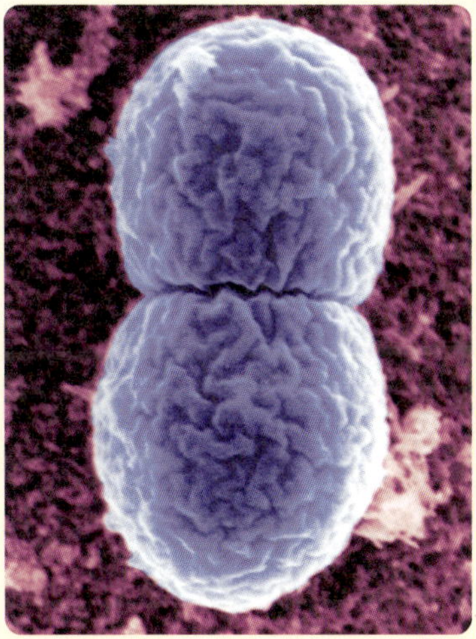

그림 61_

- **이름:** 락토코커스 락티스
- **학명:** *Lactococcus lactis*
- **종류:** 박테리아, 그람양성세균, 유산균
- **사는 곳:** 치즈
- **특징:** 유산균의 일종이며, 상업용 치즈 제조에 사용된다. 서양 유제조업에서 가장 중요한 균주이다. 둥근 모양이며 혼자 다니거나 사진처럼 둘이 붙어서 다닌다.

그림 62_ 블루치즈

블루치즈Blue cheese는 사진처럼 푸른색의 곰팡이가 치즈 안에서 자라면서 대리석 무늬를 띤다. 대표적인 블루치즈로 프랑스의 로크포르Roquefort치즈가 있으며, 여기에 사용되는 곰팡이가 바로 푸른곰팡이의 일종인 페니실륨 로케포르피이다.

하는 것이 중요합니다.

재료를 똑같이 쓴다고 항상 음식 맛이 같지는 않죠? 아마 최선의 방법은 주방장을 같이 데려오는 겁니다. 마찬가지로 맛이 비슷한 치즈를 만들려면 주방장인 미생물을 데리고와야 합니다. 왜냐하면 치즈의 독특한 타입이나 풍미는 숙성에 관여하는 박테리

프로피오니박테리움 *Propionibacterium*
발효를 하는 박테리아로 프로피온산을 비롯한 유기산을 발효의 산물로 만든다.

아나 곰팡이에서 오는 경우가 많기 때문입니다. 그래서 다른 지방의 치즈를 모방하려면 그 치즈로부터 이들 미생물을 분리, 배양하는 것이 첫걸음입니다.

치즈를 만드는 미생물의 차이는 원래 지역적으로 발달된 것이므로, 유럽에서는 치즈의 이름을 원산지명으로 부르는 경우가 많습니다. 비교적 잘 알려진 일명 블루치즈그림62의 경우 푸른곰팡이의 일종인 페니실륨 로케포르피그림63가 숙성에 중요한 역할을 합니다. 이들 곰팡이는 치즈에 대리석 모양의 특이한 무늬를 만드는데, 치즈와 곰팡이의 향취가 합쳐져 독특한 풍미가 느껴집니다. 피부에서도 흔히 발견되는 프로피오니박테리움00과 같은 미생물은 스위스 치즈의 숙성에 관여합니다. 이 박테리아는 응유 속의 유산을 프로피온산으로 바꾸면서 이산화탄소 가스를 같이 분출하는데, 이것 때문에 스위스 치즈에는 구멍이 송송 나 있습니다. 이게 바로 생쥐 제리가 목숨 걸고 쫓아다니는 그 치즈입니다.

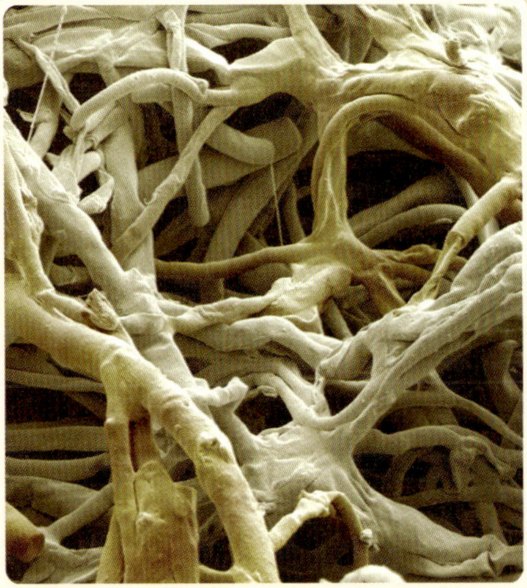

그림 63_

- **이름:** 페니실륨 로케포르피
- **학명:** *Penicillium roqueforfii*
- **종류:** 진핵세포군, 곰팡이, 자낭균류
- **사는 곳:** 치즈
- **특징:** 사진은 곰팡이의 균사로, 치즈의 내부에서 자라면서 지방을 분해하여 독특한 냄새를 낸다. 페니실륨 로케포르피는 블루치즈의 숙성을 담당하는 미생물이다.

미생물 주방장을 위하여 건배!

참으로 많은 동서양의 음식이 미생물과 연관되어 있다는 것을 알고 좀 놀라셨죠? 우리가 매일 접하는 식탁 위의 먹을거리를 생각해보시면 정말 엄청난 숫자에 더욱 놀라실 겁니다. 빵, 요구르트, 치즈, 김치, 된장, 고추장, 간장, 청국장, 식초, 술 등 대표적인 식품들만 헤아려도 이렇게나 많습니다. 미생물이 다양한 풍미의 음식을 만들 수 있는 것은 모두 발효 때문입니다. 발효는 미생물이 산소 호흡을 하지 못할 때, 상당히 비효율적으로 포도당으로부터 에너지를 얻어내는 방법이라고 말씀드렸죠? 그리고 포도당으로부터 미생물이 만드는 발효 산물로는 알코올과 유산, 초산과 같은 다양한 유기산이 있습니다. 물론 발효를 하는 미생물은 이 유기산을 쓰레기로 내보내지만, 이런 발효물질들이 복합적으로 어우러져서 각 발효식품의 독특한 풍미가 됩니다. 그러니까 결국 이런 음식을 만드는 주방장은 바로 미생물이 아니겠습니까? 우리의 먹을거리를 풍요롭게 해준 미생물을 위해 건배할까요? 그러고 보니, 술도 미생물이 만든 거네요!

네 번째 이야기

한 줌의 미생물이 인류 전체에게 영향을 준 경우가 있다면, 바로 2001년 9 · 11 사태 이후에 미국 플로리다의 한 건물로 우편 배달된 탄저균일 겁니다. '공포의 백색가루', 모두 기억하시죠? 사실 미생물을 이용한 테러리즘은 인간이 이들의 존재를 모르던 수백 년 전부터 시작되었고, 세계 각국에 의해 광범위하게 발전해왔습니다. 지구촌 시대에 누구도 바이오 테러로부터 자유로울 수 없습니다. 지금부터 최고의 미생물 테러리스트들을 공개합니다.

네 번째 이야기

테러리스트 미생물과 에이리언

영화배우 시고니 위버를 영화사상 가장 강인한 여성 전사로 만든 영화가 바로 〈에이리언〉 시리즈입니다. 4편까지 나와 있는데, 1979년에 개봉된 1편은 영화 〈글래디에이터〉를 감독한 리들리 스콧이 지휘봉을 잡았으며, 화려한 비주얼 효과는 비록 크지 않지만 그 긴장감이 단연 압권인 영화입니다. 1986년에 개봉한 2편은 영화 〈타이타닉〉과 〈터미네이터〉의 제임스 카메론이 메가폰을 잡았는데, 당시 학부 1학년이었던 저에게 액션영화의 정수를 확실히 보여주었죠. 사실 제 경우엔 2편을 보고 좋아서, 1편을 비디오로 보았습니다. 저는 〈에이리언〉 1편은 예술성으로, 2편은 오락성으로 높게 평가합니다. 총 네 편에 이르는 이 영화의 이면에는 액션과 공포 외에도 여러 가지 사회 비판적인 관점이 흐르고 있습니다.

〈에이리언〉 시리즈는 한 외계의 종과 주인공인 시고니 위버가

분한 리플리 중위가 벌이는 시공간을 뛰어넘는 사투를 줄거리로 하고 있습니다. 생물학을 전공하는 저로서는 영화에서 나타나는 에이리언의 생활사나 지구 곤충과의 차이점 등에 관심이 많이 갑니다. 에이리언은 개미나 벌처럼 여왕만이 생식을 하는 것으로 묘사되어 있죠. 하지만 인간을 마치 파리 목숨처럼 여기며 살인을 자행하는 이 외계 생명체를 보고, '무기'로서의 가치가 있겠구나 하는 사람도 있을 겁니다. 너무나 쉽게 살인을 저지르는 생물을 무기로 이용하려는 생각, 즉 이른바 '생물무기'에 대한 아이디어는 인류 역사를 살펴보면 전혀 새로운 것이 아닙니다. 이런 생각이 〈에이리언〉 시리즈의 각본을 쓴 사람에게도 미쳤는지, 1992년에 개봉한 〈에이리언〉 3편에서는 드디어 에이리언을 생포해서 전쟁 무기로 악용하려는 사람들이 등장합니다. 물론 주인공 리플리가 자신의 몸속에 기생하던 에이리언의 살아 있는 마지막 새끼와 함께 용광로 속으로 떨어지면서 영화는 끝이 나지만 말이죠.

베르나르 베르베르의 소설 『개미』를 보면, 불개미가 난쟁이개미와 전쟁을 할 때 난쟁이개미가 생물무기를 사용하는 이야기가 등장합니다. 여기에서 무기로 사용된 생물은 바로 곰팡이의 일종인 알테르나리아∞ 입니다. 이 곰팡이의 포자는 개미를 죽이지만, 어떻게 된 일인지 무기의 사용자인 난쟁이개미는 멀쩡하죠. 소설에서 난쟁이개미는 추위를 많이 타는 탓에 달팽이의 끈끈이 물을 몸에 바르는데, 그 끈끈이 물이 알테르나리아를 막아주는 역할을 합니다. 이 생물무기에 매번 당하는 불개미부대는 나중에 첩

∞ **알테르나리아** *Alternaria*
곰팡이의 일종으로, 포자는 알레르기나 천식을 일으킬 수 있다.

O157
여기서 O는 숫자가 아니고 영어의 '오'이므로 'O157'로 읽어야 한다.

바이오 테러리즘 Bioterrorism
테러의 수단으로 병원성 미생물을 사용하는 것.

보를 통해 비밀을 알아내고, 달팽이의 끈끈이 물을 몸에 바르게 되면서, 알테르나리아는 결국 무용지물이 됩니다. 물론 그래도 개미들의 전쟁은 계속되지만요. 이 이야기는 학문적으로 모든 내용이 확인된 것이라기보다는 대부분 베르베르의 천재적인 상상력의 산물로 볼 수 있습니다. 그러나 인류 이외의 생물체가 미생물을 무기로 사용하는 것은 자연계에서는 얼마든지 가능한 일입니다. 또 베르베르는 알테르나리아가 생물무기로 적절한 이유를 잘 이해하고 있습니다. 좋은 생물무기는 살포가 용이하고, 적군에게는 질병을 일으키지만 아군은 이를 피할 수 있어야 한다는 조건을 만족시킨다는 것을 말이죠.

전 세계적으로 아직도 많은 사람들이 병원성 미생물에 의해 고통받고 있습니다. 또한 사스, 조류독감 바이러스, 에볼라 같은 출혈성 바이러스나 O157 같은 장출혈성 대장균 등 치사율이 높은 새로운 병원성 미생물들이 속속 나타나고 있습니다. 물론 이런 병원균으로부터 인류를 해방시키기 위해 많은 과학자들이 불철주야 연구하고 있습니다. 반면에 병원균을 악의적으로 활용하여 무기로 사용하려는 시도 역시 영화 속 허구가 아닌 엄연한 사실입니다. 현실적으로 사람에게 병을 일으키는 미생물은 모두 생물무기로 사용될 가능성이 있습니다.

생물무기의 기나긴 역사

최근에 바이오 테러리즘의 등장과 함께 생물무기와 관련된 미생물들이 전 세계적으로 크게 주목받고 있습니다. 그러나 미생물이 무엇인지 모를 때조차도, 병원성 미생물을 이용하여 적을 제압하려던 노력은 있어왔습니다. 1346년 우크라이나의 카파에서 최초의 생물무기가 사용된 기록이 있습니다. 당시에 이슬람교도들은 성을 지키고 있던 기독교인을 굴복시키기 위해서, 흑사병에 걸린 시체를 투석기를 이용해 성 안쪽으로 던져넣었다고 합니다. 1754~67년 사이에 미국 대륙에서 있었던 전쟁에서 영국군이 천연두 바이러스를 잔인한 살상의 도구로 사용했던 기록도 있습니다. 영국은 이 바이러스를 이용해서 미국을 돕던 인디언들을 몰살시킬 수 있었습니다.

영화 〈마루타〉 등으로 그 만행이 잘 알려진 일본의 731부대는 만주 지역에서 중국인, 러시아인, 한국인을 대상으로 생물학 무기를 개발하기 위한 인체실험을 자행한 것으로 유명합니다. 마루타는 731부대에서 희생된 인체실험 대상자를 일컫는 말로, 일본어로 '통나무'라는 뜻이죠. 이들이 사용한 병원균으로 탄저균, 뇌수막염을 일

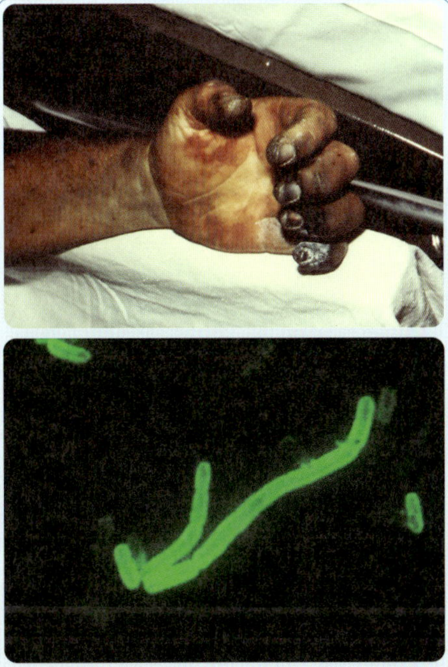

그림 64_

- **이름:** 페스트균(에르시니아 페스티스)
- **학명:** *Yersinia pestis*
- **종류:** 박테리아, 감마 프로테오박테리아
- **사는 곳:** 주로 야생에서 사는 설치류나 토끼 등에서 산다. 그러나 기회가 되면 다른 동물로 옮겨갈 수도 있다. 인간을 비롯해서 200종 이상의 포유동물이 숙주가 될 수 있다. 동물끼리의 감염은 벼룩을 통해서 이루어지기도 한다.
- **특징:** 사람에게 흑사병pest을 일으킨다. 이 박테리아로 인해 지난 수세기 동안 수많은 인명이 희생되었다. 특히 14세기에는 유럽 인구의 4분의 1에 해당하는 2천 5백만 명이 흑사병으로 사망하였다. 1894년에 에르친Alexandre Yersin이 발견하기 전까지 베일에 싸여 있었던 미생물로, 생물무기로의 사용이 가능하다.

으키는 나이세리아 메닝자이티디스, 버크홀데리아 말레이, 세균성 이질을 일으키는 시겔라, 콜레라를 일으키는 비브리오 콜레라, 페스트균그림64, 천연두 바이러스 등이 있습니다. 731부대의 이런 비非인륜적인 실험은 연구로 그친 것이 아니라 실제로 사용되기도 했습니다. 한 예로 1939년 일제가 몽골과 소련의 접경지대인 노몬한에서 달아나면서 소련군의 추격을 막기 위해 강물에 장티푸스균을 살포했다는 기록이 있습니다. 또한 일본군은 중국의 많은 도시를 다양한 생물학적 무기를 이용해서 공격했다고 합니다. 병원균 배양액을 집 안으로 던져넣거나, 비행기를 이용해 공중에서 살포하는 방법으로 말이죠. 또 기발하게도, 병원균에 감염된 벼룩그림65을 이용했는데, 한 번 공격에 병원균을 실은 1,500만

나이세리아 메닝자이티디스 *Neisseria meningitidis*
박테리아 중 베타 프로테오박테리아에 속하며, 2종 법정 전염병인 유행성 수막염을 일으킨다. 이 질병은 소아에게 많이 나타나고, 치사율이 높아 48시간 이내에 사망하는 경우가 많다.

시겔라 *Shigella*
박테리아 중 감마 프로테오박테리아, 장내 세균에 속한다. 이질을 비롯해서 인간에게 다양한 질병을 유발하는 대표적인 병원성 세균이다.

비브리오 콜레라 *Vibrio cholerae*
박테리아 중 감마 프로테오박테리아에 속한다. 열대 지역을 중심으로 수인성 전염병인 콜레라를 일으킨다.

장티푸스균 *Salmonella typhi*
박테리아 중 감마 프로테오박테리아로, 장내 세균에 속한다. 장티푸스를 일으키며 매우 전염성이 높다.

그림 65_생물무기의 살포에 사용된 벼룩
벼룩은 직접 살포하기가 어려운 페스트균과 같은 생물무기를 적진에 살포하는 데 적당한 매개체이다. 벼룩은 살포된 지역에 머물면서 지속적으로 병을 일으킬 수 있다.

마리의 벼룩이 비행기로 살포되기도 했답니다. 장 속에 페스트균을 가득 담은 벼룩 떼가 하늘에서 쏟아지는 모습을 상상해보세요. 조금 아이러니한 점은 당시 미생물학의 수준으로는 병원성 미생물의 관리가 완벽하지 않았다는 겁니다. 그래서 다양한 병원성 미생물을 다루는 과정에서 만 명의 일본군이 콜레라, 이질, 흑사병 등에 감염되고, 이 가운데 1,700명이나 사망했다고 합니다.

일제와 비슷하게, 나치스 독일의 포로수용소에서도 생체 실험이 이루어졌습니다. 독일에 맞서기 위해 영국도 탄저균 포자를 이용해서 폭탄을 만들고, 1941~42년 사이에 스코틀랜드 근처의 한 섬에서 탄저균 투하 실험을 하였습니다. 그러나 이 실험 때문에 섬이 탄저균으로 오염되고, 탄저균 포자가 쉽게 없어지지 않아서 전쟁 후 무려 45년 동안 사람의 접근이 어려웠다고 하네요. 탄저균은 조건만 맞으면 수천 년 동안 살아 있다는 것을 당시에는 몰랐던 듯싶습니다. 물론 전쟁 중에는 이런 저런 사정을 심각히 고려할 형편이 아니었겠죠.

냉전시대에 최고조에 달한 생물무기 개발 경쟁

미국은 1943년부터 공격적인 의미의 생물학적 무기 개발 프로그램을 시작했습니다. 주로 개발된 미생물은 탄저균과 브루셀라균∞이며, 한국전쟁 동안에는 이들 미생물의 대규모 생산 시설을 갖추기도 했습니다.

∞ **브루셀라균** *Brucella*
박테리아 중 알파 프로테오박테리아에 속한다. 소 · 산양 · 돼지의 전염병인 브루셀라병을 일으키는데, 사람에게도 전염될 수 있다.

제2차 세계대전 이후 냉전시대를 통해 미국과 소련은 핵무기뿐만 아니라 경쟁적으로 생물무기 개발에도 열을 올리게 되었습니다. 당시 세계적인 두 슈퍼 파워인 미국과 소련의 입장에서 보면, 생물무기는 다른 무기에 비해 여러 가지 장점이 있었습니다. 그 중에서도 가장 매력적인 점은 개발 가격이 저렴하다는 겁니다. 예를 들어 천문학적인 비용이 소요된 핵무기 개발 계획인 '맨해튼 프로젝트' 에 비하면 탄저균을 배양하는 기술은 거의 공짜나 다름없으니까요. 그래서 요즘에도 전 세계 언론에서 미생물을 이용한 생물무기를 '가난한 사람의 핵폭탄' 이라고 하는 겁니다.

1969년 미국의 닉슨 대통령은 공격용 생물무기의 개발 중단을 선언했습니다. 그리고 1972년에는 미국, 소련, 영국을 포함한 79개국이 현존하는 생물무기를 폐기하고, 새로운 무기의 개발을 중지하는 국제 협약에 합의하였습니다. 하지만 1년 후인 1973년부터 소련은 이를 어기고 다시 극비리에 새로운 생물무기 개발 프로젝트를 시작하였죠. 이 프로젝트는 대규모로 이루어졌으며, 수천 개의 탄저균, 천연두 바이러스, 페스트균으로 만든 폭탄이 개발되었습니다. 이때 소련은 당시에 새로 등장한 유전공학 기술을 이용해서, 기존의 병원균을 개량한 차세대 생물무기를 만든 것으로 알려지고 있습니다. 예를 들면 새로 개발된 탄저균은 독성이 월등히 강력하고, 상대국의 백신도 효과가 없는 한 단계 업그레이드 된 것이었습니다. 소련은 또한 성능이 향상된 변형 천연두 바이러스도 개발했습니다. 다행히 비밀리에 추진되던 소련의 생물무기 개발 프로젝트는 소련의 해체와 함께 중단되고 말았습니다.

그러나 소련 해체의 소용돌이 속에서 생물무기나 관련 기술이 그동안 생물무기 경쟁에서 소외된 약소국과 테러집단의 손에 넘어간 것으로 파악되고 있습니다. 현재 전 세계적으로 수많은 나라가 생물무기를 보유하고 있다고 알려지거나, 또 의심받고 있습니다. 특히 여기에는 우리와 정전 상태인 북한이 포함됩니다. 생물무기가 이렇게 지구 곳곳에 퍼져 나갔지만, 사실 대부분의 사람에게는 관심 밖의 일이었습니다. 최소한 2001년 뉴욕에서 발생한 9 · 11 사태와 이후에 이어진 탄저균에 의한 테러가 발생하기 전까지는 말이죠.

우편물을 통한 탄저균 테러 공포

남북전쟁 이후 항상 자국 밖에서 전쟁을 하고, 테러도 외신으로만 접하던 미국인에게 있어서, 9 · 11 사태와 뒤이어 발생한 탄저균 테러는 그들의 생각과 생활에 엄청난 변화를 준 것만은 분명합니다. 제가 만나본 많은 미국인으로부터 그 변화를 느낄 수 있었습니다. 이는 학문 분야에도 큰 영향을 미쳤고, 미국의 경우 엄청난 정부 연구비가 생물무기 분야에 투입되고 있습니다.

2001년 9 · 11 사태 발생 직후 우편물에 의한 탄저균 테러가 처음 발생한 곳은 플로리다주의 보카 리턴이라는 곳입니다. 그곳의 아메리칸 미디어사에 근무하는 63세의 한 남성이 탄저炭疽에 감염된 사실이 미국의 질병통제센터에 의해서 2001년 10월 5일에 처음 보고되었습니다. 탄저가 때때로 자연 발생이 아닌 인위적인, 다시 말해서 테러로 인한 것이었다는 사실이 일주일 후에 밝혀지면서 미국은 공포의 도가니가 되었습니다. 그 후 뉴욕, 워싱턴 등지의 방송국과 국회의원에게도 탄저균이 들어 있는 죽음의 편지가 배달되었고, 미국뿐만 아니라 전 세계가 처음으로 바이오 테러의 시대에 살고 있음을 뼈저리게 느낄 수 있었습니다.

탄저균의 포자가 들어 있는 편지봉투는 자살 테러처럼 어려운 방법을 통하지 않고도 쉽게 불특정 다수에게 그야말로 공포, 즉 테러를 가하기에는 너무나 완벽한 방법이 아닐 수 없습니다. 여러분께서도 우리나라에서 이 백색가루의 공포 때문에 일어난 몇 번의 해프닝을 기억하실 겁니다. 결국 미국에서는 탄저균 테러에 의해 약 20여 명이 감염되고 이중 5명이 목숨을 잃었지만, 세계 최고라는 미국의 정보기관은 아직도 범인을 찾지 못하고 있습니다. 그만큼 바이오 테러를 추적하기가 쉽지 않다는 증거이기도 합니다.

바이오 테러의 대명사 – 탄저균

이제는 삼척동자도 알게 된 유명한 탄저의 어원은 그리스어 'anthrax'로, 석탄을 뜻합니다. 탄저에 걸린 환부그림66를 보시면, 왜 이 병을 검은 석탄에 비유하는지 이해하실 겁니다. 이 병은 박테리아의 일종인 탄저균이 일으키는 감염성 질병입니다. 한 가지 놀라운 점은 그토록 독성이 강한 탄저균이 평상시에 사는 곳은 바로 우리 주변의 땅속이라는 겁니다. 땅속에 얌전히 있던 탄저균이 풀을 먹는 소, 양, 염소, 낙타, 영양 등의 초식동물에게 옮겨가면 탄저가 발생합니다. 하지만 가끔씩 탄저균에 감염된 가축에 노출된 사람에게서도 발생할 수 있습니다. 과거에 우리나라에서도 탄저로 죽은 소고기를 먹은 사람들이 탄저에 걸리곤 했답니다.

하지만 땅속의 탄저균을 너무 두려워하실 필요는 없습니다. 이 탄저균이 곧바로 사람에게 전염되는 일은 거의 없으니까요. 또, 탄저균은 일반적으로 쉽게 사람과 사람 사이에서 전염되지 않습니다.

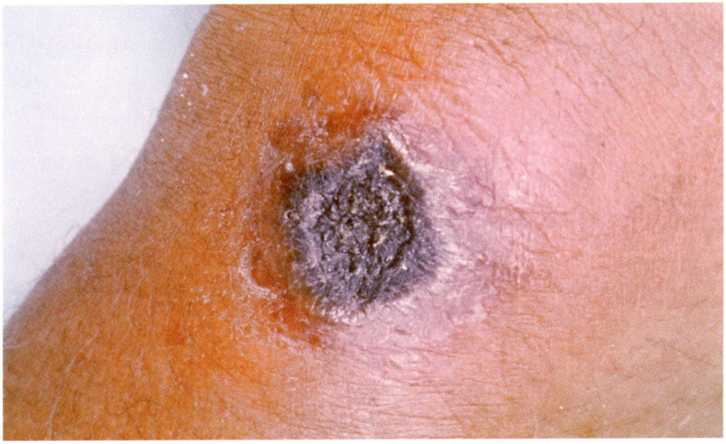

그림 66_ **탄저균이 피부에 감염되어 발생한 피부 탄저**
발생 부위가 탄저의 어원인 석탄처럼 검은색을 띤다.

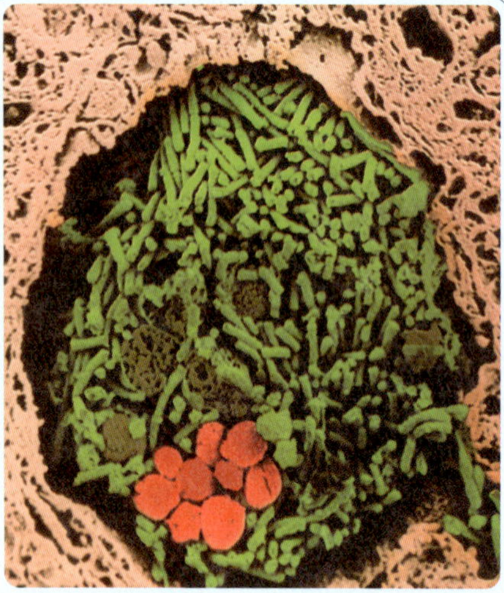

그림 67_

◉**이름:** 탄저균
◉**학명:** *Bacillus anthracis*
◉**종류:** 박테리아, 그람양성세균
◉**사는 곳:** 토양
◉**특징:** 가끔 동물의 피부, 폐, 위장 등에 들어가면 탄저를 일으킨다. 포자를 만들어서 길게는 수천 년간 살아남을 수도 있다. 생물무기로 가장 적합한 미생물로 손꼽히고 있다. 사진에서 보이는 동글고 검은 부분이 포자다.

탄저균그림67은 크게 세 가지 경로를 통해 우리 몸에 들어옵니다. 첫째는 피부에 묻어서 감염되는 경우인데, 2~3일 후에 잠복기가 끝나면 벌레 물린 것 같은 상처가 생기고, 나중에 궤양이 됩니다. 이 경우 치료받지 않을 시에 20%가 사망에 이릅니다. 두 번째는 호흡기를 통한 감염인데, 감염 후 24시간 내에 사망합니다.

마지막으로 탄저균에 감염된 육류를 섭취했을 때 발생하는 위장관 탄저로, 이 병은 복통, 구토, 발열 증상을 동반하며 치사율이 25~65% 수준입니다. 손 써볼 틈도 없이 사망에 이르는 가장 무서운 감염이 바로 호흡기 탄저인데, 이것이 바로 생물무기 또는 바이오 테러의 수단이 되고 있습니다.

탄저균은 역사상 가장 완벽한 생물무기

탄저균은 바실루스 속屬에 속하는 박테리아입니다. 이에 속하는 미생물은 모두 포자를 형성합니다. 박테리아는 살기 어려운 악조건이 되면, 스스로 포자로 변신합니다. 애벌레가 나비로 변해가는 곤충의 변태變態와 같다고 보시면 됩니다. 탄저균과 같은 바실루스를 영양분이 충분한 배지에서 키우다가 영양분이 거의

바실루스*Bacillus*
막대 모양의 세균. 박테리아의 일종으로 자연계에 널리 분포한다.

없는 식염수 같은 데로 옮기면, 이 박테리아가 포자로 변하는 모습을 쉽게 관찰할 수 있습니다.그림68 박테리아의 포자는 호두처럼 단단한 껍질로 되어 있어서, 외부 조건에 상관없이 오랜 시간을 버틸 수 있습니다. 그러다가 조건이 좋아지면, 박테리아는 원래의 모습으로 돌아가서 증식을 하게 됩니다. 미생물에게 있어서 동물의 겨울잠과 같은 개념으로 볼 수도 있습니다.

탄저균의 포자는 상당히 강해서, 적당한 조건의 땅속에서 수천 년을 버틸 수 있다고 보고 있습니다. 실제로 캘리포니아 주립대학의 카노 박사팀은 약 4천만 년 전에 만들어진 호박琥珀그림69에서 탄저균과 같은 바실루스가 살아 있는 모습을 발견했습니다. 호박은 식물의 진이 굳어진 다음에 석화石化된 일종의 보석입니다. 때때로 곤충이 이 안에 갇혀서 수만 년 동안 완벽하게 보존되는 경우도 많죠. 영화 〈쥐라기 공원〉에서는 공룡을 연구실에서 재탄생시키는데, 이때 공룡의 유전자 정보가 사용됩니다. 대체 공룡 유전자가 어디 있냐고요? 물론 현실에서는 없죠. 영화에서는 수억 년 전에 공룡의 피를 빤 다음 호박에 갇힌 흡혈성 곤충의 내장에서 유전자를 추출한다고 설명하고 있습니다. 충분히 상

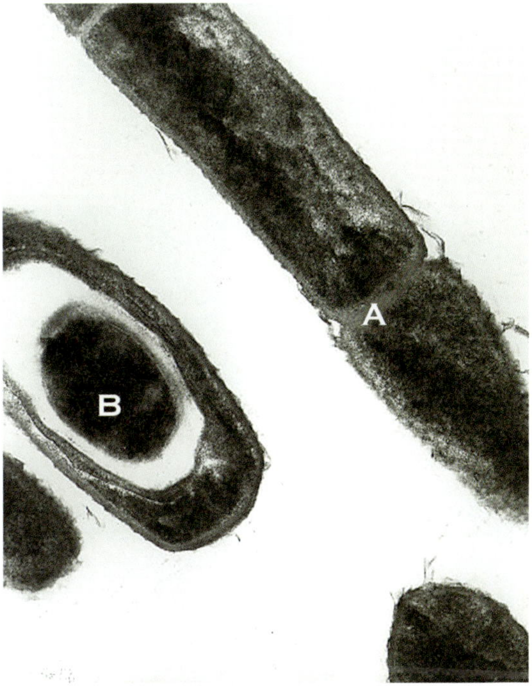

그림 68_ **탄저균의 포자**
탄저균은 평상시에는 긴 막대 형태(A)를 띠다가, 주변 상황으로 증식이 어려워지면, 둥근 형태의 포자(B)를 형성한다. 이 포자가 바로 무기나 테러에 사용되는 부분이다.

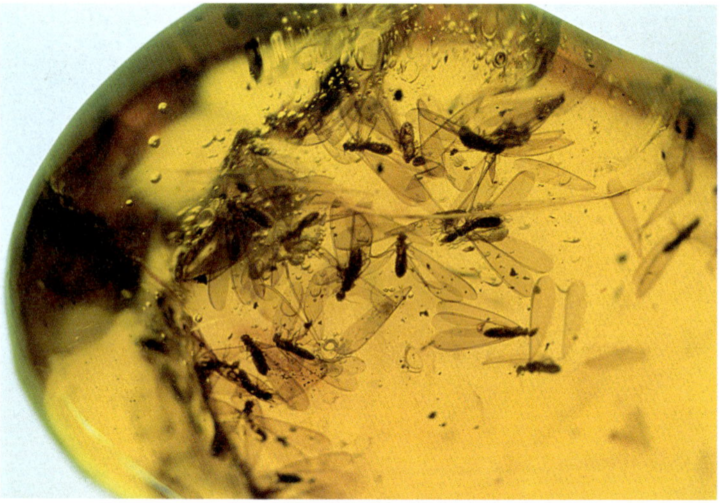

☛ 그림 69_ **호박에 갇혀 있는 모기류의 곤충**
호박은 수천만 년 전의 곤충을 완벽하게 보존하고 있어, 고생물학과 박물학에 있어서 매우 중요하다. 또한 곤충이 완벽한 형태로 보존되어 있는 경우 보석으로서의 가치도 높다. 최근에는 이 곤충과 함께 보존된 미생물을 부활시키려는 노력이 한창이며, 영화 〈쥐라기 공원〉처럼 공룡을 다시 살릴 수는 없지만, 포자 상태인 미생물은 현대에 다시 살아날 수도 있다.

상할 수 있는 일이지만, 현재의 과학으로는 불가능하다고 보셔야 합니다. 만약 가능하다고 하더라도, 공룡 유전자의 극히 일부만을 얻을 수 있을 것입니다. 카노 박사팀이 호박에서 되살린 박테리아는 탄저균과 같은 포자를 만드는 종류인 바실루스 스패리쿠스 입니다. 이 미생물은 포자 상태로 호박이 만들어질 때 그 안에 들어가 갇혀 있다가, 수천만 년이 지난 현재의 실험실에서 다시 배양이 된 겁니다. 곰이 겨울잠을 얼마나 오래 잘 수 있는지는 모르겠지만, 수천만 년을 포자 상태로 생명을 유지하는 바실루스는 휴면 분야에서는 단연 챔피언이 아닐까 싶네요.

바실루스 스패리쿠스 *Bacillus sphaericus*
일반적으로 토양에 널리 분포하는 박테리아이다. 모기유충을 죽일 수 있는 능력이 있어, 살충제 대용으로 개발하고 있다.

탄저균이 생물무기로 적합한 이유 중에 하나가 바로 포자를 만든다는 사실입니다. 예를 들어 포자를 만들지 않는 역병균을 생물무기로 만든다고 해볼까요? 가장 중요한 고려 사항은 역병균이 병을 일으키도록 활성을 유지하는 일과 원하는 지역에 살포하는 방법일 겁니다. 역병균은 이 두 가지가 현실적으로 모두 어렵습니다. 그러나 탄저균의 경우 일단 포자로 만들면 쉽게 장기 보관이 가능합니다. 또 그 포자는 살포도 아주 용이합니다. 공포의 '백색 가루', 기억나시죠? 포자 형태의 탄저균은 쉽게 공기 중에 떠다니며, 사람의 폐로 들어가면 가장 치사율이 높은 형태인 호흡기 탄저를 일으킵니다. 또, 포자는 햇빛에 약해서 수일 내로 모두 사멸합니다. 천연두나 사스처럼 사람과 사람 사이에 전염이 되지 않기 때문에, 특정 장소에 있는 특정한 사람만 살상할 수 있는 겁니다. 이미 미국의 테러 사건에서도 알 수 있듯이, 편지로도 간단하게 상대방을 감염시킬 수도 있습니다. 이런 여러 가지 이유로 그동안 강대국과 약소국 할 것 없이 탄저균을 최우선적인 생물무기로 개발해온 것으로 보입니다.

생물무기의 가공할 위력

2001년 미국에서 발생한 우편물 테러에 사용된 탄저균의 양은 1그램 이내로, 실험실 규모에서 만들어진 겁니다. 만약 수톤 이상의 탄저균이 공중 살포와 같은 방법으로 뿌려졌다면, 사망자의 규모는 엄청날 수도 있습니다. 탄저균 100킬로그램을 대도시 상공 위로 저공 비행하며 살포하면 100만~300만 명이 사망한다는 주장도 있습니다. 이는 1메가톤의 수소폭탄에 맞먹는 살상 규모로, 가히 '가난한 자의 핵폭탄'이라는 소리를 들을 만하지 않습니까?

그러나 현실적으로 생물무기가 예측보다 효과가 작다는 주장도 있습니다. 의도적이든 그렇지 않든, 생물무기가 위력을 발휘한 사례가 최근에만 해도 여러 번 있었습니다. 1979년 구소련의 한 생물무기 공장에서 일어난 사고로, 10킬로그램의 탄저균 포자가 120만이 사는 도시 위로 살포되었는데, 의외로 적은 수인 66명만이 사망한 예가 있습니다. 비슷하게 미국 오레곤주의 한 광신도 집단이 한 식당의 샐러드에 고의적으로 살모넬라균을 살포한 사건이 있었습니다. 이로 인해 751건의 식중독이 발생했지만, 미국에서 한 해 발생하는 식중독이 7천 6백만 건인 데 비하면, 그렇게 큰 효과가 있다고 보기는 어렵죠. 이런 사실들은 최근에 생물무기가 대규모 전쟁이나 테러에 사용된 예는 아직 없지만, 의외로 우리가 생각한 것보다 위력이 작을 수도 있음을 보여주는 사례라 할 수 있습니다.

그래도 탄저균이 주는 공포의 효과는 아주 뛰어납니다. 불과 수십 통의 편지를 통한 탄저균 테러가 전혀 다른 세상이라고 여긴 우리나라를 포함해 전 세계를 공포의 도가니로 몰아넣었다는 점을 상기해보세요. 그래서 「뉴욕타임즈」는 "탄저균은 전염되지 않지만, 두려움은 전염된다"고 했나봅니다. 바로 이것이야말로 테러범이 노리는 효과입니다.

유전자를 이용한 탄저균 수사

전 세계를 공포 속으로 몰아넣은 우편물 탄저 테러의 범인을 찾기 위해, 미국과 동맹국의 정부 기관이 전방위 노력을 기울였습니다. 그러나 각고의 노력에도 불구하고 지금까지도 범인을 찾는 데 실패했죠. 미국에서는 크게 중동과 연계된 테러일 가능성과 미국 내 다른 집단이 중동의 테러에 편승해서 저지른 범행으로 보고 있으나, 범인에 대한 추적은 그야말로 오리무중입니다.

이에 비해 우편물 테러에 사용된 탄저균 추적은 비교적 많은 성과가 있었습니다. 병을 일으킨 미생물의 전염 경로를 추적하는 학문이 바로 역학疫學입니다. 역학에서는 다양한 방법으로 서로 다른 미생물을 비교하는데, 요즘에는 주로 유전자 분석을 통해 미생물을 수사합니다. 예를 들어 O. J. 심슨의 피와 살해 현장에서 발견된 그의 부인의 피를 서로 비교하는 방법이나, 플로리다와 뉴욕에서 발생한 테러에 사용된 탄저균이 서로 같은 균인지를 비교하는 방법은 모두 유전자를 상호 비교해서 결론을 짓는 거지요. 유전자 분석법의 하나인 VNTR은 미생물을 비교하는 데 있어서 가장 정확한 유전자 분석법 중의 하나로 알려져 있습니다.그림70 대구 지하철 참사의 희생자 신원 파악 등에 사용되는 방법도 그 원리는 이 VNTR과 같습니다.

미국 북애리조나 대학의 폴 카임 박사는 1995년 일본의 옴 진리교에서 뿌린 탄저균의 수사를 성공적으로 마친 경험이 있는 VNTR 방법의 세계적인 전문가입니다. 탄저균의 추적에 있어서

VNTR
Variable-Number Tandem Repeats의 약자. 미생물 유전체상의 반복된 부위의 차이를 이용해서 두 미생물이 같은 것인지, 다른 것인지를 비교한다.

화려한 경력을 가진 카임 박사팀에게 미국 정부가 우편물 테러에 사용된 탄저균의 비교 분석을 의뢰한 것은 당연했습니다. 카임 박사의 연구실에는 전 세계에서 분리, 배양된 1,200개의 탄저균이 보관되어 있었고, 이중 400개는 VNTR 유전자 분석법으로 분석되어 데이터베이스로 만들어져 있었습니다. 물론 카임 박사가 테러를 예상하고 연구에 몰두한 것은 아닙니다. 하지만 그의 기초 학

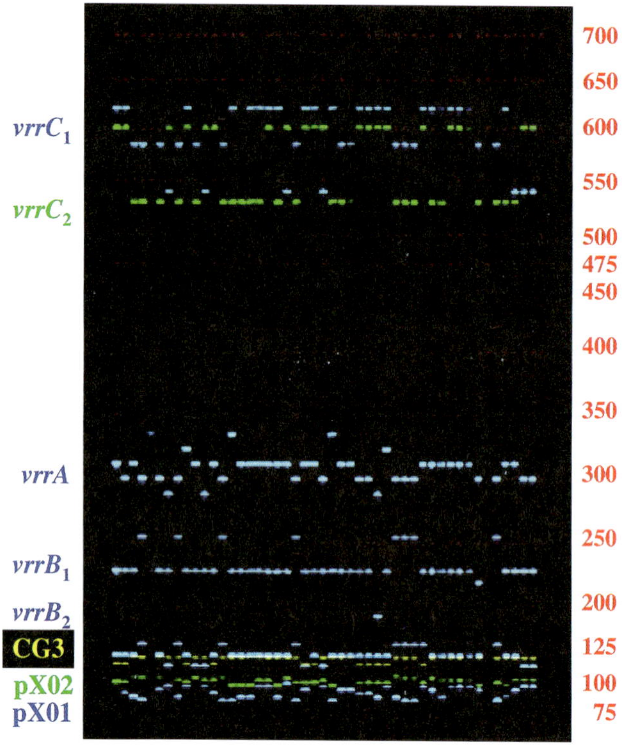

그림 70_ **바이오테러에 사용된 미생물을 추적할 수 있는 유전자 분석법인 VNTR 방법**
사진은 45개의 탄저균을 비교한 것이다. 각각의 탄저균의 특정한 유전자 패턴이 종행으로 나타나고, 손쉽게 서로 같은 탄저균과 다른 것을 구분할 수 있다.

문적인 관심이 조국이 가장 필요할 때 큰 힘이 되어준 것이죠.

플로리다와 뉴욕에서 새로 도착한 테러용 탄저균 샘플은 불과 12시간만에 데이터베이스에 있는 400개의 다른 균주와 비교가 되었습니다. 마치 우리가 모든 전과자의 지문을 컴퓨터 데이터베이스로 가지고 있고, 범죄 현장에서 검출된 용의자의 지문을 이와 대조해서 범인을 잡는 것과 같은 원리입니다. VNTR 분석 결과, 우편물 테러에 사용된 탄저균은 모두 동일한 균주로 밝혀져 두 사건 모두 동일범이 관련되어 있음을 알 수 있었습니다. 또한 테러에 사용된 탄저균은 기존에 에임즈Ames로 널리 알려진 유명한 탄저균으로 밝혀졌습니다.

에임즈 탄저균 추적하기

에임즈 탄저균은 1981년 미국의 텍사스주에서 탄저로 죽은 한 소로부터 분리된 균주입니다. 이 균주는 메릴랜드주 포트 데트릭에 있는 미국 육군의학연구소로 옮겨져서, 미국의 방위용 생물무기 연구에 사용되기 시작했습니다. 그 후에 이 균주는 미국과 유럽의 여러 연구소를 통해서 전 세계 국가들에 연구용으로 분양되었습니다.

우편물 테러의 경우 워낙 사안이 중요하다 보니, 미국에서는 탄저균의 역학적인 추적에 유전자 분석 이외에도, 전체 유전체 분석을 이용했습니다. 대개 유전자 분석은 미생물 한 균주를 분석하

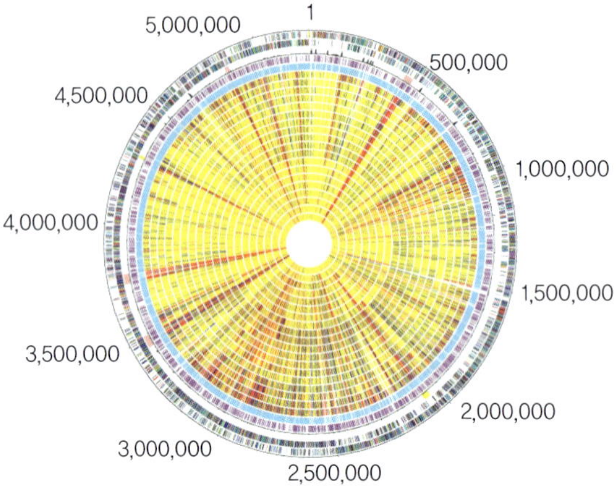

☛ 그림 71_ 에임즈 탄저균의 유전체

5,508개의 유전자로 되어 있는 이 미생물은 대부분 바실러스 시리우스와 같은 유전자로 구성되어 있다. 탄저를 일으키는 유전자는 대부분 2개의 플라스미드(pXO1과 pXO2)에 분포돼 있다.

는데 몇십만 원 수준의 비용이 소요되지만, 유전체 분석에는 수억 원 수준의 비용이 요구됩니다. 탄저균의 경우 유전체그림71가 5천2백만 개의 염기쌍에, 약 5천5백 개의 유전자로 구성되어 있습니다. 유전체 분석은 이 유전자를 전부 분석하는 방법이죠. 예를 들어 서울시에서 시민들을 상대로 여론 조사를 한다고 해볼까요? 물론 정확한 조사를 위해서는 천만이 넘는 모든 시민들의 의견을 일일이 물어야 하지만, 막대한 비용이 들겠죠? 그래서 대개 1천 명 내외의 시민을 무작위로 추출하여 의견을 묻고, 이를 토대로 통계적인 검증을 거친 다음 시민 전체의 의견을 유추해냅니다. 앞에서 언급한 VNTR같이 일부 유전자만을 분석하는 유전자 분석법이 여기에 해당한다고 볼 수 있습니다. 반면에 모든 유전자를 분석하는 유전체 분석은 서울 시민 전체를 조사하는 것과 같습니다. 그러니 통계 분석 같은 추정치를 이용하지 않고, 실제로 두 박테리아가 서로 같은지 다른지를 판별할 수 있는 것이죠.

미국 유전체연구소의 연구진은 플로리다에서 테러에 사용된 탄저균과 몇 개의 에임즈 탄저균의 유전체를 해독하여 서로 비교 연구를 했습니다. 그 결과 에임즈 균주와 플로리다 균주는 5백

미국 유전체연구소
The Institute of Genome Research. 크레그 벤터에 의해 설립된 메릴랜드 소재의 비영리 연구기관으로 생물의 유전체 연구에 주도적인 역할을 하고 있다(http://www.tigr.org).

탄저에 대한 일문일답 Q&A

Q. 탄저는 어떤 병입니까?

A. 탄저는 박테리아의 일종인 탄저균이 일으키는 질병입니다. 주로 가축에게 발생하지만, 감염된 동물에 접촉한 사람도 감염될 수 있습니다.

Q. 탄저는 쉽게 걸릴 수 있는 질병인가요?

A. 가축을 방목하는 지역에서는 비교적 흔합니다.

Q. 탄저균의 감염 경로는 무엇입니까?

A. 사람이 탄저균에 감염되는 경우는 대부분 탄저에 걸린 동물을 접촉해서입니다. 크게 발생 부위에 따라 피부에 접촉시 발생하는 피부 탄저, 공기 중의 포자를 흡입하면 발생하는 호흡기 탄저, 탄저균에 오염된 육류를 먹었을 때 발생하는 위장관 탄저로 나뉩니다. 이 중 호흡기 탄저가 가장 치사율이 높습니다. 보통 8천~3만 개체의 탄저균 박테리아에 감염되어야 탄저에 걸릴 수 있습니다.

Q. 탄저에 걸린 사람으로부터 감염될 수 있습니까?

A. 사람에서 사람으로 전염되는 경우는 거의 없습니다.

Q. 탄저균의 감염을 막을 방법이 있나요?

A. 탄저균의 감염을 막기 위해 가축에게 백신을 투여할 수 있습니다. 또 탄저에 감염된 가축과의 접촉을 최소화합니다. 감염을 막기 위해 사람도 백신을 맞을 수 있습니다. 사람의 경우 탄저균에 대해 약 93%의 보호 효과가 있습니다.

Q. 탄저균의 진단을 어떻게 합니까?

A. 탄저로 의심되는 환자로부터 탄저균을 분리하여 확진합니다. 공기 중의 탄저균을 검출하는 기술은 아직 개발되지 않았습니다.

Q. 탄저에 대한 치료제는 있는지요?

A. 피부 탄저에 걸렸을 때는 감염 부위에 깨끗한 거즈를 붙이고 시프로플록사신, 페니실린, 독시사이클린 같은 항생제를 투여하면 대개 회복이 됩니다. 호흡기 탄저의 경우 시프로플록사신을 고단위로 60일 이상 투여해야 합니다. 조금만 항생제 치료가 늦어도 환자가 사망할 수 있습니다.

만 개 이상의 염기쌍 중에 불과 4개만 다르다는 것을 확인했죠. 이 결과는 테러에 사용된 탄저균이 바로 미국 정부가 개발한 에임즈 균주라는 사실을 정확히 나타내주었습니다. 그런데 문제는 이 에임즈 균주가 백신 개발 등의 여러 연구에 활발히 사용된 나머지,

전 세계의 많은 미생물학 연구소나 대학으로 아무런 통제 없이 퍼졌다는 점입니다.

과학자들 사이에서 미생물과 같은 중요한 연구 소재를 자유롭게 주고받는 일은 중요한 덕목 중에 하나죠. 만약 내 것을 다른 연구자에게 주지 않으면, 다른 사람으로부터도 연구에 필요한 중요한 재료를 받을 수 없습니다. 그리고 이런 고립은 연구자에게는 아주 큰 타격이 됩니다. 그래서 세계적인 과학자는 항상 국제적 연대를 가지고 정보와 재료를 주고받습니다. 에임즈 탄저균은 너무 많은 연구실로 분양에 분양이 되어서, 지금에 와서 그 전달경로를 모두 파악하기란 불가능합니다. 그러니까 유전체 분석을 통해 우편물 테러에 사용된 탄저균이 1981년에 텍사스에서 분리된 에임즈 균주라는 것은 확실해졌지만, 어떤 경로를 통해 테러범의 손에 들어갔는지는 현재로서는 알 방법이 없다는 거죠. 결론적으로 미국은 자신들이 개발한 탄저균에 스스로 당한 셈이 된 겁니다.

다시 화두로 떠오른 천연두 바이러스

요즘에 사실 탄저균보다 더 테러에 사용될까 걱정하고 있는 미생물이 있습니다. 바로 많은 사람들의 뇌리에서 사라지고 있는 천연두 바이러스입니다. 천연두는 벌써 20년 전인 1980년에 세계보건기구가 지구상에서 완전히 사라졌다고 선언한 질병인데, 왜 갑자기, 그것도 세계 최고의 보건 수준을 자랑하는 미국을 비롯한 여러 선진국에서 걱정하고 나서는 걸까요? 물론 9·11 사태 이후에 제기된 바이오 테러 때문입니다. 그렇게 어렵게 숙적인 천연두를 지구상에서 멸종시켰는데, 인간들 스스로의 사악함 때문에 다시 그 공포에 떨게 된 겁니다. 과연 우리는 더이상 지구상에 존재하지도 않는다고 유엔기구가 선언한 천연두 바이러스를 왜 지금에 와서 이토록 무서워해야 하는 걸까요?

인간과 천연두 바이러스의 기나긴 전쟁

천연두는 두창痘瘡또는 포창疱瘡이라고도 하며, 속칭으로는 마마라고도 부릅니다. 주요 증세는 고열과 전신에 나타나는 특유한 발진그림72으로, 전형적인 천연두는 2주 이내의 잠복기를 거친 후

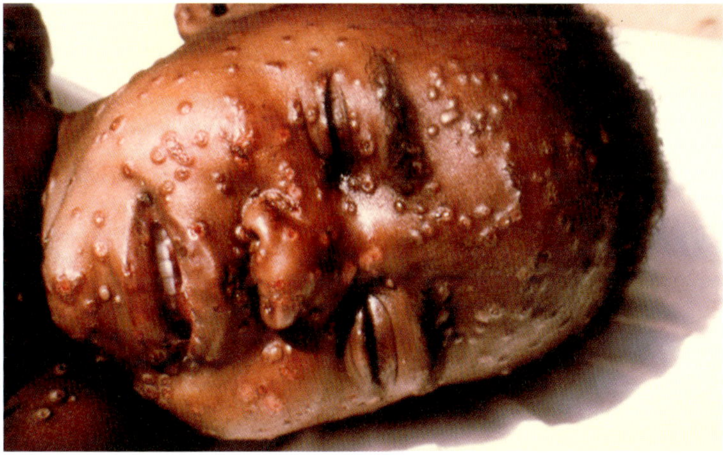

그림 72_ **천연두로 피부에 나타난 수포**
천연두 바이러스는 지구상에 나타난 미생물 중에서 가장 많은 희생자를 낸 최고의 병원체이다.

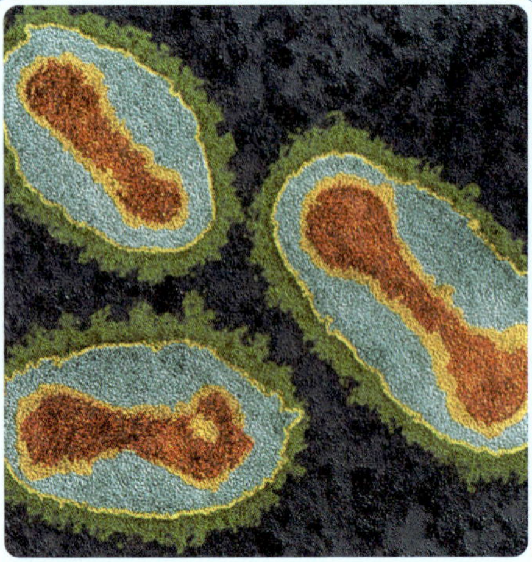

그림 73_

⊙**이름:** 천연두 메이저 바이러스
⊙**학명:** Variola major virus
⊙**종류:** 바이러스, 오르쏘폭스바이러스Orthopoxvirus
⊙**사는 곳:** 숙주인 사람의 세포 속
⊙**특징:** 천연두를 일으키는 바이러스로, 지구상의 어떤 미생물보다 많은 인명을 살상한 최고의 병원성 미생물이다. 친척으로 천연두 마이너 바이러스가 있으며, 이 바이러스는 병독성이 상대적으로 약하다. 수천 년 전에 미지의 숙주동물로부터 인간으로 넘어왔으며, 전 세계적인 백신 프로그램으로 거의 멸종했다. 현재 일부 실험실에서만 보관되고 있다.

갑자기 발열과 두통, 요통을 일으킵니다. 박테리아에 의한 다양한 합병증이 발생할 수 있으며, 다른 바이러스 질환이 그렇듯 특효약이 없어 예방접종을 하지 않은 경우 약 30%의 치사율을 보이는 무서운 질병입니다. 또한 완치가 되더라도 얼굴 등에 '마마자국'이 남기도 합니다.

천연두 바이러스는 메이저그림73와 마이너의 두 종류가 있습니다. 메이저는 병독성이 강한 종류이고, 마이너는 메이저가 약한 형태로 바뀐 변종으로, 1863년 자메이카에서 처음 발견되었습니다. 메이저와 달리 마이너 바이러스에 감염되면, 거의 대부분의 환자가 완쾌될 가능성이 높습니다.

천연두는 전염성이 매우 강해서 한번 발생하면 주변의 모든 사람이 감염될 때까지 유행합니다. 천연두가 처음 우리와 대면한 시기는 약 3천에서 1만 2천 년 전으로 과학자들은 예측하고 있습니다. 이때 미지의 동물로부터 천연두 바이러스가 사람으로 옮겨왔으며, 그 후에 순식간에 인간 사회에 퍼진 것으로 보입니다. 기록상 첫 번째 희생자는 기원전 1157년에 사망한 고대 이집트의 파라오인 람세스 5세입니다. 로마제국의 황제인 마르쿠스 아우렐리우스 안토니우스도 당시에 하루 2천 명씩 사망한 천연두 대유행의 희생자였습니다. 1492년 콜럼버스가 신대륙에 첫발을 내딛으면서 이 무서운 바이러스도 함께 유럽에서 아메리카 대륙으로 상륙했습니다. 16세기 스페인 군대가 멕시코를 정복할 때, 스페인이 보유한 어느 첨단 무기보다도 크게 스페인을 도운 것은 바로 천연두 바이러스였습니다. 물론 스페인 군이 바이러스를 의도적으로 퍼뜨린 것은 아니었지만, 생전 처음 접하는 이 바이러스로 인해 멕시코 아즈텍 원주민의 절반인 350만 명이 희생되었습니다. 불과 2년 만에 일어난 대학살이었죠. 비슷하게 두 세기 후에 미국에 살던 아메리칸 원주민이 백인들이 가져온 천연두에 의해 희생되었습니다. 우리나라에서도 한국전쟁 중이던 1951년 한 해에만도 4만여 명이 천연두에 걸렸습니다. 천연두는 전염력이 매우 강해서 전 세계 곳곳에서 지속적으로 대유행을 초래했고, 지금까지 지구상에 나타난 어떤 미생물보다도 많은 희생자를 낸 최악의 병원체였습니다.

제너의 종두법 발견

막강하던 천연두가 인간에게 무릎을 꿇기 시작한 것은 영국인 의사 제너(Edward Jenner, 1749~1823)가 창시한 종두가 보급되기 시작하면서부터입니다. 글로스터셔 지방의 시골 의사였던 제너는 우두牛痘라는 질병을 앓은 사람은 천연두에 걸리지 않는다는 것을 알게 되었습니다. 우두는 백시니아 바이러스그림74에 의해서 일어나는데, 사람에게 감염되면 가볍게 앓다가 정상으로 돌아오곤 했습

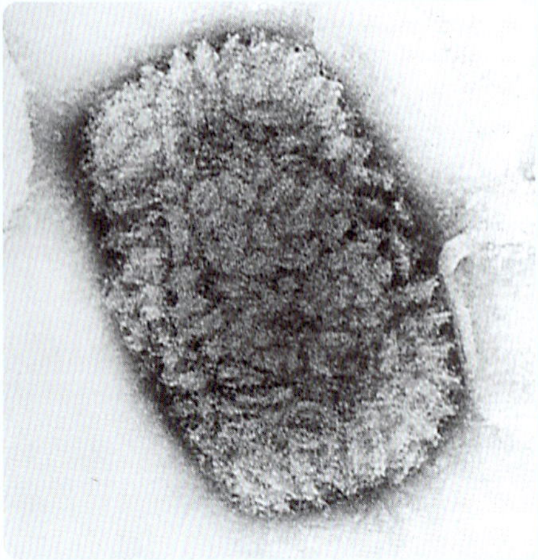

그림 74_

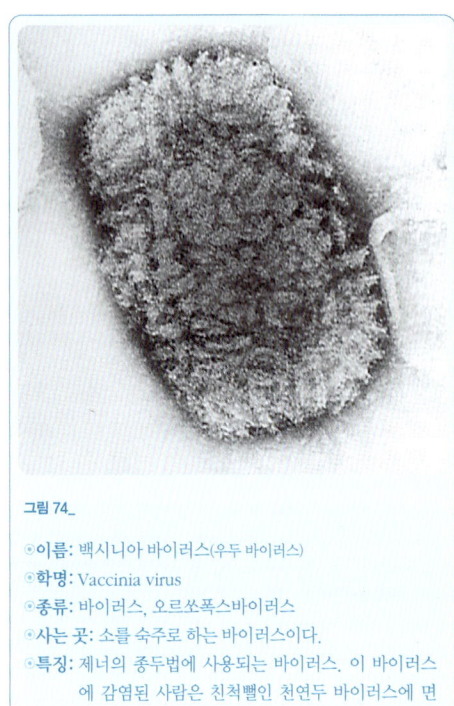

⊙**이름:** 백시니아 바이러스(우두 바이러스)
⊙**학명:** Vaccinia virus
⊙**종류:** 바이러스, 오르쏘폭스바이러스
⊙**사는 곳:** 소를 숙주로 하는 바이러스이다.
⊙**특징:** 제너의 종두법에 사용되는 바이러스. 이 바이러스에 감염된 사람은 친척뻘인 천연두 바이러스에 면역력이 생긴다.

니다. 당시 제너는 잘 이해하지 못했지만, 이때 우두 바이러스와 접촉한 인간의 면역체계는 이 바이러스에 대해 면역력을 갖게 되고, 다시 백시니아 바이러스가 우리 몸에 들어오면 즉시 물리칠 수 있는 겁니다. 그리고 더 중요한 것은 백시니아 바이러스에 한번 감염된 사람은 이 바이러스의 가까운 친척인 천연두 바이러스에게도 동시에 면역력을 갖게 된다는 사실입니다. 두 바이러스는 분류학적으로 모두 오르쏘폭스바이러스에 속하는, 유전적으로 가까운 미생물입니다. 그러니까 백시니아 바이러스는 자연이 인간에게 준 천연두 바이러스에 대한 백신이었고, 제너는 이를 우연히 발견한 것이죠.

천연두 박멸 프로그램의 시작

제너의 종두법은 천연두를 효과적으로 막을 수 있었지만, 그 후 오랜 기간 동안 이 바이러스를 지구상에서 몰아내기는 역부족이었습니다. 이후 1958년 미국의 미네아폴리스에서 열린 세계 보건학회에서 천연두를 박멸하기 위한 전 세계적인 프로그램이 제안되었습니다. 하지만 당시의 많은 미생물학자들은 자연계에 존재하는 미생물을 지구상에서 완전히 박멸하기란 불가능하다고 보았습니다. 눈에 보이지 않는 생물을 어떻게 일일이 찾아서 없애겠습니까? 하지만 전 세계적으로 진행된 '천연두 박멸 작전'에 당시 한창 냉전 중인 미국과 소련을 비롯한 세계 각국이 손을 잡았고, 세계보건기구에는 '천연두 박멸 부대'가 창설되었습니다. 미국의 헨더슨 박사가 이끄는 이 부대는 페드오-젯Ped-o-Jet그림75이라는 일종의 백신 주사용 총을 개발해, 하루에 수천 명에게 백시니아 바이러스를 주사할 수 있었습니다.

너무나 많은 생명을 앗아간 천연두 바이러스였지만, 치명적인 약점도 있었죠. 바로 인간이 유일한 숙주였으며, 2주마다 새로

☛ 그림 75_1960년대에 아프리카에서 진행된 천연두 박멸 프로그램의 한 장면
아이들이 페드오-젯으로 백신을 접종받기 위해 줄을 서 있다. 오른쪽 나무 위에는 천연두 백신 접종을 장려하기 위한 포스터가 보인다.

운 숙주를 찾아야 한다는 점입니다. 이때 새로운 숙주가 백시니아 백신을 맞았거나 이미 천연두를 앓았다면, 천연두 바이러스에 대한 면역력이 있어서 바이러스가 감염될 수 없었습니다. 만약 감염시킬 새로운 숙주를 기간 내에 찾지 못하면, 그 바이러스는 결국 죽을 수밖에 없는 겁니다.

이로써 천연두 박멸 부대의 목표는 명확해졌습니다. 특정 지역에 천연두가 유행처럼 번지면, 주위에 사는 모든 사람들에게 백신을 접종했습니다. 즉, 천연두에 면역력을 가진 사람들로 포위망을 형성하는 것입니다. 마땅한 숙주가 없으면 당연히 바이러스는 2주 안에 자멸하게 되니까요. 천연두 바이러스와의 전투에 사용된 이 전술은 '링 백신법' 이라고 불렸습니다.

마지막 천연두와 인간의 승리

천연두와의 전쟁이 거의 끝나갈 무렵인 1975년 1월에 방글라데시에서 천연두가 창궐하기 시작했습니다. 500개 이상의 마을로 천연두가 빠르게 퍼져나갔죠. 헨더슨이 이끄는 세계보건기구의 천연두 박멸 부대는 링 백신법으로 바이러스를 공략하기 시작했습니다. 그리고 마침내 같은 해 가을에는 바이러스를 방글라데시 본토에서 추방시켜, 한 섬으로 몰아넣었습니다. 볼라라는 이름의 이 섬에 사는 세 살 난 여자아이를 감염시켰던 바이러스를 마지막으로 지구상에서 메이저형의 천연두 바이러스는 마침내 멸종하였습니다. 2년 후, 아프리카 소말리아의 한 요리사가 지구상에 남은 마지막 마이너형의 천연두를 앓았습니다. 링 백신법이라는 전술로 무장한 천연두 박멸 부대는 이로써 천연두 바이러스를 지구상에서 완전히 몰아낼 수 있었습니다. 1977년 10월 16일은 역사상 최대의 적인 천연두 바이러스에 대한 인간의 승리를 기념하는 역사적인 날이 되었습니다. 우리나라에서는 이보다 훨씬 전인 1960년에 3명의 환자가 발생한 것이 마지막이었죠. 세계보건기구는 1980년 지구상에서 천연두가 멸종되었음을 공식적으로 선언하였습니다.

1980년 '천연두 박멸' 선언이 있은 후, 많은 나라에서 당연히 천연두 백신의 사용을 중단했습니다. 특히 천연두에 사용하던 백시니아 백신은 백만 명당 3명꼴로 부작용이 발생했고, 그 중 40%가 사망하는 치명적인 부작용을 유발하였습니다. 바이러스 자체가 멸종된 상황에서 이런 위험을 감수할 필요는 전혀 없었겠죠.

다시 등장한 두려움의 대명사

이제 자연계로부터 천연두 바이러스는 완전히 사라졌습니다. 하지만 세계 각국의 수많은 연구실에는 천연두 바이러스가 보관되어 있었습니다. 물론 대부분은 천연두 퇴치를 위한 것이었으므로, 바이러스가 멸종된 상황에서 연구를 계속하기란 실로 무의미했습니다. 이보다 더 우려되는 완벽한 실험실에서 아무리 철저하게 조심한다고 해도 사고에 의한 바이러스 유출의 가능성이 언제나 있습니다.그림76 만약 그렇게 된다면 백신을 맞은 연구자들은 무사하겠지만, 백신을 맞지 않은 많은 무고한 사람이 희생될 가능성이 있죠. 실제로 1978년 영국의 한 실험실에서 바이러스가 유출되어 2명이 사망한 사건도 있었습니다.

1972년 전 세계의 많은 국가가 모든 생물무기에 대해 생산과 보관을 금지하는 조약인 생물무기 금지 협정Bioweapons Convention Treaty에 서명했습니다. 우리나라를 비롯한 미국, 러시아, 중국, 이라크, 북한 등 143국이 서명한 이 협정은 실제로 큰 효

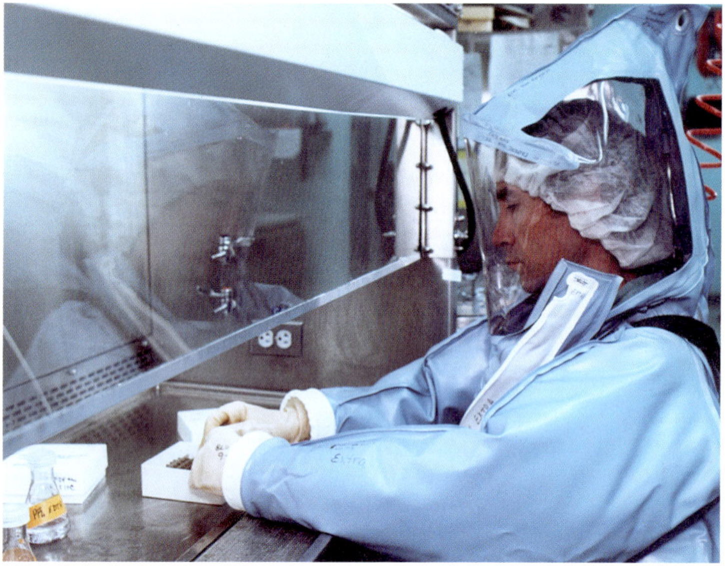

☛ 그림 76_ **치명적인 감염 질환을 일으키는 미생물 연구에 필수적인 바이오세이프티 4급 실험실(Biosafety Level 4 laboratory)의 모습**
연구자는 우주복과 같은 옷을 입고 있어, 외부와 완전히 차단되어 있다. 이와 같은 최첨단 실험 시설에도 불구하고, 천연두 같은 바이러스가 사고에 의해 유출될 수 있다.

력을 발휘하지는 못했습니다. 왜냐하면 각국의 이행 여부를 확인하는 조항이 빠져 있었기 때문입니다. 거꾸로 현실적으로는 많은 국가가 생물무기를 개발하고, 보관하고 있었습니다. 한 예로, 1991년 걸프전을 통해 이라크가 탄저균과 이를 운반할 미사일 등의 생물무기를 비축한 사실이 밝혀졌습니다. 1995년에 발간된 미국 중앙정보국의 보고서에 따르면 17개국이 생물무기를 연구하거나 비축하고 있는 것으로 의심을 받고 있죠. 여기엔 이란, 리비아, 이집트, 이스라엘 등 중동 국가와 러시아, 중국, 대만, 북한도 나란히 속해 있습니다.

현재 천연두 바이러스는 생물무기 금지 협정에 의해서 공식적으로는 러시아 콜초보에 있는 바이러스 및 생물공학 연구소와 미국 애틀랜타의 질병통제센터Center for Disease Control and Prevention(CDC) 등 두 실험실에서만 보관되어 있어야 합니다만, 문제는 다른 나라나 테러 집단이 천연두 바이러스를 가지고 있지 않으리라는 보장이 없다는 겁니다. 만약 사람 사이에 전염이 안 되는 탄저균이 아닌, 강력한 전염력을 가진 천연두 바이러스가 2001년 미국에서 발생한 우편물 테러에 사용되었다면 아마 엄청난 수의 무고한 생명이 희생되었을 것입니다. 특히 1980년 이후에 백시니아 백신을 맞지 않은 젊은 층과 노인층이 주 타깃이 되었겠죠.

9 · 11 테러 직후 천연두 테러에 대해 심각하게 우려한 미국 정부는 자신들이 가지고 있는 백시니아 백신의 양이 1,500만 명 분

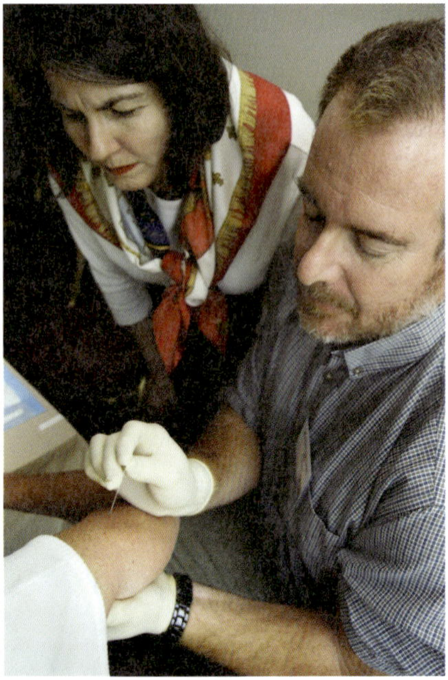

☛ 그림 77_ 천연두 백신 접종 요령을 설명하는 모습
9 · 11 테러 이후 천연두 백신 접종에 대한 교육이 미국에서 다시 시작되었다. 사진은 미국 질병통제센터의 직원이 지역 의사에게 천연두 백신 접종 요령을 설명하는 모습으로(2002년 12월), 미국은 이처럼 만약의 테러에 전 국가적으로 대비하고 있다.

으로, 이는 전 국민의 7% 정도만 접종할 수 있는 태부족한 상태임을 알게 되었습니다. 다급해진 미국 정부는 백시니아 백신을 생산하던 영국의 아캄비스사 등 백신 회사에 긴급히 백신을 주문하기에 이르렀죠. 그리고 평생 천연두 환자를 한 번도 본적이 없는 미국 내 의료진들에게 진단과 백신 접종에 대한 교육을 하고 있습니다.그림77 테러의 단골 지역인 프랑스도 백시니아 백신 생산을 재개했습니다. 비교적 테러와 거리가 먼 우리나라에서도 발병 환자가 없음에도, 천연두를 다시 법정 전염병으로 지정했습니다. 또한 우리 정부는 만일을 대비해서 50만 명 분량의 백신을 비축한다고 발표했죠. 이제 세계는 그야말로 우리가 정복한 천연두 공포에 다시 사로잡힌 겁니다. 이것은 순전히 인간의 사악한 본성에 의한 결과물이라는 점이 너무 안타까울 뿐입니다.

획기적인 유전공학 기술과 바이러스의 창조

1970년대 처음 선보인 유전공학은 그동안 눈부신 발전을 해왔습니다. 물론 사과나무에서 돼지고기가 열리는 것과 같은 황당한 기대를 충족시키진 못했지만, 이 발전은 인류의 건강과 복지에 큰 기여를 했습니다. 대표적 성공 사례인 인슐린은 더 이상 동물에서 뽑을 필요가 없으며, 다양한 백신이 안전한 미생물에서 만들어지고 있습니다. 또, 수많은 병원성 미생물의 유전체가 해독되어 치료제와 백신이 개발되고 있기도 합니다.

천연두도 생명공학 연구에서 예외가 아닙니다. 1991년 조 엘소지토와 나중에 인간 유전체를 해독한 크레이그 벤터(J. Craig Venter, 1946~)는 방글라데시의 마지막 환자로부터 분리한 천연두 메이저 바이러스의 유전체를 해독했습니다. 이 바이러스는 187개의 유전자를 가지고 있었고, 이는 그 동안에 연구된 바이러스 가운데 가장 복잡한 형태였습니다.그림78 반면에 에이즈를 일으키는 HIV 바이러스는 단 10개의 유전자를 가지고 있습니다. 그런데 재미있게도 천연두 바이러스는 쥐의 유전자를 가지고 있었습니다. 이 사실로 천연두 바이러스가 원래는 쥐를 숙주로 해서 살다가, 나

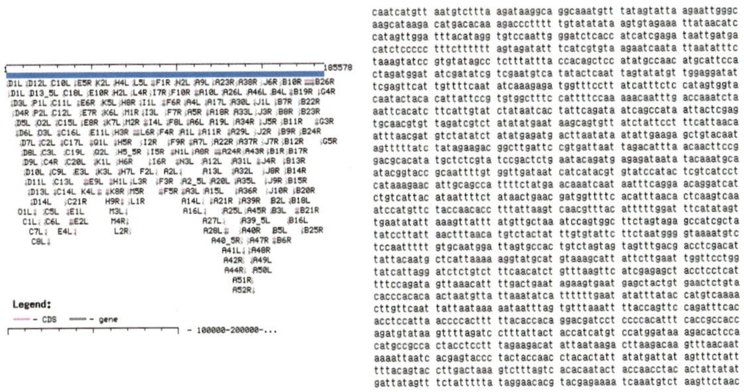

☛ 그림 78_ **천연두 바이러스의 유전체 지도(왼쪽)와 유전체의 일부(오른쪽)**
현대 유전공학 기술은 유전체의 염기서열을 이용해 천연두 바이러스뿐만 아니라, 새로운 합성 바이러스의 창조가 가능하다.

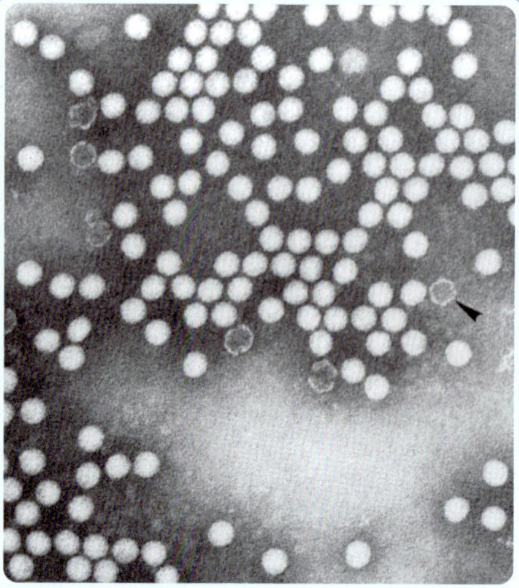

그림 79_

⊙**이름:** 소아마비 바이러스
⊙**학명:** Poliovirus
⊙**종류:** 바이러스, RNA 바이러스
⊙**사는 곳:** 인간
⊙**특징:** 소아마비를 일으키는 이 바이러스는 유전체정보를 이용해서 창조된 첫 번째 바이러스가 됐다.

중에 사람으로 옮긴 것이 아닌가 하는 추측을 하게 됩니다. 원래 바이러스라는 미생물은 증식하는 과정에서 실수로 숙주생물의 유전자를 자기 유전체의 일부로 포함하기도 하니까요. 고대 이집트에 천연두에 대한 최초의 기록이 전하고, 천연두 바이러스에 쥐의 유전자가 들어 있는 점으로 미루어, 사람으로 옮겨오기 전에 바이러스의 숙주는 이집트의 나일강 근처에 살던 설치류였을지도 모른다는 추측도 가능합니다. 물론 증명할 방법은 아직 없습니다만.

바이러스의 유전체는 핵산인 DNA 또는 RNA로 이루어져 있습니다. 그리고 그 크기가 아주 작죠. 인간의 유전체는 약 30억 개의 염기로 이루어져 있지만, HIV 바이러스는 단 1만 개의 염기로 되어 있습니다. 현대 과학은 30억 개의 염기로 이루어진 인간의 유전체를 실험실에서 인공적으로 만들 수는 없지만, 현재 기술력으로 백 개 정도의 염기로 이루어진 DNA나 RNA를 만들 수는 있습니다. 실제로 2002년 미국 스토니 브룩 뉴욕주립대의 에카르드 윔머 박사팀은 컴퓨터에 내장된 유전체 정보로부터 바이러스를 '창조'하는 놀라운 연구를 해냈습니다. 이들은 A, C, G, T의 4개의 염기로 이루어진 소아마비 바이러스그림79의 유전체 정보를 청사진으로 이용해서, DNA 합성기그림80라는 기계를 통해 바이러스의 유전체를 시험관에서 창조했습니다. 그리고 이 바이러스를 시험관에서 키운 사람의 세포에 감염시켜, 완전한 바이러스가 만들어지는 것을 확인했습니다. 또 바이러스를 쥐에 주사해서, 창조된 바이러스가 원래 바이러스처럼 소아마비 질병을 일으킨다는 사실을 확인할 수 있었습니다. 이런 종류의 연구는 최근 국내에서 성공한 황우석 교수팀의 '생물 복제' 연구와는 또 다른 차원입니다. 생물 복제는 한 세포에 있는 DNA를 다른 세포에 옮겨서 새 생명을 탄생시키지만, DNA를 합성해서 생명체를 만드는 일은 컴퓨터 하드디스크에 DNA 정보를 가지고 있다가 기계가 생명체를 만들 수 있는 획기적인 기술입니다.

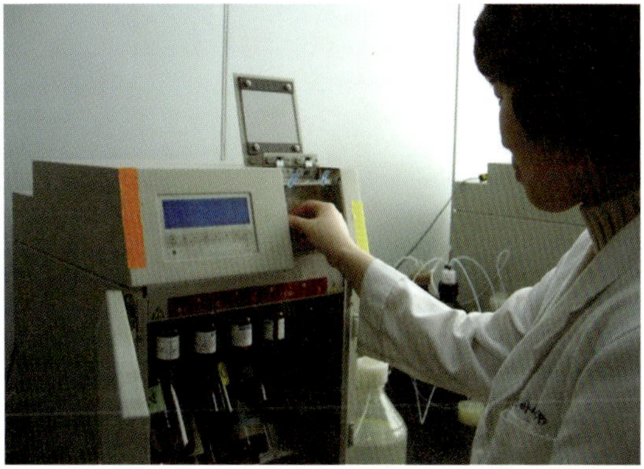

제공: 홍순광

그림 80_ 현대적인 DNA 합성기
이 기계를 통해 지구상에서 사라진 바이러스나 새로운 변종 바이러스를 만들 수 있다.

새로운 생물무기의 탄생에 대한 우려

주변에 아직도 소아마비로 고생하시는 분이 많습니다. 그리고 백신 덕분에 이제 우리는 천연두처럼 소아마비 바이러스를 전멸시키기 직전에 와 있는 차에, 누구나 쉽게 바이러스를 살려낼 수 있는 방법이 개발된 겁니다. 실제로 새로운 바이러스를 창조하는 방법은 크게 돈이 들거나, 기술을 필요로 하지 않습니다. 윔머 박사팀의 획기적인 연구는 그들이 원하든 원하지 않든 테러와 같은 반인

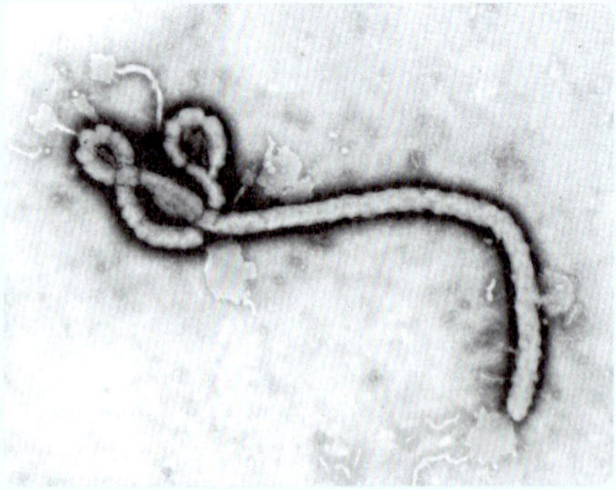

그림 81_

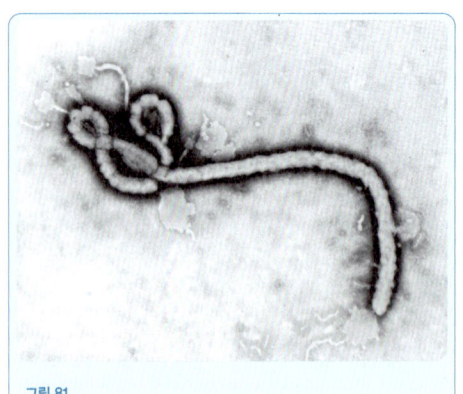

- **이름:** 에볼라 바이러스
- **학명:** Ebola virus
- **종류:** 바이러스, RNA virus
- **사는 곳:** 미지의 동물
- **특징:** 미지의 숙주로부터 사람이 감염되면 출혈열을 일으킨다. 치료제나 백신이 없으며, 90%의 높은 치사율을 보인다. 에볼라는 1976년에 처음 나타난 아프리카 자이르의 한 강의 이름이다. 더스틴 호프만 주연의 〈아웃 브레이크〉의 주인공이기도 하다.

륜적인 행위에 사용될 수 있습니다. 이들의 연구가 발표된 후 많은 학자들이 천연두 바이러스와 관련해서 우려를 표명했습니다. 즉 천연두 바이러스의 유전체 정보만 있으면, 이제 실험실에서 똑같은 바이러스를 생산할 수 있는 길이 열렸기 때문입니다. 그리고 천연두를 비롯해 우리에게 치명적인 바이러스의 유전체 정보는 모두 인터넷에서 쉽게 구할 수 있습니다. 예를 들어 천연두 바이러스∿나 더스틴 호프만이 주연한 영화 〈아웃 브레이크〉나 로빈 쿡의 소설 『감염』에 언급된 80%의 치사율과 엄청난 감염력을 지닌 에볼라 바이러스,∿ 그림81 심지어는 최근에 발견된 사스 바이러스의 유전체 정보∿도 누구나 인터넷을 통해 구할 수 있습니다.

물론 당장 일반 실험실에서 천연두 바이러스의 창조가 가능하다고 믿는 과학자는 많지 않습니다. 왜냐하면 소아마비 바이러스의 유전체가 7,741개 염기쌍으로 구성된 데 비해, 천연두 바이러스의 유전체는 그의 24배에 해당하는 185,578개의 염기쌍으로 구성되어 있기 때문이죠. 윔머 박사팀이 약 2년여에 걸쳐 소아마비 바이러스를 완성하였으니, 천연두 바이러스를 완성하는 데는 산술적으로 48년이 걸린다는 계산이 나옵니다. 그러나 현재 과학의 발전 속도로 보아 앞으로 이보다는 훨씬 시간이 단축될 가능성이 높습니다.

∿ 천연두 바이러스의 유전체 정보가 있는 곳
http://www.ncbi.nlm.nih.gov/entrez/viewer.fcgi?val=NC_001611

∿ 에볼라 바이러스의 유전체 정보가 있는 곳
http://www.ncbi.nlm.nih.gov/genomes/framik.cgi?db=Genome&gi=15507

∿ 사스 바이러스의 유전체 정보가 있는 곳
http://www.ncbi.nlm.nih.gov/genomes/framik.cgi?db=Genome&gi=17014

에카르드 윔머 박사팀이 소아마비 바이러스를 창조한 방법을 자세히 살펴보자

① 인터넷에 있는 유전체 정보를 입수한다. 소아마비 바이러스는 7,741개의 염기쌍으로 되어 있다. 모든 바이러스의 유전체 정보는 미국의 생물공학 정보센터 National Center for Bio-technology Information의 홈페이지에서 얻을 수 있다(http://www.ncbi.nlm.nih.gov/genomes/static/vis.html).

② 바이러스 유전체를 60개의 염기쌍으로 나누어 인공적으로 DNA를 제작한다. 보통 DNA 제작은 연구자들이 직접 하지 않고, 이를 전문으로 하는 회사에 주문한다. 윔머 박사팀은 인테그레이티드사에 주문했지만, 우리나라에도 DNA 합성을 해주는 회사는 많다.

③ 각각 60개의 염기쌍으로 이루어진 인공 DNA 조각을 붙여서 7,741개의 염기쌍을 가진 완전한 바이러스의 유전체를 만든다.

④ 만들어진 바이러스 DNA를 RNA로 바꾼다(소아마비 바이러스의 유전체는 RNA로 되어 있다).

⑤ 인공적으로 만든 완성된 RNA 바이러스를 사람 세포에 감염시켜, 껍질을 가진 완전한 형태의 소아마비 바이러스를 만든다. 이 바이러스는 이제부터 다른 숙주에 감염될 수 있는 완벽한 형태이다.

한 걸음 더 나아가서

사실 제가 우려하는 점은 소아마비 바이러스의 경우처럼 자연계의 바이러스를 재창조하는 것보다, 완전히 새로운 바이러스를 만드는 작업입니다. 실제로 윔머 박사팀은 소아마비 바이러스를 만들면서, 19개의 돌연변이를 고의적으로 집어넣어서 일종의 변종 바이러스를 만들었습니다. 그 때문에 원래보다 병원성이 100분의 1로 줄어든 약한 바이러스가 창조되었지만, 이론적으로 더욱 강력한 바이러스의 창조도 가능하다는 점을 증명한 겁니다. 만약 누군가 천연두 바이러스를 만들면서 지금 우리가 사용하고 있는 백시니아 백신에 반응하지 않는 변종을 만든다면, 그 결과는 '절대로 막을 수 없는 완벽한 생물무기'의 탄생을 의미하게 됩니다.

새로운 바이러스의 창조는 이미 새로운 아이디어는 아닙니다. 톰 크루즈 주연의 〈미션 임파서블〉 2편을 보면 러시아의 생물공학자인 네코비치 박사가 '키메라'라는 바이러스를 만듭니다. 영화는 이 바이러스를 둘러싸고 주인공인 헌트 요원과 테러리스트 앰브로즈 사이의 대결이 펼쳐지죠. 잡종이라는 뜻의 그리스어인 키메라는 여기서 여러 가지가 합쳐진 새로운 바이러스를 뜻하기도 합니다.

이런 키메라 바이러스가 이미 만들어지고 있습니다. 호주 캔버라의 론 잭슨과 이언 램쇼 박사팀은 쥐천연두 바이러스를 이용해서 쥐의 수를 줄이려는 연구를 하고 있습니다. 참고로 쥐천연두 바이러스는 쥐에게만 병을 일으키며, 사람에게는 병을 일으키지 않습니다. 연구팀은 쥐천연두 바이러스의 유전체에 쥐의 인터루킨-4라는 유전자를 삽입하였습니다. 이 유전자가 바이러스를 통해서 쥐의 몸 속으로 들어가면, 쥐의 면역체계는 자신의 난자를 스스로 공격하여 파괴시킵니다. 그러면 쥐가 새끼를 낳을 수 없으니까, 이 조작된 바이러스만 풀어놓으면 도시를 활보하는 쥐의 숫자를 줄일 수 있다고 판단했던 겁니다. 그러나 연구 결과는 예상 외였습니다. 원래의 쥐천연두 바이러스가 쥐에게 아주 약한 병만을 일으키는 반면에, 새로운 인터루킨-4 유전자가 포함된 키메라 바이러스는 실험에 사용된 모든 쥐를 100% 폐사시

쥐천연두 바이러스 Ectromelia virus 또는 Mousepox virus
오르쏘폭스바이러스에 속하며, 천연두, 백시니아 바이러스와 친척쯤 된다. 숙주는 쥐이다.

켰습니다. 바이러스에 포함된 인터루킨-4 유전자는 연구진이 원하는 것보다 쥐의 면역체계를 지나치게 강하게 만들어, 결국 쥐의 면역체계를 완전히 파괴해버렸습니다. 이 실험은 생물무기 개발자에게는 쥐천연두 바이러스의 친척쯤 되는 사람의 천연두 바이러스 안에 어떤 유전자가 삽입되면 기존의 바이러스보다 더 강력한 키메라 바이러스를 만들 수 있는지에 대한 아이디어를 준 것이나 다름없습니다.

더욱 심각한 사건이 2003년에 미국에서 일어났습니다. 미국 정부의 연구비를 받은 미국 세인트루이스 대학의 마크 불러 박사는 실험용 쥐의 면역 기능을 완전히 마비시키는 유전자를 쥐천연두 바이러스에 주입하여, 쥐에 치명적인 새로운 바이러스를 개발했다고 보고했습니다. 특히 이 바이러스는 기존에 알려진 항바이러스제나 백신이 모두 듣지 않는 초강력 바이러스로 알려졌습니다. 불러 박사는 "이런 연구는 테러리스트가 만약에 할 수 있는 일의 한계를 알기 위해 수행됐다"고 했고, 미국 국가안보청도 "이 연구가 바이러스를 사용한 생물 테러의 대처 방법을 찾기 위해 수행됐다"고 설명했습니다. 그러나 많은 과학자와 언론이 거부감과 함께 우려를 나타냈습니다. 왜냐하면 사용된 기술이 사람의 천연두 바이러스에도 바로 적용될 수 있기 때문이죠. 또한 변형된 쥐천연두 바이러스가 숙주를 바꾸어 사람에게 감염될 가능성도 있습니다. 사람과 쥐의 천연두 바이러스는 넓게 잡아 폭스 바이러스군∞에 속하는데, 이들은 조금만 변형되면 숙주를 바꿀 수 있다

∞ **폭스 바이러스군**Poxvirus
동물 바이러스 중 가장 크고 복잡한 바이러스이다.

고 알려져 있습니다. 우리를 그토록 괴롭혔던 천연두 바이러스도 불과 수천 년 전에 동물에서 인간으로 옮겨온 것이니까요.

저는 과학은 항상 인류의 복지를 위해 사용되어야 한다고 믿습니다. 또한 바이러스를 인공적으로 창조한 연구자들 모두 저와 같은 생각으로 연구하는 사람들이라고 믿습니다. 그러나 이런 기술들이 반인류적으로 사용될 가능성은 항상 존재합니다. 새로운 기술과 신종 바이러스가 난무하는 현대 사회에서 생물무기의 미래가 어떻게 될지는 앞으로 우리가 관심 있게 지켜봐야 할 것입니다.

에이리언과 천연두 바이러스는 닮은 꼴

다시 영화 〈에이리언〉 시리즈로 돌아가볼까요?그림82 영화에 등장하는 외계 생명체 에이리언과 천연두 바이러스는 여러 가지로 닮은 점이 많습니다. 먼저 사람의 목숨을 앗아가는 데 너무나 효과적입니다. 그리고 두 생명체 모두 사람의 노력으로 거의 멸종시킬 수 있었지만, 생물무기로 사용하려는 의도로 인해 다시 그 불씨가 살아났습니다. 〈에이리언〉 3편에서는 주인공 리플리의 몸속에 있는 마지막 남은 에이리언을 우주개발회사 측에서 죽이지 않고 생포하고자 했죠. 비슷하게 1977년에 마지막 환자가 발생한 천연두 바이러스도 1980년의 세계보건기구의 선언과 함께 지구상의 모든 바이러스를 폐기하려는 노력이 있었으나, 역시 강대국의 반대로 결국 뜻을 이루지 못했습니다. 지금도 공식적으로는 미국과 러시아 두 곳에 보관되어 있지만, 실제로 보관되어 있는 바이러스의 수는 아무도 정확히 알 수가 없습니다. 물론 이 비밀 바이러스들은 모두 악의적인 사용을 위해 보관되고 있는 겁니다.

〈에이리언〉 4편에서는 천연두 바이러스와 달리, 마지막으로 살아 있던 에이리언을 잃은 우주개발회사 측이 클로닝이라는 방법을 사용해서 주인공인 리플리를 되살립니다. 요즘 한창 사회적 이슈가 되고 있는, 바로 인간 복제와 같은 방법이죠. 전편에서 죽은 리플리의 피로부터 그녀를 복제하면, 핏속에 같이 들어 있던 에이리언의 DNA로 에이리언을 복제할 수 있음을 보여줍니다. 즉 생명체는 없지만 그 유전자만 가지고 있으면, 언제든 다시 그 생물체를 부활시킬 수 있다는 거죠. 제가 이미 설명 드렸듯이, 천연

그림 82_ **영화 〈에이리언〉의 한 장면**
〈에이리언〉 시리즈의 에이리언과 천연두 바이러스는 많은 점에서 유사하다. 영화 속의 에이리언으로부터 지구를 지켜낸 것처럼, 인간도 현명하게 천연두의 위협을 지구상에서 완전히 몰아낼 수 있을까?

두의 경우는 이보다 오히려 한 수 위의 기술이 사용될 수 있습니다. 유전 정보만 컴퓨터에 입력되어 있으면, 유전자가 없더라도 바이러스의 부활이 가능하니까요. 이 기술은 이미 소아마비 바이러스를 만드는 데 사용되었고, 천연두처럼 조금 더 복잡한 바이러스에 적용될 수 있는 가능성이 있습니다.

이보다 한 걸음 더 나아간 '키메라' 같은 인위적으로 여러 가지 유전자가 합성된 쥐천연두 바이러스에 대한 우려도 이미 말씀드렸습니다. 비슷하게 〈에이리언〉 4편에서도 부활한 여왕 에이리언이 인간과 에이리언의 유전자가 합성된 키메라 에이리언을 낳는 장면이 나옵니다. 키메라 바이러스와 키메라 에이리언 모두 순종보다 강력한 살생 능력을 가지고 있다는 공통점이 있지요. 여러모로 살펴보니까, 정말로 영화 속 에이리언과 천연두 바이러스는 이처럼 많은 점에서 닮은꼴이네요.

● ● 다섯 번째 이야기

현대의 천형이라는 에이즈가 발견된 지 벌써 20년이 지났습니다. 우리 몸의 방어 체계를 무너뜨리는 바이러스에 의해 일어나는 이 질환이 먹이사슬을 타고 원숭이로부터 인간으로 넘어온 사실을 아세요? 인간을 수 시간 만에 죽일 수 있는 성질 급한 병원균도 많은데, 우리는 길게는 10년이나 그 마수를 드러내지 않는 이 느긋한 미생물에 대해서는 유난히 필요 이상의 두려움을 가지고 있습니다. 스스로를 바꾸어가면서 치료제나 백신을 피하는 변신의 대가인 이 미생물을 소개합니다.

다섯 번째 이야기

변신의 귀재

에이즈 바이러스-HIV

천연두, 감기, 결핵, 폐렴 등 우리를 괴롭히는 미생물은 참 많습니다. 몸이 아픈데 그 이유를 모르는 경우가 있죠? 제 생각엔 우리가 모르는 미지의 미생물이 원인일 가능성도 높다고 봅니다. 하지만 우리 몸에는 수조 개 이상의 미생물이 살고 있고, 이중 누가 범인인지 알아내기란 매우 어려운 일입니다. 특히 우리 몸에 들어온 다음 곧바로 병을 일으키지 않고 천천히 숙주를 공격하면서 급기야는 죽음에 이르게 하는 미생물은 더더욱 그렇습니다. 그 존재조차 몰랐지만 과학의 발달로 이제는 그 정체가 드러난 미생물, 우리의 목숨을 금세 앗아가지는 않지만 모든 사람에게 최고의 공포를 주는 미생물 중 대표선수가 바로 에이즈를 일으키는 인간 면역 결핍 바이러스, HIV입니다.

현대판 흑사병, 에이즈

지금도 우리 주변에는 예상외로 불치병이 많습니다. 그 중에서도 특히 두려움을 주는 것이 바로 에이즈입니다. 혹자는 에이즈를 '현대판 흑사병'이라고 부르기도 합니다. 에이즈 감염자는 80년대 초반에 처음 발견된 이래 급증해 현재까지 그 숫자가 대략 4천7백만 명에 육박하고 있습니다. 에이즈가 이처럼 빠른 속도로 번지는 이유는 무엇일까요? 의학의 발달이 눈부신 21세기에 여타의 질병들은 속속 그 치료법이 발견되는데, 에이즈는 왜 '천형' 이라는 꼬리표를 달아야 할까요? 에이즈는 흔히 동성애자들이 많이 감염된다고 알려져 있기 때문에 많은 사람이 이 질병을 마냥 숨길 수밖에 없습니다. 또, 어떤 사람들은 에이즈 환자를 마치 반드시 격리해야 하는 범죄자로 취급하기도 합니다. 에이즈는 우리에게 수많은 사회적, 윤리적, 경제적 그리고 과학적 문제를 던져주고 있습니다. 우리가 처한 이런 문제를 해결하는 데는 에이즈를 일으키는 미생물인 HIV에 대해서 제대로 이해하는 것이 우선입니다. 자, 그럼 에이즈와 HIV의 정체를 파헤쳐보겠습니다.

에이즈는 질병이 아니다

많은 사람이 에이즈를 간암이나 중이염 같은 질병으로 알고 있지만, 사실 에이즈는 특정 질병이 아닌 '상태' 를 나타내는 말입니다. 실제로 에이즈가 직접적인 원인이 되어 사망하는 사람은 극히 드뭅니다. 원어에 잘 나타나 있듯, 에이즈AIDS는 Acquired Immune Deficiency Syndrome, 번역하면 후천성 면역 결핍 증후군을 가리킵니다. 끊임없는 병원성 바이러스와 박테리아의 도전을 받는데도, 우리가 항상 건강한 것은 우리 몸이 가지고 있는 면역세포들이 이들 미생물을 물리쳐주기 때문입니다. 그런데 면역세포에 문제가 생기면 어떻게 될까요? 당연히 병원균이 몸에 들어와 판을 치고, 급기야는 사망에 이르겠죠. 사실 면역세포 없이 사람은 단 며칠도 견디기 힘듭니다. 이렇게 면역세포에 문제가 생기는 경우를 면역 결핍 증후군이라고 합니다. 아주 간혹 아기가 태어나면서 면역계가 제대로 작동하지 않는 경우가 있습니다. 이를 선천성 면역 결핍 증후군이라고 하는데, 면역세포를 이식하지 않으면 사망에 이릅니다. 반면에 전에는 멀쩡하던 사람의 면역세포가 망가지는 경우를 바로 후천성 면역 결핍 증후군, 즉 에이즈라고 합니다.

선천성 면역 결핍 증후군은 태어나면서부터 필연적으로 가지고 있는 돌연변이 같은 일종의 유전적인 결점 때문인 반면에, 후천성 면역 결핍 증후군인 에이즈는 바로 바이러스의 일종인 HIV에 의해서 일어납니다. HIV가 우리의 면역세포, 정확히 말씀드리면 면역세포 중에서 아주 중요한 역할을 하는 T세포를 공격해서 죽이기 때문에 에이즈가 발생하는 겁니다. 면역계가 우리의 몸을 지키는 성벽이라면 HIV는 성벽에 구멍을 만들어서 적군인 병원균을 우리 몸으로 들이는 역할을 하는 거죠.

에이즈, 수면 위로 올라오다

지금은 삼척동자도 아는 에이즈가 처음 우리에게 알려진 시기는 1980년대 초입니다. 앞서 말씀드린 바와 같이 에이즈는 특정 질병을 지칭하는 말이 아닌, 면역 기능이 저하된 상태를 나타내므로, 지금도 증상만을 가지고 정확히 진단하기는 어렵습니다. 그러니 원인 미생물이 밝혀지지 않았던 초기에 에이즈는 그야말로 미스터리가 아닐 수 없었습니다. 여러분은 에이즈 환자의 대표적인 증상이 몸에 나타나는 검은색 계통의 반점이라고 알고 계실 겁니다. 이 반점을 카포시 육종Kaposi's Sarcoma그림83이라고 하는데, 면역력이 떨어진 노약자에게 발생하는 암으로, 바로 이 질병이 에이즈를 찾는 데 결정적인 역할을 했습니다.

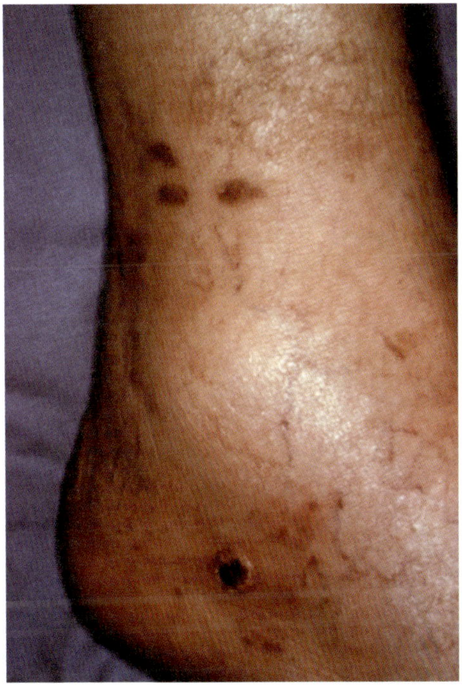

☛ 그림 83_ **카포시 육종**
면역력이 떨어진 사람에게 나타나며, 바이러스의 일종인 인간 헤르페스 바이러스 8형(Human Herpes Virus 8, HHV8)이 원인이다.

카포시 육종은 젊은 사람에게 발병하는 경우가 아주 드물었는데, 1981년에는 갑자기 미국의 젊은 동성애자들 사이에 최소 여덟 건이나 발생하였습니다. 비슷한 시기에 기생충의 일종인 주폐포자충∞ 에 의한 폐렴이 여러 건 보고되었습니다. 두 질병 모두 면역력이 현저히 감소된 사람에게 발생하기 때문에 기회감염성 질환이라고 합니다. 미국의 질병통제센터는 이러한 기회감염성 질환이 동성애자들 사이에서 집중적으로 발생하는 점

∞ **주폐포자충***Pneumocystis carinii*
곰팡이의 일종으로 면역력이 떨어진 사람에게 폐렴을 일으킨다. 기회감염균이다.

Morbidity and Mortality Weekly Report(http://www.cdc.gov/mmwr/index.html).

에 유의하고, 원인 파악에 나서게 됩니다. 그리고 곧 이 환자들의 혈액 안에 있어야 할 항체 형성을 돕는 림프구인 T세포가 거의 없다는 사실을 알게 되었습니다. 이를 밝혀낸 캘리포니아대학의 마이클 거트립 박사는 혹시나 무서운 전염병이 아닐까 하는 생각에 1981년 6월 5일 미국 질병통제센터에서 발행하는 주간 질병잡지에 이 사실을 보고했고, 이것이 바로 에이즈에 대한 최초의 보고로 알려져 있습니다. 처음에는 이러한 면역 결핍증이 동성애자에게 발생하는 줄로만 알았으나, 1981년 12월에 마약 복용자들 사이에서도 똑같은 증상이 나타나면서 비동성애자에게도 전염될 수 있음이 확실해졌습니다. 언제부터 우리 주위를 떠돌았는지는 모르지만, 이때가 바로 에이즈가 드디어 수면 위로 떠오르는 순간이었습니다.

깊어만가는 에이즈 공포와 확산

1981년 말에는 미국뿐만 아니라, 영국에서도 비슷한 면역 결핍증이 보고되기 시작했습니다. 에이즈는 초창기에 주로 동성애자들 사이에서 나타났기 때문에 '게이 증후군'으로 불렸지만, 편견이 들어간 이름인 '게이 증후군'은 공식적으로 후천적으로 면역을 잃는 증후군이란 뜻의 '에이즈'로 불리게 되었습니다. 곧 에이즈가 수혈 그리고 이성간의 성행위에 의해서도 전염될 수 있다는 사실이 역학 조사를 통해 밝혀졌습니다. 사람들은 특히 혈액을 통해 에이즈가 전파된다는 사실에 대해 크게 걱정하기 시작했습니다. 수혈이나 혈액제제血液製劑의 투여에 의해 누구나 에이즈에 감염될 수 있었기 때문이었죠. 당시에 혈우병 환자들이 특히 위험했는데, 이들이 정기적으로 투여하는 혈액제제는 수천 명의 피를 섞어서 만들어졌기 때문에 일반 수혈에 비해 수천 배의 위험에 노출되어 있었던 것이죠.

물론 수혈용 피에 대한 일반 대중의 걱정을 미국 정부가 모르는 바는 아니었습니다. 미국의 과학자들은 수혈용 피에 열처리를 하면 에이즈가 피를 통해 전염되지 않는다는 사실을 재빠르게 알아냈고, 이를 적용했습니다. 그런데 이런 중요한 사실을 다른 국가에서는 조금 소홀히 다루는 바람에 많은 희생자가 발생했습니다. 일본의 예를 한번 들어볼까요? 1983년부터 1985년까지 일본 정부는 자국 내 회사를 보호하려고, 미국으로부터 열처리된 혈액제제의 수입을 막았습니다. 일본 정부가 자국 산업을 위해 우물쭈물하고 있는 사이에, 일본에서 생산된 열처리가 안 된 혈액제제를 통해 1,800명의 혈우병 환자들이 에이즈에 감염되는 대참사가 일어났습니다. 에이즈 감염의 위험성을 알고도 열처리가 안 된 혈액제제를 계속 유통시킨 책임을 지고 마추무라 보건장관이 구속되었고, 감염된 혈액제제를 만들어 판 미도리십자사의 사장들도 법의 심판을 받았습니다.

이와 비슷한 사건이 프랑스에서도 일어났습니다. 1983년부터 1985년까지 프랑스 정부는 자국 혈액은행의 혈액들이 에이즈 바

혈우병hemophilia
혈우병은 선천적 · 유전적 결함으로 인해 자발적 또는 경미한 외상에 의해서도 쉽게 출혈하며, 지혈이 잘 되지 않아 때로는 사망할 수도 있는 질환이다. 혈액 응고에 관여하는 열두 가지의 혈액 응고 인자가 핏속을 돌고 있는데, 이들은 비활성화된 형태로 있다가 우리 몸 어디에선가 출혈이 되면 한 가지씩 서로를 활성화시키는 일련의 과정을 거쳐 출혈을 멈추게 된다. 혈우병은 이들 혈액 응고 인자 중 하나라도 이상이 있으면 생길 수 있다.

이러스를 포함했을 가능성이 있다는 것을 알고도, 열처리하지 않은 혈액제제를 최소한 천 명 이상의 프랑스 혈우병 환자들에게 판매하도록 했다는 사실이 나중에 밝혀졌습니다. 당연히 수혈용 피나 혈액제제에 에이즈 바이러스, 즉 HIV가 오염되어 있는지를 알아내는 것이 당시에는 매우 중요했습니다. 그리고 에이즈 바이러스 진단시약을 가장 먼저 발명한 국가가 바로 미국이었습니다. 하지만 프랑스 정부는 자국이 50%의 지분을 보유하고 있는 파스퇴르 다이아그노스틱사가 자체적으로 이 시약을 개발할 때까지 미국에서 먼저 개발된 진단시약을 자국 내 수혈용 혈액 검사에 사용하지 않았습니다. 이렇게 머뭇거리는 사이에 무려 4천2백에서 6천2백 명의 프랑스 국민이 수혈에 의해 에이즈에 감염되는 참사가 일어났습니다. 이들 일련의 사건들은 모두 정부와 보건 관련 기업의 비도덕적 행위와 늑장 대처에 무고한 시민이 얼마나 큰 고통을 받을 수 있는지를 똑똑히 보여주는 예입니다.

우리나라에서도 1985년 6월에 처음으로 에이즈 감염자가 나타났습니다. 국내 첫 환자는 주한 외국인이었지만, 같은 해 12월에 에이즈 양성 진단을 받은 사람은 해외에서 파견 근무를 하던 한국인이었습니다.

에이즈가 사회적 편견을 양산하다

지금은 비교적 에이즈에 대해서 일반인들도 많이 알고 있는 듯합니다. 하지만 초창기에는 에이즈의 원인과 전염 경로 등이 정확히 밝혀지지 않아서 사람들이 이성을 잃기도 했습니다. 샌프란시스코의 경찰들은 에이즈 환자와 접촉할 때에 특수한 마스크를 착용했으며, 미국의 공무원들은 에이즈 환자와의 접촉을 피하기 위해 직접 만나기보다는 전화로 용무를 해결하도록 했다고 하네요. 동성애자들이 공공연하게 모이는 장소인 '동성애자의 목욕시설' 이나 '클럽' 등이 강제로 문을 닫기도 했습니다. 미국과 영국의 많은 언론이 수혈에 의해 감염된 혈우병 환자들은 희생자로 보면서, 동성애자와 마약 중독자들은 에이즈를 사회로 가지고 와서 퍼뜨린 가해자로 공격하기도 했습니다. 초대형 호화유람선인 퀸엘리자베스 호는 에이즈 환자가 승선했다는 사실을 알고, 항해 일정을 취소하고 회항하는 해프닝도 있었죠. 성당에서는 성찬용 잔을 통해 에이즈가 옮겨질 수 있다고 생각하여 많은 사람이 이를 피했습니다. 미국에서는 수혈에 의해 에이즈에 걸린 한 13세 소년이, 감염 사실을 이유로 학교에 의해 등교 거부를 당하는 일도 있었습니다. 에이즈 환자에 대한 이러한 비이성적인 편견과 박해는 전 세계적으로 상당히 오랫동안 지속되었고, 지금까지도 우리나라에서조차 완전히 없어졌다고 보기 어렵습니다.

걷잡을 수 없이 퍼진 에이즈

발견된 지 불과 수년 후인 1985년에 에이즈는 이미 전 세계로 걷잡을 수 없이 퍼지고 있었습니다. 그렇게 된 건 수혈용 피로부터 에이즈 바이러스를 검출할 수 있는 진단시약의 개발이 늦어진 것도 한몫 했다고 봅니다. 당시에 수혈을 받은 사람은 모두 에이즈에 감염될 위험에 노출된 셈이니까요. 1985년 4월에는 첫 번째 국제 에이즈 학회가 열렸는데, 약 2천 명이나 되는 전 세계 학자들이 참가하였습니다.

아마도 에이즈 유행의 심각성을 전 세계에 알린 계기는 영화 〈자이언트〉로 유명한 배우 록 허드슨의 죽음일 것입니다. 1984년에 유명인으로는 최초로 자신이 동성애자이며 에이즈 환자라고 밝힌 허드슨은 그 이듬해에 사망했습니다. 유난히 미남이었던 그의 바짝 마른 사망 직전의 모습은 에이즈에 대한 두려움과 경각심을 심어주기에 충분했죠. 1991년 인기 록 그룹 퀸의 리드 싱어인

(2002년, UNAIDS/WHO 자료)

☛ 그림 84_ **전 세계 에이즈 감염자의 지역별 현황**
아프리카 남부의 감염자수가 가장 많다.

프레디 머큐리 역시 에이즈에 의한 이차 감염으로 사망했습니다. 저도 학창시절 퀸의 팬이었던지라, 당시에 꽤 충격을 받았던 기억이 납니다. 계속되는 세계 각국의 노력에도 불구하고, 2002년을 기준으로 전 세계적으로 4천2백만 명이 에이즈 바이러스에 감염되었으며, 이중 320만은 15세 미만의 어린이라는 통계가 에이즈의 심각성을 잘 나타내줍니다.그림84 감염자의 70%가 사하라 사막 이남의 아프리카에 집중돼 있으며, 17%가 아시아에 살고 있죠. 5백만 명 이상이 매년 새로 에이즈 바이러스에 감염되고 있으며, 이는 매일 1만 4천 명이 새로 감염되고 있음을 의미합니다. 2002년에만 310만 명이 에이즈로 목숨을 잃었습니다.

HIV의 발견을 둘러싼 공방

에이즈를 일으키는 HIV그림85는 레트로바이러스의 한 종류입니다. 이 중요한 미생물의 발견 뒤에는 현대 과학사에 있어서 상당히 큰 논란거리가 된 재미있는 사건이 있습니다. 바로 미국 국립암연구소의 로버트 갈로Robert Gallo 박사와 프랑스 파스퇴르 연구소의 뤽 몽타니에Luc Montagnier 박사가 서로 최초의 발견자라고 주장하게 된 일입니다.

몽타니에 박사는 1980년대 초에 프랑스 파스퇴르 연구소에서 사람의 면역세포에 일어나는 암, 즉 백혈병이 바이러스에 의해 일어나는지를 밝히는 연구를 하고 있었습니다. 1983년 5월 몽타니

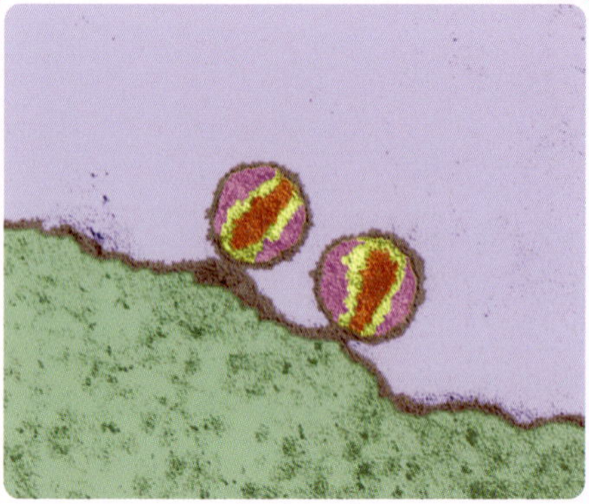

그림 85_

◉**이름:** 인간 면역 결핍 바이러스
◉**학명:** Human Immunodeficiency Virus(HIV)
◉**종류:** 바이러스, 레트로바이러스Retrovirus
◉**사는 곳:** 인간의 면역세포 속
◉**특징:** 인간의 면역세포 중 T세포를 공격하는 바이러스. 이 때문에 T세포가 죽으면서, 감염자의 몸에 면역력이 극히 약해지는 증상인 에이즈가 발생한다. HIV는 레트로바이러스의 한 종류로 HIV-1형과 HIV-2형이 있으며, 현재 만연해 있는 에이즈는 주로 1형에 의해서 발생한다. HIV-1형에는 다양한 아형이 존재하며, 이를 A, B, C, D, E, F, G의 알파벳으로 나타낸다.

에 박사팀은 에이즈와 관련 있는 바이러스를 환자로부터 분리했다고 발표하고, 이를 LAV라고 불렀습니다. 프랑스 연구팀은 이 바이러스에 대한 특허를 신청하고, 확인을 위해 LAV 샘플을 미국 국립 암연구소의 갈로 박사에게 보냈습니다. 그러나 당시 몽타니에는 그리 유명한 학자가 아니어서, 전 세계 과학자들은 그의 발견에 대해 크게 관심을 갖지 않았다고 합니다.

이듬해인 1984년 4월 23일에 미국 보건장관 마가렛 헥클러는 기자회견을 열고 미국 국립 암연구소의 로버트 갈로 박사가 에이즈를 일으키는 원인 바이러스를 최초로 분리하였다고 선언했습니다. 갈로 박사는 이 바이러스를 HTLV-III로 불렀습니다. 물론 갈로 박사팀도 이 바이러스에 대한 특허를 신청했습니다. 곧 많은 과학자들이 알게 되었지만, 그들이 바이러스를 분리한 환자는 다르나 몽타니에의 LAV와 갈로의 HTLV-III는 같은 종류의 바이러스였습니다. 몽타니에 박사는 갈로 박사가 자신이 테스트를 위해 그에게 보낸 에이즈 환자의 샘플에서 바이러스를 분리하여, 자신의 연구를 훔쳤다고 주장하였습니다. 이 때부터 두 사람 사이, 더 나아가 프랑스와 미국의 한 치의 양보도 없는 치열한 싸움과 법정 공방이 계속되었습니다. 두 과학자는 20세기 최대의 의학적 발견의 주인공이

LAV
Lymphadenopathy-associated virus, 림프선병 관련 바이러스의 약자.

HTLV-III
Human T-lymphotropic virus type III, 인간 T세포 백혈병 바이러스의 약자.

되기 위한 싸움을, 그리고 두 국가는 에이즈 진단법에 대한 특허 로열티의 엄청난 경제적 가치를 건 싸움을 하게 된 겁니다.

물론 시기적으로 몽타니에 박사의 바이러스 발견이 앞선 것은 분명합니다. 하지만 에이즈 바이러스를 대량 생산하는 방법을 개발하고, 에이즈와 LAV/HTLV-III의 관련성을 입증하는 데 갈로 박사의 연구도 크게 공헌하였다고 볼 수 있습니다.그림86 아무튼 이 두 사람의 발견 덕분에 그로부터 수년 내에 수혈용 혈액으로부터 에이즈 바이러스를 찾아낼 수 있는 진단법이 상용화되어, 수혈에 의한 무고한 피해자의 수를 크게 줄일 수 있었습니다.

1986년까지도 몽타니에와 갈로 박사팀은 에이즈 바이러스를 한 치의 양보 없이 LAV와 HTLV-III로 각각 불렀습니다. 물론 물러설 수 없는 학자로서의 자존심 때문이었겠지만, 똑같은 바이러

☛ 그림 86_ **HIV를 처음 분리한 뤽 몽타니에(왼쪽)와 로버트 갈로(오른쪽) 박사**
지금은 두 사람 사이의 앙금을 풀고, 나란히 국제 에이즈 연구를 이끌고 있다.

국제 바이러스 분류 위원회
International Committee on the Taxonomy of Viruses. 바이러스 분류에 대한 국제 의결 기구.

스를 다르게 부르니 학문의 세계에선 혼란을 가중시킬 뿐이었죠. 일상 생활에서도 그렇지만 과학에 있어서, '용어'의 통일은 매우 중요합니다. 같은 물건을 서로 다르게 부른다면 의사소통을 하는데 얼마나 많은 실수가 있겠습니까? 하물며 인간의 생명을 다루는 의학 분야에서는 더더욱 있을 수 없는 일이었습니다. 그래서 마침내 1986년 5월, 많은 전문가가 모인 국제 바이러스 분류 위원회에서 LAV 또는 HTLV-III를 HIV로 통일하여 부르도록 정하였고, 두 사람은 이를 따를 수밖에 없었습니다. 이렇게 하여 에이즈 바이러스는 HIV라는 정식 이름을 얻게 된 겁니다.

비슷하게 시작된 에이즈 진단법 특허에 대한 프랑스와 미국의 공방은 미국의 레이건 대통령과 프랑스의 시라크 총리의 정치적인 합의로 끝을 맺게 됩니다. 1987년에 백악관을 방문한 시라크가 대폭 양보를 해서 "프랑스가 미국에 대한 에이즈 진단법 특허 소송을 취하하고, 미국과 프랑스가 특허 로열티를 균등하게 나눈다"는 데 합의하게 됩니다. 이 합의로 특허에 대한 우선권 분쟁은 해결됐지만, 학문적으로 누가 최초로 바이러스를 발견했는지에 대한 의문은 결국 역사학자들의 몫으로 남게 됐습니다. 일반적으로 많은 학자들이 HIV 발견에 있어서 몽타니에 박사의 우선권을 인정합니다. 갈로 박사도 2002년 「사이언스」지에 기고한 글에서, "1984년 기자회견 당시 몽타니에 박사의 앞선 발견을 언급하지 않은 점에 대해 후회한다"고 적고 있습니다. 이런 학자답지 않고 너저분한 공방 때문에 아마도 두 사람이 공동으로 노벨상을 수

상할 기회를 놓치지 않았나 하는 생각도 듭니다. 아무튼 지금은 두 사람 모두 이 문제로부터 자유로워 보이며, 에이즈에 대한 공동 연구를 하는 등 활발한 연구 활동을 하고 있습니다.

HIV는 언제 어디서 어떻게 왔는가?

분명히 에이즈는 결핵이나 콜레라처럼 오래된 병은 아닙니다. 새로운 것이죠. 그럼 언제부터 이 HIV가 우리를 괴롭히기 시작한 걸까요? 또 HIV는 어디서부터 왔을까요? HIV가 사람에게 넘어온 경로와 그 진화 기작을 아는 것은 매우 중요합니다. 왜냐하면, 이를 통해서 에이즈를 막을 수 있는 백신이나 치료제의 개발이 크게 도움을 받을 수 있기 때문이죠. 일부 극단적인 종교집단에서는 HIV를 신이 타락한 인간을 심판하기 위해 보낸 수단이라고 하기도 합니다. 하지만 HIV의 유래에 대한 질문에 답을 하기 위해 많은 과학자들이 노력을 기울였고, 지금은 이들 질문에 대해 어느 정도 대답할 수 있는 단계에 와 있다고 볼 수 있습니다. 물론 과학에 근거한 해석입니다만.

HIV는 감염 후 길게는 10년까지의 오랜 시간동안 증상이 없기 때문에, 근래에 유행했던 사스 바이러스와는 달리 그 진원지나 유행이 시작된 시기를 정확히 알기는 어렵습니다. 다만 1970년대 중·후반에 전 세계적인 에이즈 유행이 시작된 것으로 보입니다. 또 1980년 이전에 이미 최소한 아시아를 제외한 다섯 대륙에서 10

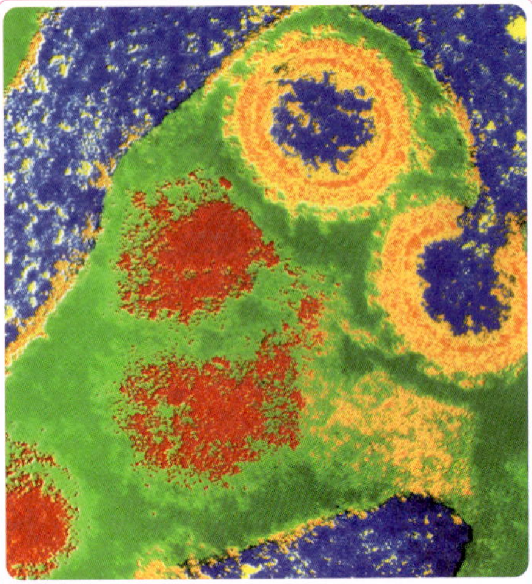

그림 87_

⊙**이름:** 유인원 면역 결핍 바이러스
⊙**학명:** Simian Immunodeficiency Virus(SIV)
⊙**종류:** 바이러스, 레트로바이러스
⊙**사는 곳:** 원숭이, 침팬지의 면역세포 속
⊙**특징:** HIV의 사촌 격인 바이러스로 주로 원숭이와 유인원을 공격한다. SIV 중 하나가 우연히 인간에게 감염되면서 HIV로 발생한 것으로 보인다. 그림에서 주황색 원 모양이 바로 SIV이다.

만에서 많게는 30만 명이 HIV에 감염된 것으로 추측하고 있습니다.

과거에 지금처럼 많은 사람이 면역 결핍 증상을 나타낸 적이 없었으므로, HIV가 비교적 최근에 사람이 아닌 다른 동물로부터 옮겨왔을 가능성이 높습니다. 만약 그렇다면, 바이러스의 경우 박테리아보다 숙주에 대한 특이도가 크므로 사람과 가까운 원숭이, 특히 침팬지를 의심하기 쉽습니다. 그래서 많은 과학자들이 HIV의 사촌 바이러스를 찾기 위해 이들 원숭이 또는 영장류들을 조사하기 시작했습니다. 그 결과, 다양한 원숭이와 침팬지로부터 사람의 HIV와 비슷한 바이러스를 찾아냈는데, 이를 SIV그림87라고 부르고 있습니다. HIV와 SIV는 서로 조상이 같은 사촌이라고 보시면 됩니다. 이제 우리가 밝혀야 되는 것은 이 두 바이러스의 공동 조상을 찾는 겁니다.

HIV의 조상 바이러스를 찾아서

어떤 생물의 조상을 찾고자 할 때, 가장 좋은 방법은 타임머신을 타고 과거로 돌아가는 것이겠죠. 하지만 이건 불가능합니다. 일반적으로 과학자들이 사용하는 방법은 현재에 살고 있고 후손

생물체의 유전자 정보를 모아서 이들의 계통을 분석하는 겁니다. 이제까지 알려진 SIV는 18종이며, 이들 바이러스는 최소 26종의 다양한 아프리카 원숭이에서 발견되고 있습니다. 다시 말해 유인원과 원숭이에서 발견된 SIV와 사람에게서 발견되는 HIV는 아주 먼 과거에는 하나의 바이러스였을 것으로 보이며, 이 조상 바이러스가 진화에 진화를 거듭하여 오늘날과 같이 다양한 바이러스들이 나타났다고 추측할 수 있습니다.

전 세계의 과학자들이 이렇게 다양한 종류의 SIV와 HIV의 유전자를 분석하여 과거의 진화 경로를 추적한 계통도를 만들었습니다.그림88 우리는 이 계통도를 보고 다음 몇 가지를 알 수 있습니

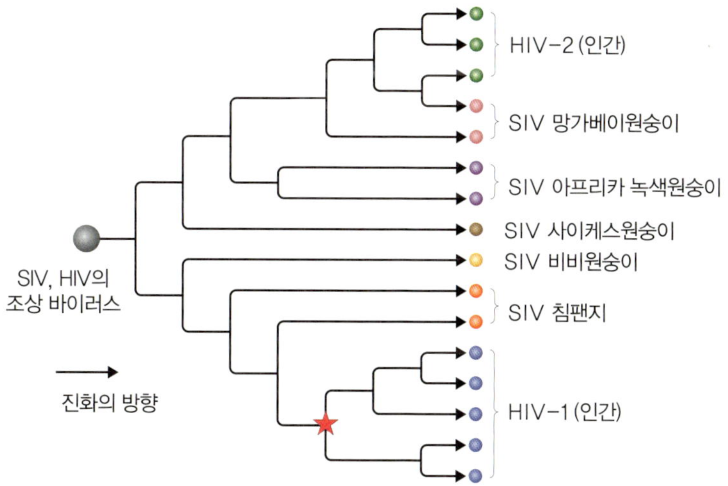

그림 88_**HIV와 SIV의 계통도**
HIV와 SIV는 공동 조상이 되는 바이러스로부터 진화했고, HIV-1은 침팬지의 SIV로부터, HIV-2는 망가베이원숭이의 SIV로부터 각각 진화했다. HIV-1의 조상은 별표로 표시했다.

다. 첫째는 현재 전 세계를 휩쓸고 있는 HIV-1형 바이러스는 침팬지에서 발견되는 SIV와 유전자가 비슷하고 진화적으로도 사촌간이라는 점입니다. 이는 과거에 침팬지의 SIV 중 일부가 사람으로 숙주를 바꾸었다는 것을 의미합니다. 쉽게 말해 마부가 말을 바꿔 탄 겁니다. 처음에 인간에게 건너온 HIV-1 조상 바이러스를 그림에서 별표로 표시했습니다. 둘째로 역시 유전자 계통수를 보면 HIV-1과 다른 형인 HIV-2 바이러스의 유래도 잘 알 수 있습니다. HIV-2는 아프리카 긴꼬리원숭이인 망가베이원숭이*Cercocebus atys*의 SIV와 계통수에서 뒤섞여 나옵니다. 이는 비교적 최근에 망가베이원숭이의 SIV중 하나가 인간으로 건너왔다는 것을 의미합니다. 종합해보면 현재 인간을 숙주로 하는 HIV는 HIV-1의 경우엔 침팬지, HIV-2의 경우엔 망가베이원숭이의 SIV가 서로 다른 시기에 인간에게 독립적으로 옮겨왔음을 알 수 있습니다. 물론 두 사건 모두 아프리카에서 이루어졌고요. 이렇게 유전자를 이용한 계통수 분석이 HIV의 수수께끼를 푸는 데 중요한 역할을 한 거죠.

침팬지 SIV의 유래

현재 우리에게 큰 문제가 되는 것이 HIV-1 형이며, 이에 대한 후속 연구는 활발히 이루어지고 있습니다. 사람의 호기심이란 끝이 없는 것 아니겠어요? 인간의 HIV-1이 침팬지로부터 왔다면, 침팬지의 SIV는 어디로부터 왔을까요?

그 시작점은 역시 유전적으로 가까운 또다른 침팬지가 될 겁니다. 그래서 다양한 조사가 이루어졌습니다. 침팬지는 여러 개의 아종亞種이 존재하는데요, 이 가운데 중앙아프리카와 동부아프리카에서 사는 침팬지들은 SIV에 감염된 반면, 서부 지역에 사는 아종은 SIV에 감염되지 않았다는 점이 밝혀졌습니다. 이는 침팬지의 SIV도 비교적 최근에 다른 동물로부터 옮겨왔을 가능성이 크다는 것을 간접적으로 나타내는 증거로 볼 수 있습니다. 최근 영국 노팅엄대학교의 연구팀에 따르면, 아프리카 침팬지에서 발견되는 SIV는 붉은머리 망가베이원숭이*Cercocebus torquatus*와 큰얼룩코 원숭이*Cercopithecus nictitans*에서 발견되는 두 종류의 SIV 바이러스가 침팬지 내에서 합성된 변종 바이러스라는 사실이 밝혀졌습니다. 즉, 한 침팬지의 핏속에 두 개의 다른 원숭이로부터 옮겨온 SIV가 동시에 존재하다가, 두 바이러스의 유전체 중 일부가 서로 합쳐서 새로운 '잡종' 또는 '키메라' 바이러스가 만들어졌다는 겁니다.

이런 '바이러스 유전체의 섞임' 현상은 일반적으로 상당히 쉽게 일어날 수 있습니다. 서로 다른 두 사람으로부터 각각 다른 HIV가 전염된 한 사람 안에서, 처음 감염된 두 바이러스가 반반씩 섞인 '잡종' HIV가 발견되는 경우도 흔히 있습니다. 이를 '슈퍼인펙션Superinfrction' 이라고 하는데, 이렇게 침팬지 안에서 합쳐진 새로운 변종 SIV가 사람에게 다시 옮겨와 현재의 HIV-1 바이러스로 진화되었다는 것이 이들 과학자들의 결론입니다. 이런 바이러스의 이동은 공교롭게도 먹이사슬과도 일치합니다. 무슨 이야기냐고요? 침팬지는 작은 원숭이를 잡아먹고, 아프리카 원주민 중 일부는 침팬지를 식용으로 사용한다는 사실을 아세요? 침팬지를 사냥하거나, 도축할 때 사람이 침팬지의 피에 노출되는 등 이렇게 직접적인 접촉이 바로 바이러스의 이종異種간 이동을 가능케 한 것으로 보입니다.

HIV는 언제 사람을 처음 만났나?

자, 그렇다면 HIV가 언제 처음으로 우리 인간에게 옮겨왔을까요? 이를 알기 위해 과학자들은 에이즈가 발견된 1980년대 이전에 냉동 보관된 혈장 샘플로부터 HIV의 흔적을 찾으려는 노력을 시작했습니다. 그러던 중, 1959년 콩고의 반투족 남성으로부터 얻은 혈장 시료에서 현재까지 알려진 HIV 중에서 가장 오래된 HIV의 유전자를 찾아냈습니다. ZR59로 명명된 이 바이러스의 유전자 분석을 통해, 1959년까지는 HIV가 아직 전 세계로 퍼지기 전의 상태임을 알 수 있었습니다. 하지만 정확하게 언제 HIV가 침팬지로부터 인간에게 옮겨왔는지는 1959년 이전의 혈액 샘플이 없어서 알아내기가 불가능했습니다.

그래서 일단의 과학자들이 생물정보학이라는 새로운 방법을 시도했습니다. HIV 유전자의 진화를 슈퍼컴퓨터로 시뮬레이션하는 방법을 사용하여 침팬지에서 인간으로 바이러스가 옮겨온 시점을 추측할 수 있었습니다. 미국 로스앨러모스 연구소의 베트 코버 박사팀은 HIV의 유전자가 시간이 지남에 따라 그 돌연변이에 의해 염기서열이 변하는 점을 이용했습니다. 유전자의 돌연변이가 마치 시계처럼 정확히 이루어진다는 의미에서 이를 '분자시계' 라고 부르기도 합니다. 즉, 시계와 같이 일정한 비율로 바이러스의 유전자가 변이를 일으킨다면, 현재의 HIV와 침팬지의 SIV 유전자상의 차이를 이용해 둘의 공동 조상이 되는 바이러스가 존재했던 시기를 추정할 수 있다는 논리입니다. 이들이 추정한 HIV가 사람에게 옮겨온 시점은 1915년~1941년 사이, 좀 더 구체적으로는 1931년경입니다. 보관된 과거의 침팬지와 인간의 혈액이나 조직 시료가 없는 현재 상황에서는 이 추정치가 가장 과학적인 결론이라고 볼 수 있을 것 같네요.

최근의 침팬지 유전체 분석이 우리나라를 포함하는 국제 컨소시엄에 의해 이루어지고 있는데, "인간과 침팬지 유전체의 비교를 통해 에이즈 정복의 실마리를 찾을 수 있다"는 의견이 나오고 있습니다. 왜냐하면, HIV에 대해 인간과 침팬지는 매우 다른 감수성을 갖고 있기 때문입니다. 침팬지는 HIV에 감염돼도 사람과 달리 아주 드물게 에이즈로 발병합니다. 과연 왜 사람은 에이즈에 걸리고, 침팬지는 안 걸릴까요? 침팬지가 에이즈에 걸리지 않는 비결을 알면 치료법을 찾을 수 있지 않을까요? 그런 이유에서 침팬지 유전체 연구가 각광을 받고 있습니다. 에이즈 외에도 말라리아 같은 질병에 대해서도 침팬지 연구가 도움이 됩니다. 말라리아는 열대열 원충*Plasmodium falciparum*이라는 미생물이 일으키는데, 사람은 말라리아에 걸리는 반면 침팬지는 내성이 있습니다. 막대한 예산을 들인 침팬지 유전체 연구 프로젝트를 통해 인간을 괴롭히는 에이즈나 말라리아 같은 질병의 정복이 앞당겨 질지, 기대가 되는 부분입니다.

HIV는 레트로바이러스의 일종

지금부터는 에이즈의 주범인 HIV에 대해서 알아보겠습니다. 제가 첫 시간에 말씀드린 내용 중에 모든 생물은 '중심도그마'를 수행한다고 했습니다. 이 원칙에 따르면, 모든 생물의 유전물질은 DNA이고, 그로부터 RNA와 단백질이 만들어집니다. 그런데 이 원칙에 역행을 하는 생물체가 발견됐습니다. 바로 레트로바이러스입니다.

레트로바이러스는 유전물질이 DNA가 아닌 RNA로 이루어져 있습니다. 또 재미있는 점은 중심도그마에 분명히 나타나 있는 DNA→RNA의 순서가 아니라, RNA→DNA로 유전자 정보가 흘러간다는 겁니다. 이건 바로 중심도그마를 역행하는 예가 됩니다. 중심도그마를 밝히는 연구에 노벨상이 다수 주어졌는데, 이 중심도그마의 원칙을 어기는 생물학적 발견도 대단한 것이 아닐까요? 그래서 레트로바이러스 연구로 미국의 데이비드 볼티모어(David Baltimore, 1938. 3. 7~)는 1975년에 노벨 생리·의학상을 받았습니다.

처음에 RNA로 만들어진 HIV의 유전물질이 인간의 면역세포 안으로 들어가면, HIV가 가지고 있던 효소인 역전사효소에 의해 DNA가 만들어집니다. 이때 만들어진 DNA를 cDNA라고 하는데, 이 물질에는 HIV의 모든 유전 정보가 포함돼 있습니다. 그리고 이 cDNA는 인간의 유전체 안으로 끼어 들어가는데, 이를 프로바이러스라고 부릅니다. 적군이 아군 사이에 끼어든 형태의 프로바이러스가 일단 만들어지면, HIV를 우리 세포로부터 제거하기가 불가능해집니다. 그래서 HIV의 치료, 특히 완치가 어렵습니다.

HIV는 어떻게 에이즈 바이러스를 일으키는가?

우리가 많은 레트로바이러스 중에서도 HIV에 관심을 가지는 이유는 바로 이 바이러스가 에이즈를 일으키기 때문입니다. HIV가 어떻게 에이즈를 일으키는지 한번 살펴보겠습니다.

우리의 핏속에는 외부로부터 침입하는 미생물이나 자연적으로 발생하는 암세포 등을 제거하기 위한 면역시스템이 잘 구축돼 있습니다. HIV는 이들 면역세포 중에서 보조 T세포[그림89](helper T, 줄여서 T_H세포)를 집중적으로 공격합니다. T_H세포는 이름은 '보조'이지만 실제로 인간의 면역체계에 기여하는 바는 막대합니다. 그래서 T_H세포가 모두 사라지면, 우리 핏속의 다른 면역세포로만은 방어가 불가능해집니다.

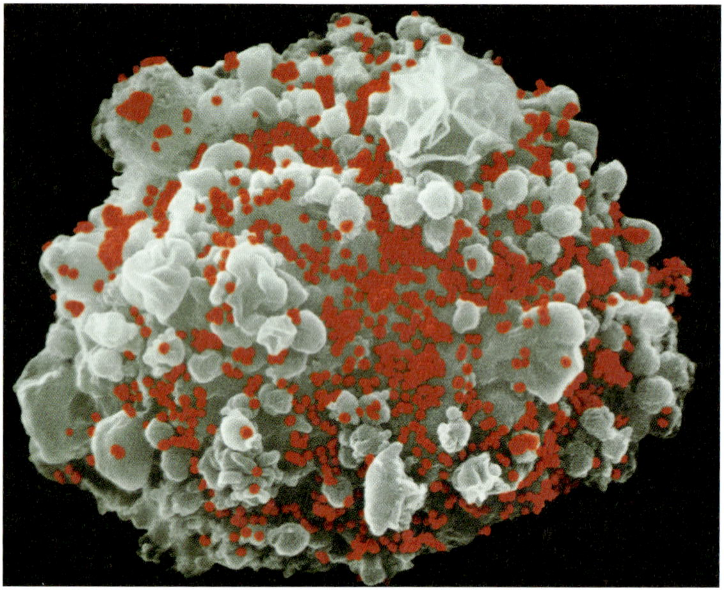

☛ 그림 89_HIV의 공격을 받고 있는 T_H세포
HIV(빨간색)는 우리 몸의 면역세포 중에서 T_H세포(하얀색)만 골라서 죽인다.

일반적으로 HIV 감염자가 에이즈 증상, 즉 면역체계의 결핍을 나타내는 것은 핏속의 T_H세포의 수가 HIV의 공격으로 크게 감소했음을 나타냅니다. 핏속의 HIV의 수는 감염 초기에 크게 늘다가 곧 줄어든 후에 수년간 천천히 늘어나게 됩니다. HIV의 수가 늘어나면서 희생양인 T_H세포는 점점 줄어들게 되는 거죠. 일반적으로 혈액 1밀리리터마다 600~1,200개의 T_H세포를 정상으로 보며, 350개 이하가 되면 HIV를 막기 위한 적극적인 치료를 시작해야 합니다. T_H세포가 200개 이하이면 면역 저하에 의한 심각한 기회감염이 올 수 있습니다. 즉 환자의 몸은 병원균에 대해 무방비

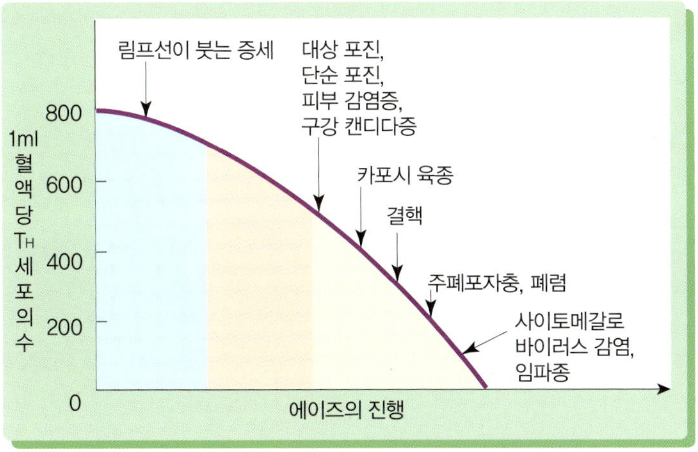

☛ 그림 90_T세포 감소에 따라 발생하는 다양한 에이즈 관련 질환의 발발 양상

상태라는 겁니다. 이때 혈액 내 T_H세포의 수가 줄어듦에 따라, 다양한 병원균에 의한 감염증이 발생합니다.그림90 HIV가 우리 면역 체계를 무장해제 시키면, 실제로 환자를 죽이는 것은 바로 이런 기회감염성 병원균입니다. 물론 이들 병원균은 건강한 사람들에게는 대개 질병을 일으키지 못합니다. 미국의 경우 후진국 질환인 결핵이 다시 급격하게 많이 발생하고 있는데, 이는 에이즈의 확산으로 인한 면역력 저하 때문으로 볼 수 있습니다.

일부러 실수하는 HIV의 유전체 복제

T_H세포 안으로 들어간 HIV의 RNA 유전체는 역전사효소에 의해 상보적인 DNA로 만들어지는데, 이때 역전사효소의 복제 정확

HIV의 전파 경로

미국 질병통제센터의 자료에 따르면 체액 중 피, 정액, 모유, 질 분비물 등에 HIV가 있으며, 이들을 통해 바이러스의 전파가 가능하다. 감기나 사스 바이러스처럼 침, 땀이나 배설물 등을 통한 전염은 불가능하다. 일상 생활에서는 절대 전염이 안 되므로 HIV 보균자는 정상인과 같은 생활을 할 수 있으며, 주변에서도 그렇게 대해야 한다. HIV는 크게 다음의 세 경로를 통해 전염된다.

1. 성 접촉

이성 또는 동성간의 성 접촉에 의해 바이러스가 전파될 수 있다. 상대방이 단순포진이나 매독에 따른 성기의 궤양이 있는 경우 상처를 통해 바이러스가 전염될 확률을 크게 높여준다. 보균자의 정액에는 특히 많은 바이러스가 있는데 상처가 많은 항문과 곧은창자의 사정을 점막에 할 경우 감염의 가능성이 매우 증가한다. 이 때문에 이성애자보다 동성애자들이 쉽게 에이즈에 감염될 가능성이 높다. 미국의 경우 초기부터 동성애에 의한 감염이 많았다. 우리나라의 경우 초기부터 지금까지 이성간의 전염이 가장 흔한 경우이다.

2. 피를 통한 전파

HIV가 잠복해 있는 피를 수혈 받는 경우와 혈우병 환자처럼 혈액을 가공한 혈액제제를 통해 감염될 수 있다. 마약 중독자들의 경우 바이러스에 오염된 주사기를 HIV 보균자와 공유하면 감염되기도 한다. 피를 통한 전파는 성 접촉에 의한 전파보다 비교할 수 없을 만큼 빠르고 강력하다.

3. 엄마가 아기에게 전파(수직 감염)

감염된 엄마로부터 HIV가 아기에게 옮겨지는 경우이다. B형 간염 바이러스도 비슷하게 이런 종류의 수직 감염이 된다. 이 감염은 다시 세 가지 경로로 나눌 수 있는데, 첫째는 임신 중에 태반을 통해서 아기에게 퍼지고, 둘째는 출산 중에 출혈 때문에 감염되고, 셋째는 태어난 뒤에 HIV가 포함된 모유를 아기가 먹음으로써 감염된다.

도가 문제가 됩니다. 예를 들어 사람의 경우 자식에게 물려줄 유전체를 복제할 때 그 정확도가 매우 높습니다. 그래서 돌연변이에 의한 기형아를 낳을 확률이 매우 낮은 거죠. 만약 그 확률이 90%라면 누가 아기를 낳겠습니까? 인간은 이렇게 유전체 복사를 아주 정확히 하도록 진화했습니다. 반면에 HIV와 같은 바이러스는 이 유전체 복제가 아주 부정확하게 이뤄지도록 진화한 생물입니다.

HIV의 역전사효소는 불과 1만 개의 염기로 되어 있는 HIV 유전체를 복제할 때마다 10개 정도까지의 에러를 발생시킵니다. 이는 사람의 수십만 배에 해당할 정도이며, 그래서 HIV는 엄청난 불량 유전체 복사기입니다. 사람에 비유하면, 여러 명의 자식을 낳는데 하나는 다리가 유난히 길다든지, 또 다른 하나는 손가락이 7개씩이라든지 하는 식으로 부모와 다른 모습과 능력을 가진 자식이 무작위로 다양하게 태어나는 것과 같습니다. 이렇게 다양한 형태로 나타나는 자식 바이러스들은 여러 가지 서로 다른 모양을 하고 있기 때문에 우리 몸속 면역 시스템의 공격으로부터 쉽게 피해나갈 수 있습니다. 다시 비유적으로 예를 들면, 우리 핏속에 손가락이 5개인 바이러스를 무력화시키기 위한 항체를 많이 만들어놨는데, 손가락이 7개, 8개 등 5개가 아닌 자식 바이러스들이 생산되면, 우리의 면역 시스템이 준비한 것들이 아무 의미가 없어진다는 거죠.

살인 사건의 결정적인 증거가 된 HIV

미생물의 특징이 그렇지만, HIV는 특히 변화무쌍한 바이러스입니다. 그래서 예방이나 치료가 어렵습니다. 반면에 이런 특징을 이용하여 바이러스가 사람들 사이에서 퍼진 감염 경로를 역추적할 수 있기도 합니다. 앞에서 설명 드린 바와 같이 HIV-1은 침팬지로부터, HIV-2는 망가베이원숭이로부터 사람에게 옮겨왔다는 추측도 이런 원리에 기초한 겁니다. HIV의 이런 특징 때문에 범죄 수사에 결정적인 역할을 한 경우도 있습니다.

1998년 미국 루이지애나에서 있었던 실화를 소개해드리죠. 리처드 슈미트라는 의사가 재니스 트라한이라는 간호사에 대한 살인미수 혐의로 기소됐는데, 이때 사용된 살인 흉기가 바로 HIV였습니다. 이 의사는 자신이 치료하던 에이즈 환자의 혈액을 전 애인이었던 트라한에게 비타민이라고 속여 주사하였답니다. 나중에 자신이 HIV에 감염된 사실을 안 트라한이 슈미트를 의심하여 신고하게 됐습니다. 하지만 문제는 슈미트의 행동에 아무 증거가 없었다는 거죠. 물론 심증은 있지만, 살인 흉기가 바이러스라 물증이 없는 상태에서 수사관들은 어떻게 이 사실을 증명할 수 있었을까요? 바로 HIV가 유전적으로 변화무쌍하다는 점이 결정적인 역할을 하게 됩니다.

모든 HIV 보균자의 몸속에 가지고 있는 HIV는 돌연변이가 지속적으로 일어나기 때문에, 시간이 지나면 두 사람이 똑같은 바이러스를 가지고 있을 수 없습니다. 예를 들어 A라는 사람의 HIV가 B라는 사람에게 감염되면, 처음에는 두 사람이 가지고 있는 바이러스 유전자의 염기서열이 같지만, 불과 수개월만 지나도 둘 사이의 차이가 생깁니다. 그리고 이 차이는 시간이 지날수록 커지죠. 이것이 바로 제가 앞에서 언급한 '분자시계'의 원리입니다. 그러나 A와 B HIV 사이의 차이는 다른 사람이 가지고 있는 HIV와의 차이보다 더 클 수는 없습니다. 사촌이 생판 남인 사람보다는 유전자 서열이 비슷하겠죠?

이 사건의 경우 슈미트가 주사한 환자의 바이러스와 피해자인 트라한이 가지고 있던 HIV 유전자가 얼마나 비슷한지를 조사하면 결론이 날 수 있을 겁니다. 법원에서는 검사의 공정성을 기

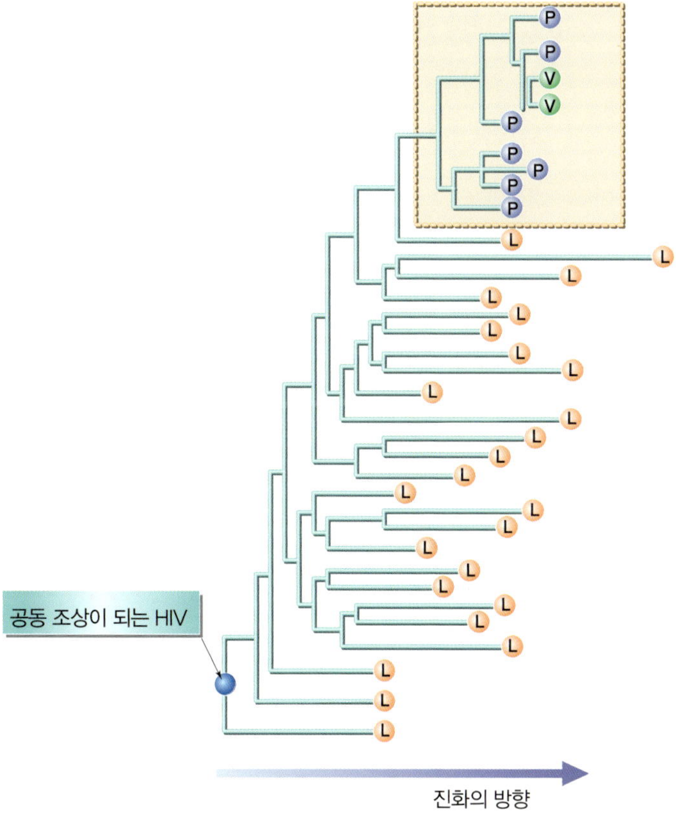

그림 91_ **슈미트 사건 관련 HIV의 진화 경로**
(P: 슈미트의 환자의 HIV, V: 피해자인 트라한의 HIV, L: 같은 지역 내 관련 없는 다른 환자들의 HIV). P와 V가 같이 묶이고, 최근에 같은 조상을 가진 것으로 판명 났으므로, 슈미트가 환자의 HIV를 트라한에게 주사했다고 볼 수 있다.

하기 위해 슈미트가 돌보던 에이즈 환자와 트라한, 그리고 트라한이 살던 지역의 다른 HIV 보균자들의 혈액 샘플을 베일러 의과대학과 미시간대학교에 동시에 보내 독립적으로 검사하게 했습니다. 두 대학의 연구진은 이들 유전자들의 염기서열을 컴퓨터에 넣고 계통 진화학적 분석을 했는데, 두 팀 모두 그림 91과 같은 결과를 얻을 수 있었습니다. 이 계통수에서 파란 동그라미는 조사한 모든 바이러스의 조상이 되는 바이러스를 나타내며, 오른쪽 방향으로 가면서 시간이 지남에 따라 여러 개의 서로 다른 다양한 자식 바이러스들로 갈라지는 것을 알 수 있습니다. 여러 사람의 바이러스 가운데 P로 표시된 슈미트가 돌보던 환자의 바이러스는 가장 위에 나타내는데, 이것도 이미 여러 가지의 변종으로 진화된 것을 계통수를 통해 알 수 있습니다. 그리고 가장 중요한 것은, V로 표시된 피해자인 트라한의 HIV는 슈미트의 환자 몸 안에서 생긴 여러 바이러스 중 하나임을 역시 계통수를 통해서 정확히 알 수 있다는 겁니다. 이런 결정적인 증거로 인해 슈미트는 50년형을 언도 받고 감옥에서 형기를 살고 있다고 하네요.

비슷한 사건이 덴마크에서도 있었습니다. 체육관에서 소년들에게 지속적으로 성폭행을 하던 체육교사가 한 소년에게 HIV를 감염시킨 경우인데요, 이 사건도 피해자와 피의자의 HIV 유전자를 분석, 비교해서 확실한 결론을 낼 수 있었다고 합니다.

에이즈도 한국형이 있다?

요즘에는 유전자를 이용한 계통 분석법이 국내 HIV 연구에도 활발히 사용되고 있습니다. 국내의 첫 에이즈 환자는 해외 취업 근로자로 1985년에 보고되었고, 그 후로 꾸준히 증가하여 2002년 말까지 2천 명 이상의 감염자가 발생하였습니다. 사실 이것은 공식적인 기록이고, 실제 감염자는 확인된 숫자보다 두 배 이상 많은 5천 명에 달할 것으로 국립보건원은 추정하고 있습니다. 전체 감염자 중에서 남자와 여자의 비율은 약 9대 1로 남자가 월등히 많습니다. 미국 등에서 동성애자에 의한 감염이 많은 반면, 우리나라에서는 국내 이성간 성 접촉으로 인한 경우가 44.6%, 동성간 성 접촉으로 인한 경우가 29.8%입니다. 또 국외 이성과의 성 접촉도 23.0%로 높게 나타나고 있습니다. 국내 HIV의 감염 양상과 경로를 파악하는 것은 보건당국이 장 · 단기 에이즈 관련 정책을 수립하는 데 중요한 요건이 됩니다. 1998년에 서울대학교, 국립보건원, 그리고 국내의 여러 의대 연구진들이 공동으로 연구하여 발표한 자료에 따르면 우리나라의 에이즈 유행은 다른 나라와는 사뭇 다른 양상을 띠고 있습니다. 이 연구에서는 46명의 국내 HIV 감염자로부터 발견된 HIV의 유전자에 대한 계통 진화학적 분석을 수행했습니다. 그런데 조사된 HIV 중 무려 41개가 HIV-1형 중에서 B 아형에 속했는데, 이 가운데 35개의 HIV는 하나의 묶음으로 계통수에 표시되었습니다.그림 92 이는 이 35개의 HIV가 최근에 하나의 조상 HIV로부터 갈라져 나온 자식들이라는 해석이 가

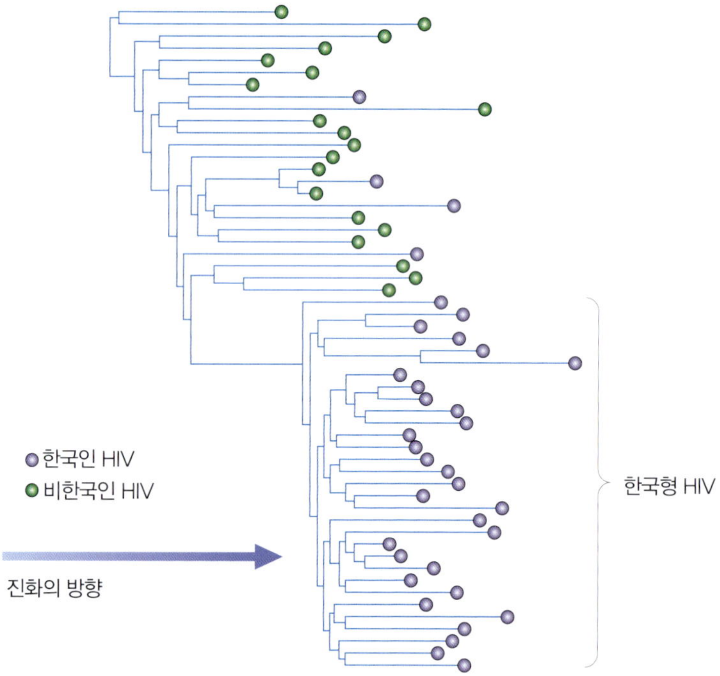

☛ 그림 92_ 국내 HIV 유전자 분석을 통해 밝혀진 한국형 HIV

능합니다. 외국의 경우 다양한 경로를 통해 HIV가 그 나라 사람들 사이로 들어오게 되는데, 우리나라에서는 하나의 바이러스가 주로 퍼지고 있음을 의미합니다.

다시 정리하면 국내에서 유행하고 있는 HIV 중 70~80%는 하나의 바이러스로부터 나온 자식들이며, 이들을 우리는 '한국형 HIV' 로 부르고 있습니다. 이 바이러스가 처음에 어떻게 우리나라에 들어왔고, 어떤 경로로 이렇게 많이 퍼졌는지는 10년도 넘은 지금에 와서 알아내기가 참 어렵습니다. 그렇지만 한 가지 우리가 확실히 알 수 있는 사실은 국내 환자들의 대다수가 이 한국형 HIV에 의해 감염된 상황에서, 이 특정 바이러스에 대한 연구가 집중적으로 이루어져야 한다는 겁니다. '한국형 구축함' 이나 '한국형 냉장고' 는 들어봤어도, '한국형 HIV' 는 아마 처음 들어보셨죠?

에이즈 정복은 가능한가?

일반적으로 바이러스 질환은 특효약이 없습니다. 왜냐하면 바이러스는 자신이 살아가는 데 필요한 생활사의 대부분을 인간 세포의 단백질과 유전자를 이용하기 때문입니다. 그러니 바이러스를 잡으려다가는 숙주인 인간도 같이 죽는 겁니다. 그러나 많은 연구를 통해 HIV의 생활사가 알려지면서, 숙주에는 해를 많이 주지 않고 바이러스의 증식만을 억제하는 약이 개발되었거나, 개발 중에 있습니다. 에이즈 치료제 개발의 원리와 현주소를 한번 알아보겠습니다.

먼저, 항바이러스 약을 만들 때는 상식적으로 숙주, 즉 사람에게는 없고 바이러스에만 존재하는 유전자나 단백질의 기능을 저해하는 요소를 찾는 편이 좋습니다. HIV 증식 과정 중에 RNA를 DNA로 바꾸는 역전사효소는 사람에게 없는 단백질이라 바로 좋은 예가 됩니다. 대표적인 역전사효소 억제제로 1987년에 처음

지도부딘Zidovudine
AZT로 불림. 이외에도 다이데노신(ddI, didanosine), 잘시타빈(ddC, Zalcitabine), 라미뷰딘(3TC, lamivudine), 스타뷰딘(d4T, stavudine) 등의 역전사효소 저해제가 항HIV 약물로 개발되어 있다. 이들은 그 구조가 핵산과 유사하고, 네비라핀nevirapine은 비핵산유사물이다.

인디나비어Indinavir
단백질 분해효소 억제제. 이외에도 단백질분해효소억제제로는 리토나비어ritonavir, 사퀴나비어saquinavir가 있다.

개발된 지도부딘이라는 항HIV 약품이 있습니다. 비슷하게 HIV의 단백질분해효소도 HIV가 살아가는 데 중요한 단백질이기 때문에, 이에 대한 다양한 약물이 개발된 상태이며, 인디나비어가 이 부류에 속합니다.

일반적으로 항HIV 약제는 단독으로 사용하면 처음에는 체내 바이러스의 수가 줄어들다가 수주에서 수개월 후에 다시 늘어나는 경향을 보입니다. 이처럼 약효가 사라지는 이유는 내성 출현 및 면역력 감퇴 등에 기인한다고 보이는데, 특히 약제에 내성을 가진 바이러스가 만들어지는 것이 치료의 큰 걸림돌입니다. 내성 바이러스가 이처럼 금방 나타나는 이유는 앞에서도 언급했듯이 HIV가 자식 바이러스를 만들 때, 돌연변이가 많이 발생하기 때문입니다. 처음에는 하나의 바이러스로 시작해도 나중에는 수많은 서로 다른 돌연변이 바이러스가 생기는 겁니다. 그러니 그 중에서 내성이 있는 바이러스도 우연히 나타날 수 있는 확률이 매우 높아집니다. 이때 약물이 투여되면 다른 바이러스는 모두 죽는 데 반해, 소수의 내성 바이러스는 살아남아 다시 환자의 몸 안에서 대량으로 증식하게 됩니다. 다윈의 진화론 가운데 '적자생존'의 원칙이 정확하게 적용되는 경우로 볼 수 있습니다. 그러므로 내성 출현을 막기 위해서는 처음부터 강력하게 바이러스 증식을 억제하여 내성이 생기기 전에 HIV를 모두 제압하는 것이 절대적으로 필요합니다.

그리고 처음부터 하나의 바이러스가 두세 가지 내성을 동시에 나타낼 가능성은 낮습니다. 그래서 항HIV 약제를 동시에 두 가지 이상 투여하는 병합 요법 또는 최소한 세 가지를 동시 투약하는 칵테일 요법이 치료에 많이 사용되고 있습니다. 칵테일 요법은 타이완 출신의 미국 과학자인 데이비드 호 박사가 개발한 방법으로, 그는 이 업적을 인정받아 1996년에 미국 「타임」지의 '올해의 인물' 로 선정되기도 했습니다.그림93

☛ 그림 93_ **데이비드 호 박사**
칵테일 요법을 개발하여 타임지의 표지를 장식했다.

HIV 감염 초기부터 칵테일 요법을 제대로 받으면, 에이즈는 고혈압이나 당뇨병처럼 불치병이기는 하지만 약만 계속 먹으면 생명에 지장이 없는 '다스릴 수 있는 병' 또는 '만성 질환' 으로 바뀔 수도 있습니다. 예를 들어 1999년에 서울대병원의 최강원-오명돈 교수팀이 발표한 자료에 따르면, 6개월 이상 칵테일 요법을 받은 52명의 에이즈 환자 중 80%에서 HIV가 검출되지 않았습니다. 그렇다고 물론 바이러스가 몸에서 완전히 사라진 것은 아닙니다. 칵테일 치료를 해도 약물이 잘 침투하지 못하는 중추신경계, 생식기관, 세포 내의 핵, 림프절이 바이러스의 은신처가 됩니다. 약을 끊으면 여기에 숨어 있던 바이러스가 증식해 다시 혈액으로 나올 수 있는 거죠. 그래서 에이즈는 평생 동안 계속 치료를 하는 만성질환의 하나로 볼 수 있다는 겁니다.

칵테일 요법 덕분에 많은 사람이 죽음의 공포로부터 벗어날 수 있었습니다. 그 대표적인 예가 미국 LA 레이커스 농구팀의 전설적인 선수 매직 존슨그림94입니다. 선수로서 한참 절정기인 1991년 그는 자신이 HIV 감염자라고 밝히고, NBA로부터 은퇴를 선언

☛ 그림 94_ 에이즈를 이겨낸 대표적인 영웅, 전 NBA 스타 매직 존슨과 주치의

했습니다. 당시의 사회적인 충격이 상당했던 것으로 기억납니다. 또 존슨은 그가 절제되지 않은 성생활을 해왔다고 고백하여, 그동안 에이즈가 동성애자에게 주로 감염된다고 알고 있던 전 세계의 많은 사람들에게 에이즈의 위험에 대한 경종을 울렸습니다. 그러나 존슨은 에이즈에 걸린 다른 사람들처럼 위축되지 않았고, 사회 생활도 매우 활동적으로 해나갔습니다. 수많은 에이즈와 흑인 관련 단체 등에 관여하였으며, 세계적인 커피전문점인 스타벅스 매장을 10곳 이상 운영하는 등 성공적인 사업가로 변신하였습니다. 에이즈 커밍아웃 이후에도 1992년 스페인 바르셀로나올림픽에 미국 드림팀의 일원으로 참가해 우승을 이끌었고, 자신의 이름을 딴 농구팀을 창단해 전 세계를 누비기도 했습니다. 참 그 팀이 우리나라에도 왔었죠. 그리고 1996년에는 NBA에 복귀하여 프로선수 생활을 재개하는 놀라움을 보여주기도 했습니다. 무려 10년 이상이 흐른 지금도 그는 정상적인, 어쩌면 정상인보다 더 건강하게 인생을 살아가고 있습니다. 너무나 건강한 그의 모습이 오히려 청소년에게 에이즈에 대한 경계심을 누그러뜨리는 역할을 한다는 일부 비판도 있습니다만, 매직 존슨의 존재는 많은 HIV 보균자에게 희망이자 미래입니다.

에이즈 치료의 현주소

많은 사람들이 HIV 양성 보균자와 에이즈 환자를 구분하지 못합니다. 매직 존슨의 경우가 전형적인 HIV 양성 보균자이지만 에이즈 환자가 아닌 경우죠. HIV 양성 보균자는 체내에 바이러스를 가지고는 있지만, 에이즈 증상이 없는 사람입니다. 물론 매직 존슨의 성공 뒤에는 칵테일 요법을 비롯한 세계 최고 수준의 의료 서비스가 있기 때문입니다. 하지만 모든 HIV 감염자에게 존슨과 같은 치료 결과가 나타나는 것은 아닙니다. 칵테일 요법에도 의사에 따라 다양한 약제가 사용되고, 환자들이 가지고 있는 바이러스도 돌연변이 때문에 모두 달라, 에이즈 치료에는 담당 의사의 역할이 매우 중요합니다.

여기에 현재 칵테일 요법의 가장 큰 문제는 약값이 너무 비싸다는 겁니다. 게다가 바이러스를 억제하기 위해 거의 평생 동안 약을 먹어야 하니까요. 현재 전 세계 4천만 명이 넘는 에이즈 환자 중에서 약 5%만이 약간이라도 치료를 받고 있는 것으로 추정됩니다. 이 가운데 2천9백만 명 이상이 집중돼 있는 사하라 사막 남부 아프리카의 환자들이 비싼 에이즈 치료제를 사용하는 것은 꿈도 못 꿀 일이죠. 2002년 이 지역에서만 220만 명이 에이즈로 사망했고, 주민들의 평균 수명이 최고 30년까지 단축됐습니다. 에이즈 확산이 특히 심각한 아프리카 7개국은 평균 수명이 40세도 안 되고, 에이즈 감염률이 가장 높은 보츠와나의 경우 현재 평균 수명은 39세에 불과합니다. 그리고 이 나라 성인의 에이즈 감염률은 38.8%에 이릅니다. 많은 학자들이 이제 아프리카의 에이즈는 통제 불능의 상태라고 말하고 있습니다. 이처럼 창궐해 있는 에이즈로 인해 대부분의 아프리카 국가에서 인구가 급속히 감소하고 있다고 합니다.

아프리카 국가들은 비싼 에이즈 치료제의 가격을 낮춰달라고 요구하고 있지만, 치료약을 생산하는 다국적 제약회사에서는 그동안 투입한 막대한 개발비 때문에 난색을 표명하고 있습니다. 후진국의 많은 사람들이 약값이 없어 죽어가는 일이 어제오늘의 이야기는 아닙니다. 현실적으로 거대 다국적 제약회사들이 에이즈 치료제에 매달리는 이유는 치료비를 부담할 수 있는 지구 전체 인구의 5%에 해당하는 일부 환자들을 위한 것이며, 약값을 부담할 수 없는 대다수의 아프리카 사람들을 위한 것은 아니라는 이야기입니다. 또 아프리카 사람들은 돈이 있어도 약을 구할 수 없다고 합니다. 예를 들면, 미국의 경우 18~19개의 서로 다른 항HIV 약품을 가지고 10개 이상의 다른 칵테일 요법을 받을 수 있지만, 아프리카 짐바브웨의 환자는 단지 2~3가지의 약품에 의존해야 합니다. 약제에 내성이 있는 바이러스가 생겼을 때 누구에게 더 큰 문제가 생길지는 여러분도 쉽게 아실 수 있을 겁니다.

멀고도 먼 특효약 개발

이런 저런 문제에도 불구하고, 실제 에이즈 관련 약품의 시장과 경제적인 가치는 어마어마합니다. 최근 다양한 항HIV 약품들이 개발되고 있는데, 그 한 예가 미국 브리스톨-마이어스 스퀴브 제약회사가 개발한 BMS-806이라는 치료제입니다. 이 신약은 HIV의 표면에 있는 gp120 단백질과 결합하여, HIV가 사람의 T_H 세포를 공격하는 것을 원천적으로 봉쇄합니다. 또한, 다국적 제약회사인 글락소사도 L-870812라고 불리는 신약을 개발했는데, 이 신 물질은 HIV의 유전체를 T_H세포 유전체에 끼워넣는 과정을 방해하는 역할을 합니다. 이런 신약들은 시험관이나 원숭이에서는 약효가 증명되었지만, 아직 사람에게 적용되지는 않았습니다. 이 밖에도 수많은 신약들이 끊임없이 개발되고 있습니다. 지금 시중에서 치료에 성공적으로 사용되는 약이라 하더라도, 변장술이 뛰어난 HIV가 쉽게 내성을 나타낼 수 있으므로 지속적인 신약 개발은 에이즈 정복에 있어서 매우 중요합니다.

항HIV 신약 개발은 다른 미생물로부터 얻는 정보를 통해 이루어지기도 합니다. 미국 국립 암연구소의 스테판 오브리언 박사는 사람의 유전자 중 CCR5라는 유전자에 주목했습니다. 이 유전자는 사람들 사이에서 여러 형태가 존재하는데, 이 가운데 델타32라는 형태의 CCR5 유전자를 가지고 있는 사람은 HIV에 잘 감염되지 않는다는 것을 알아냈습니다. HIV에 강한 면역을 보이는 이 델타32를 보유한 사람은 아프리카에는 거의 없고, 유럽의 경우에는 10~15%에 달합니다. 이는 유럽의 백인들이 아프리카의 흑인보다 HIV에 저항성이 크다는 것을 의미합니다. 왜 유럽인에게만 델타32가 많은 걸까요?

그 해답은 흑사병을 일으키는 페스트균*Yersinia pestis*과 깊은 관계가 있습니다. 페스트균은 우리 몸에서 HIV가 공격하는 부위를 같이 공격합니다. 그래서 델타32를 가지고 있는 사람은 HIV 뿐만 아니라 흑사병에도 잘 버틸 수 있습니다. 약 700년 전에 흑사병이 유럽을 휩쓸면서 300년간 2,500만 명 이상의 희생자를 낳았다는 기록이 있습니다. 흑사병이 돌기 전에는 유럽도 아프리카처럼 델타32가 희귀했지만, 이 병이 만연한 동안에는 델타32 보균자가 그렇지 않은 사람들보다 더 잘 살아남았을 겁니다. 그리고 자식에게 델타32를 무사히 전할 수 있었겠죠. 수백 년간 이 과정이 반복되면서, 이러한 적자생존에 의해 현재와 같이 델타32가 유럽인들 사이에서 높은 비율로 존재하는 것으로 보입니다. 반면에 아프리카에서는 한 번도 흑사병이 크게 유행한 적이 없다는군요. 아이러니하게도 유럽인에게는 과거의 골칫거리였던 흑사병이 현재의 골칫거리인 에이즈의 예방에 도움이 된 것 같습니다. 물론 많은 과학자들이 델타32가 어떻게 HIV의 감염을 막는지에 대한 연구를 통해 새로운 약품을 개발하고 있습니다.

백신에 기대를 걸다

에이즈 치료도 중요하지만, 치료가 어렵다면 이를 막는 것이 급선무일 겁니다. 병원성 미생물을 막는 것이 바로 '백신' 입니다.

특히 에이즈는 현재로서는 완치가 불가능하므로 백신이 최선이라는 생각이 팽배하기 때문에, HIV 백신은 전 세계적으로 널리 연구, 개발되고 있습니다.

SHIV
원숭이 HIV, Simian-Human Immunodeficiency Virus.

그런데 에이즈 백신 연구의 가장 큰 걸림돌이 바로 개발된 백신을 테스트할 실험 동물이 없다는 점입니다. 왜냐하면 HIV는 사람에게만 에이즈를 일으키기 때문입니다. 그래서 연구자들이 만들어낸 것이 SHIV 라고 불리는 바이러스입니다. SHIV는 실험실에서 인공적으로 만들어진 잡종 바이러스로 바깥 껍질은 사람을 감염시키는 HIV의 것이고, 바이러스 내부는 원숭이를 감염시키는 SIV의 것입니다. 즉 HIV의 옷을 입고 있는 SIV인 셈입니다. 백신 개발자들은 실험실에서 만들어진 이 새로운 바이러스를 HIV에 감염되지 않는 히말라야원숭이그림95에게 감염시켜 HIV의 병리를 연구할 수 있습니다. 물론 사람에 가장 가까운 침팬지가 HIV 연구에는 가장 좋지만, 침팬지는 현재 멸종 위기에 처해 있어 일반적인 실험 동물로는 적합하지 않습니다.

그림 95_SHIV를 이용한 연구에서 많이 사용되는 히말라야원숭이

다양한 시도가 있었지만, 안타깝게도 현재까지 뚜렷하게 효과가 있는 백신이 개발되었다는 소식을 들어본 바 없습니다. 전문가들 사이에서는 '돌연변이' 라는 변장에 능한 HIV를

잡을 백신을 만든다는 것은 앞으로도 상당히 어려우리라는 의견이 지배적입니다. 하지만 위대한 과학적 업적 중에 어디 쉬웠던 일이 있었나요? 전 세계적으로 많은 연구 인력과 비용이 투자되고 있으니까, 에이즈 백신과 치료제 개발이 아주 불가능해 보이지는 않습니다.

에이즈는 끝나지 않았다

에이즈는 이제 더 이상 남의 나라만의 문제가 아닙니다. 국내에서도 하루에 1.4명꼴로 새로운 HIV 감염자가 발생하고 있습니다. 또 많은 HIV 감염자들이 사회의 비뚤어진 인식 때문에 치료보다는 음지로 숨고 있는 실정이죠. 실제로 HIV가 성행위나 수혈 등에 의해서만 감염되는데도, 많은 사람들이 HIV 보균자와의 접촉을 극도로 두려워합니다. 영화 〈필라델피아〉에서 배우 톰 행크스는 동성연애자이면서 HIV 감염자로 나옵니다. 행크스가 극중에서 받은 사회적 편견은 절대로 과장되지 않았다고 봅니다.

하지만 에이즈는 이제 제대로 치료만 받으면, 만성 질환이 될 수 있는 질병이 되었다고 볼 수 있습니다. 2002년 HIV 보균자로 밝혀진 한 여성이 여수 지역에서 의도적으로 많은 남성과 성관계를 가진 사건이 있었습니다. 이렇기 때문에 항간에는 HIV 보균자를 모두 일반인으로부터 격리해야 한다는 무지한 의견도 나왔습니다. 이런 편견 때문에 그 여성은 제대로 치료를 받지 않고, 음지로 숨어 스스로를 포기한 겁니다. 만약 우리 모두가 그녀를 마치 고혈압이나 당뇨병 환자처럼 편견 없이 대하고, 제대로 치료를 받도록 했다면 이런 일이 벌어졌을까요? 이제는 더 이상 에이즈를 금기시하지 말고, 에이즈와 HIV에 대해 정확히 알고 대응해야 할 때라고 생각됩니다.

국가에서도 HIV 감염자들에 대한 지원을 아끼지 말아야 합니다. 만약 어떤 환자가 치료비가 부족해 지속적인 치료를 받지 못하고 중단하면, 그 사람의 몸속 HIV가 내성을 가질 확률도 높아집니다. 그렇게 되면, 환자 본인도 문제지만 내성 바이러스가 전파되어 사회적으로 낭패가 아닐 수 없습니다. 아주 큰 문제가 안 될 때 에이즈에 대한 전면전을 펼치는 길만이 지금 에이즈가 창궐하고 있는 아프리카나 창궐하기 시작한 중국의 전철을 밟지 않는 최선책일 겁니다. HIV와 같은 바이러스는 지속적으로 변신하는 괴도 뤼팽 같은 존재입니다. 그에 비해 치료제와 백신 개발은 너무나 더디기만 하네요. 이제 인류는 바이러스와 더불어 살고 있습니다. HIV를 지금 당장 이기지 못한다면, 그것을 이해하고 평화로운 공존의 길을 찾는 것이 최선이 아닐까요?

여섯 번째 이야기

인간은 분명히 만물의 영장입니다. 하지만 생물학적으로 다른 동물들과 인간은 많은 부분을 공유하고 있죠. 이 점 때문에 동물과 인간의 벽을 넘는 병원성 미생물들이 있습니다. 야생의 포유류로부터 옮겨와 전 세계에 새로운 공포를 준 사스 바이러스, 닭과 오리를 전멸시키더니 이제는 인간을 호시탐탐 노리고 있는 조류독감, 그리고 양에서 시작해서 소를 거쳐 인간에게 넘어온 최악의 질병인 광우병 등 동물로부터 건너오는 새로운 적들에 대해서 자세히 알아보겠습니다.

여섯 번째 이야기

사스, 조류독감 그리고 광우병

–동물로부터 건너오는 인간의 새로운 적들

사스, 조류독감, 광우병. 요즘 참 많이 들어보는 단어들이죠? 사스는 발생하자마자, 온 세계를 최악의 공포의 도가니로 몰았고, 인명 피해뿐만 아니라 천문학적인 경제적 손실을 인류에게 끼쳤습니다. 조류독감과 광우병은 또 어떻습니까? 이것 때문에 닭고기나 소고기를 구입하거나 드실 때 고민한 적 있으시죠? 분명히 염려가 되셨을 겁니다. 그리니까 최근 몇 년간 우리나라의 통닭집과 소고기 음식점이 그렇게 험난한 고초를 겪었던 것일 테니까요. 그런데 이들의 공통점이 무엇인지 아세요? 바로 미생물이 일으키고, 또 동물로부터 사람으로 옮겨온 질병이라는 점입니다. 이런 질병을 동물원성 감염증, 영어로 Zoonosis라고 합니다.

왜 갑자기 이런 병원성 미생물들이 숙주, 즉 그 공격 상대를 동물에서 사람으로 옮기고 있을까요? 여기에는 다 이유가 있습니다. 먼저 우리 인간이 소, 닭, 고양이와 같은 다른 동물과 조상이

사스의 증상

사스의 잠복기는 대개 2~7일 사이이며 사람에 따라 10일이 걸리기도 한다. 감염 초기에 38도가 넘는 고열이 나며, 두통, 인후통, 근육통 등을 보이다가 잠복기가 끝나면 마른기침과 호흡 곤란, 혈중 산소 농도의 저하 현상이 나타난다. 80~90% 정도의 환자는 대부분 6~7일째 증상이 호전되나, 10~20%는 폐렴으로 발전, 호흡 곤란을 호소하거나 심하면 사망하는 질병이다. 사망률은 학자마다 조금씩 다르게 계산하지만 대개 14~15% 정도이다. 우리가 흔히 '사스 의심 환자'라고 부르는 경우는 38도 이상의 고열이 있고, 기침 또는 호흡 곤란 증세를 보이며, 발병하기 10일 전에 다음 중 한 가지 혹은 그 이상의 바이러스에 노출된 경우를 말한다.

① 사스 의심 또는 추정 환자와 밀접한 접촉을 한 경우
② 사스 감염 위험 지역을 여행한 경우(공항 환승 포함)
③ 사스 감염 위험 지역에 거주한 적이 있는 경우

반면에 '사스 추정 환자'는 의심환자이면서 흉부방사선의 소견상 폐렴에 합당한 침윤 소견이 있거나, 호흡곤란증후군Respiratory Distress Syndrome의 소견을 보이는 경우를 말한다.

같은 생물로 우리가 생각하는 것처럼 생물학적으로는 크게 다르지 않다는 점에 유의해야 합니다. 그러니 바이러스와 같은 미생물이 쉽게 변해서 사람에게 이사 올 수 있는 겁니다. 그리고 이들 질병이 발생하는 데는 다 이유가 있습니다. 특히 광우병 같은 경우는 인과응보인 점이 많습니다. 자, 그럼 사스부터 한번 짚고 넘어가보겠습니다.

사스의 등장과 원인 미생물을 찾아서

사스는 중증 급성 호흡기 증후군Severe Acute Respiratory

파라믹소 바이러스 Paramyxo-virus
파라믹소 바이러스는 돼지를 숙주로 자라며, 돼지로부터 사람에게 쉽게 전염되는 미생물이다.

클라미디아*Chlamydia*
박테리아에 속하나, 바이러스처럼 스스로 살지 못하고 반드시 숙주가 필요하다. 사람, 포유동물, 조류가 숙주이며, 최근에 성병의 일종인 비임균성 요도염의 원인균으로 주목받고 있다.

Syndrome(SRAS)의 약자로 2002년 11월에 처음 중국 남부의 광둥성에서 환자가 발생한 이후 전 세계를 휩쓸었던 괴질을 말합니다. 사스는 비전형적인 폐렴 증상이 특징인 질병으로 세계보건기구에는 2003년 2월 말에 처음 보고되었습니다. 이 새로운 질병을 접한 과학자들은 사스의 원인 미생물을 찾기 위한 촌각을 다투는 경쟁에 돌입했습니다. 사실 이때를 세계 각국의 전문가가 겨루는 '미생물학 올림픽' 대회 기간으로 보셔도 무방합니다. 1등에 해당하는 금메달은 없지만, 그에 합당하는 학계의 영예를 안게 되니까요.

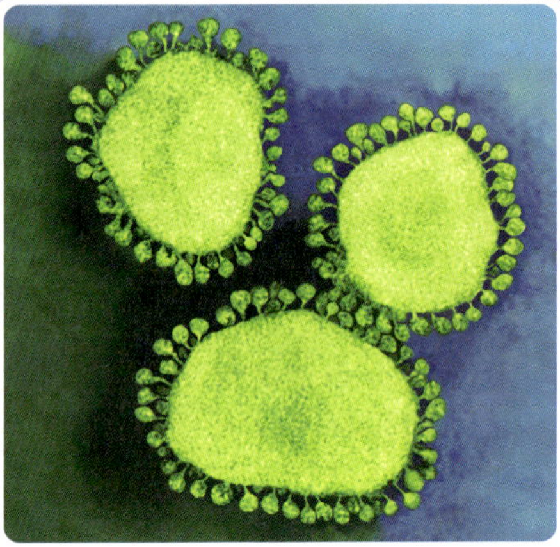

그림 96_

- **이름**: 코로나 바이러스
- **학명**: Coronavirus
- **종류**: 바이러스, ssRNA positive-strand virus, Nidovirales, Coronaviridae
- **사는 곳**: 인간, 야생동물
- **특징**: 감기, 장염, 드물게 폐렴을 일으키는 바이러스이다. 코로나corona는 라틴어로 관冠이라는 뜻으로 모습이 왕관처럼 생긴 데서 붙여졌다. 치명적인 미생물은 아니며, 보통 감기의 3분의 1정도가 이 바이러스에 의해서 일어난다.

처음에 독일 과학자들이 1999년 말레이시아와 싱가포르에서 100명 이상의 사망자를 낸 바 있는 파라믹소 바이러스를 한 사스 환자로부터 찾았다고 보고해서 가장 앞서가는 것처럼 보였습니다. 이때 중국에서는 2명의 사스 환자로부터 박테리아의 일종인 클라미디아를 찾았다고 보고했습니다. 반면에 홍콩 과학자들은 과거에도 여러 번 발생한 적이 있는 조류로부터 온 독감 바이러스를 원인 병원균으로 의심했으나, 쉽게 범인을 찾을 수는 없었습니다. 그러던 중에 홍콩팀이 코로나 바이러스그림96를 찾아내게 되었죠. 코로나 바이러스는 닭, 개, 쥐, 돼지 등 여러 종류의 동물에게는 심각한 폐렴을 일으키지만 사람에게는 가벼운 감기 증세를 보이다 사라지는 온순한 바이러스로 알려져 있었습니다.

그리고 결정적인 증거는 2002년 4월, 네덜란드 에라스무스대학 연구팀으로부터 나왔습니다. 이들은 사스 환자로부터 원인 바이러스를 순수 분리하고, 이를 실험용 원숭이에게 주사한 결과 그들이 분리한 코로나 바이러스가 원숭이에게 사스를 일으킨다는 점을 확인하였습니다. 이는 질병과 그 원인 병원 미생물을 연결할 때 반드시 지켜야 하는 로버트 코흐의 공리를 만족시키는 실험이었고, 우리가 비로소 사스 바이러스[그림97]라는 새로운 적을 확인하는 순간이었습니다.

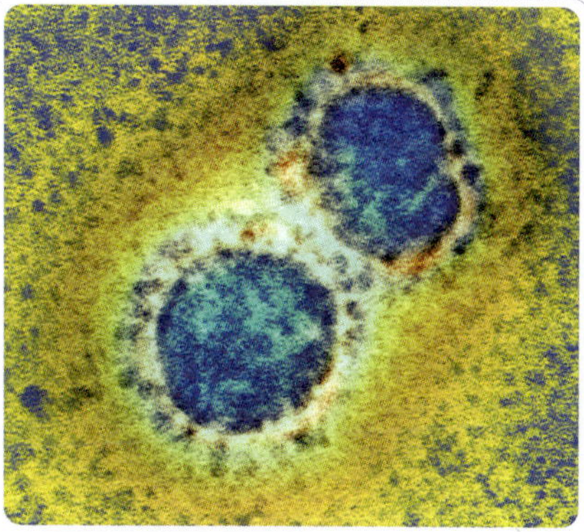

그림 97_

- 이름: 사스 (코로나) 바이러스
- 학명: SARS coronavirus
- 종류: 바이러스, ssRNA positive-strand virus, Nidovi-rales, Coronaviridae
- 사는 곳: 인간, 야생동물(사향 고양이 류)
- 특징: 감기를 일으키는 코로나 바이러스의 한 종류이지만, 인간에게 치명적인 중증급성호흡기증후군(SARS)를 일으킨다.

사스 바이러스의 정체

사스 바이러스가 속하는 코로나 바이러스는 호흡기질환을 앓고 있던 조류로부터 1937년 처음으로 순수하게 분리되었습니다. 당시에 이 바이러스는 양계 산업에 큰 타격을 줄 정도로 치사율이나 전염력이 매우 강했다고 합니다. 그 후로 바이러스 학자들은 소, 돼지, 말, 칠면조, 개, 고양이, 쥐 등의 다양한 동물에서 다양한 질병을 일으키는 코로나 바이러스를 차례로 찾아내었습니다. 1960년에 와서야 사람에게도 코로나 바이러스가 있다는 것이 발견되었는데, 이건 이때 처음으로 바이러스가 사람에게 감염된 것이 아니라, 바로 우리가 그동안 이 사실을 몰랐기 때문입니다. 사실 그전까지는 감기가 리노 바이러스[그림98]에 의해서만 생기는 것으로 알았으나, 상당수의 감기가 코로나 바이러스에 의해 발병한다는 사실을 이때서야 알게 된 겁니다. 실제로 감기의 약 30% 정도가 사람의 코로나 바이러스 중 OC43과 229E형에 의해 매년 발생하고 있다고 합니다. 대부분의 코로나 바이러스는 호흡기나 대장 관련 질병을 일으키는데, 유전자의 염기서열을 이용한 분자계통학 분석을 통해 연구자들은 이들을 크게 1, 2, 3의 세 그룹으로 나눕니다.

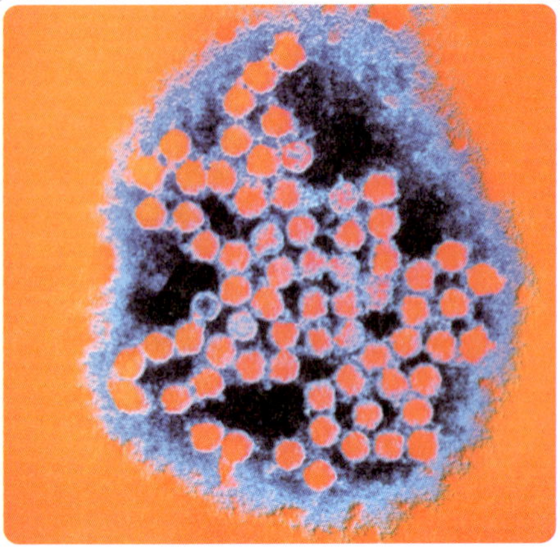

그림 98_

이름: 리노 바이러스
학명: Rhinovirus
종류: 바이러스, ssRNA positive-strand viruses, no DNA stage: Picornaviridae
사는 곳: 인간
특징: 일반적으로 감기를 일으키는 주범 중의 하나이다. 접촉 또는 공기 중으로 전파가 가능하고, 주로 코감기를 일으킨다.

여기에 새로이 발견된 사스 바이러스를 넣어본 계통수[그림99]를 봐주시기 바랍니다. 이 계통수에서는 새로 발견된 사스 바이러스가 기존에 알려진 코로나 바이러스 그룹 1, 2, 3에 속하지 않는다는 것을 여러분도 쉽게 아실 수 있을 겁니다. 이런 연구 결과를 종합해볼 때 사스 바이러스는 지금까지 우리에게 알려지지 않았던 '신종新種' 바이러스이지 일반적으로 언론에서 이야기하는 '변종變種' 바이러스는 아닙니다. 즉 우리가 모르고 있던 새로운 것이지, 우리가 알고 있던 것이 조금 변한 건 아니라는 말씀입니다.

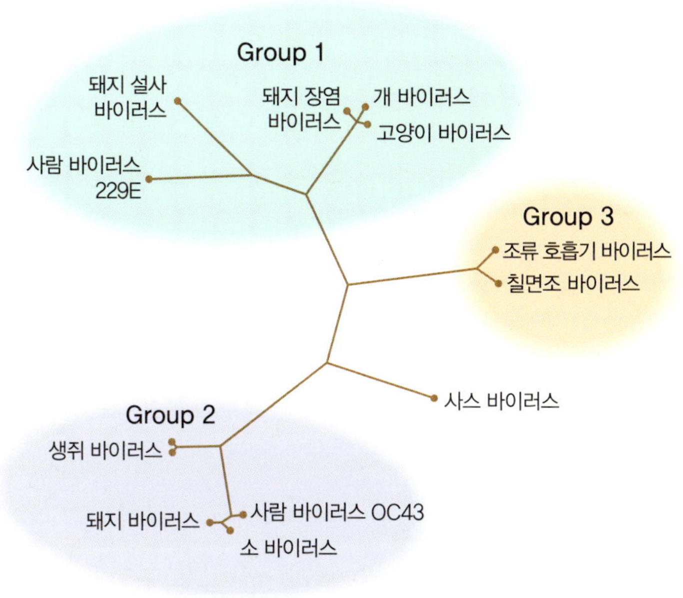

그림 99_ **코로나 바이러스 내의 사스 바이러스의 위치를 나타내는 유전자 계통수**
사스 바이러스는 기존에 알려진 1,2,3 그룹과 다른 새로운 코로나 바이러스임을 알 수 있다.
이중 OC43과 229E 바이러스가 감기의 주범이다.

사스 바이러스 유전체 전쟁

사스 바이러스가 순수 분리되고 사스의 원인 미생물로 알려지면서, 바이러스의 진단과 치료에 대한 연구가 본격적으로 시작됐습니다. 그 중에서도 바이러스 유전체의 해독을 위한 연구가 전 세계에서 동시 다발적으로 진행되었죠. 사람의 유전체를 해독하는 데 10년이 걸렸으나, 사스 바이러스의 유전체를 해독하는 데 걸린 시간은 거의 순식간이라고 해도 과장이 아닙니다. 왜냐하면 사람의 유전체는 30억의 염기로 이루어져 있으나, 사스 바이러스의 유전체의 크기는 사람의 10만분의 1 수준인 3만 염기밖에 안 되기 때문입니다. 또 이 분야의 기술이 매년 급속히 발전하고 있기도 하고요. 아무튼 사스 바이러스가 발견된 직후부터 전 세계의 관련 연구기관에서는 바이러스 유전체 해독을 위한 무한 경쟁 체제에 돌입했습니다. 물론 다행히 환자가 없던 우리나라는 기회조차 주어지지 않았지만 말이죠. 이 경기의 우승자는 비아시아 권에서 유일하게 크게 피해를 입은 캐나다 밴쿠버의 브리티시 콜롬비아 암연구소였습니다.

이 연구기관에서는 30명의 연구진이 24시간 교대로 연구를 진행하여, 시작한 지 6일만인 2003년 4월 12일에 토론토의 사스 환자로부터 분리한 바이러스의 유전체 해독을 완료하였다고 발표했습니다. 나중에 신문에 난 기사를 보니 연구원이 모두 피자배달로 식사를 해결했다고 하면서, 캐나다 언론에서 매우 자랑스러워 하더군요. 아무튼 대개는 병원성 미생물 연구 분야에서 항상 금메달리스트였던 미국 질병통제예방센터는 바로 이틀 뒤인 4월 14일에 유전체 해독을 끝냈습니다. 뒤이어 싱가포르, 홍콩, 중국의 연구팀이 바이러스 유전체를 해독했지만, 세상의 이치가 늘 그렇듯 지각생은 크게 주목받지 못하는 법입니다.

사스의 진원지

새로운 바이러스가 발견되는 경우는 크게 두 가지입니다. 첫째는 바이러스가 계속 우리 내부에 있었는데 우리가 몰랐던 경우로, 앞서 언급한 리노 바이러스가 한 예가 될 수 있습니다. 두 번째로 동물로부터 인간으로 숙주를 옮겨오는 경우가 있습니다. 사스가 바로 이 경우에 해당하는데, 이때 바이러스의 매개체가 되는 동물 숙주를 찾는 일이 바이러스를 막는 데 매우 중요합니다. 아니면 계속 바이러스에게 당할 수 밖에 없으니까요.

과학자들은 사스가 처음 발생한 중국 남부를 주목했습니다. 특히 그곳에서 인간과 접촉이 있던 야생동물을 주목했는데, 홍콩 과학자들이 그곳의 동물 시장에서 식용으로 팔고 있는 8종의 동물을 조사하게 되었죠.그림100 그리고 놀랍게도 그 중 사향고양이, 오소리, 너구리에서 사스 바이러스가 검출되었습니다. 사실 2002년 11월에 처음 이 지역에서 사스가 발생했을 때도 발병자의 30% 이상이 이러한 동물을 직접 다루는 직업을 가진 사람들이었습니다. 지금까지의 연구로는 바이러스

☞ 그림 100_ **야생의 사향고양이와 중국의 한 도축장**
사스 바이러스를 사람에게 옮긴 것으로 추정되는 야생의 사향고양이. 중국 남부에서 이런 야생동물을 먹는 것은 일반화돼 있다. 아래는 중국의 한 도축장의 모습. 이런 곳에서 일하는 사람들이 동물과의 접촉에 의한 사스 바이러스의 첫 희생자가 될 가능성이 높다.

가 이들 야생동물로부터 인간으로 옮겨왔는지 또는 반대로 이 동물들이 사람으로부터 사스 바이러스에 감염되었는지는 정확히 알 수 없습니다. 왜냐하면 시장의 동물들이 이미 사스에 감염된 사람과 충분한 접촉을 한 다음이라서, 반대로 사람이 이들 동물에게 감염시켰을 가능성도 배제하기 어렵기 때문입니다. 정확히 전후 관계를 알기 위해서는 사람과 접촉한 적이 없는 야생 상태의 동물을 조사해야 합니다. 아무튼 중요한 것은 이들 동물들이 바이러스에 감염되어 보균자 역할을 할 수 있다는 점이며, 이는 향후에 사스를 막는 데 중요한 고려 사항이 되어야 한다는 것입니다. 또한, 여러 가지 정황 증거로 보아 바이러스가 이들 야생동물 중 하나로부터 우리에게 옮겨왔을 가능성이 크지만, 중국 남부에서 최초의 사스 바이러스를 옮긴 장본인을 찾는 작업은 좀 더 시간을 두고 기다려 봐야 할 것 같습니다.

환자제로와 바이러스의 확산

사스가 우리에게 준 충격 중의 하나는 어떻게 그렇게 빨리 전 세계로 퍼질 수 있었나 하는 점이었습니다. 중국 남부의 시골에서 캐나다의 대도시 토론토까지 순식간에 퍼졌으니까 말이죠. 그래서 사스가 퍼진 양상 자체가 하나의 연구 대상이 됩니다. 그림101

2002년 11월경에 이미 사스 바이러스는 중국 광둥성에서 유행하고 있었던 것으로 보입니다. 이때 국소적으로 유행하던 이 질병을 전 세계로 퍼뜨린 사람은 광둥성 중산의대 신장기 질환 전문의사인 64세의 류모 교수였습니다. 류교수는 자신이 일하는 병원에서 환자로부터 사스 바이러스에 감염된 후 이를 모른 채 친척 결혼식에 참석하기 위하여 홍콩을 방문했습니다. 그리고 2월 21일에 사스 유행의 진원지인 홍콩의 메트로폴 호텔에 투숙하게 됩니다.

류교수는 호텔의 9층에 투숙했는데, 이때 본인도 모르는 사이에 같은 층의 투숙객 16명 이상에게 사스 바이러스를 옮겼습니다. 키스를 하거나 악수를 한 것도 아니고, 단지 같은 층에서 같은 공기를 마신다는 이유 때문에, 류교수를 만난 적도 없던 사람들이 사스에 감염된 겁니다. 특히 이들은 잠복기 때문에 자신이 사스 바이러스에 감염되었다는 사실을 모르고, 본의 아니게 각각 조국

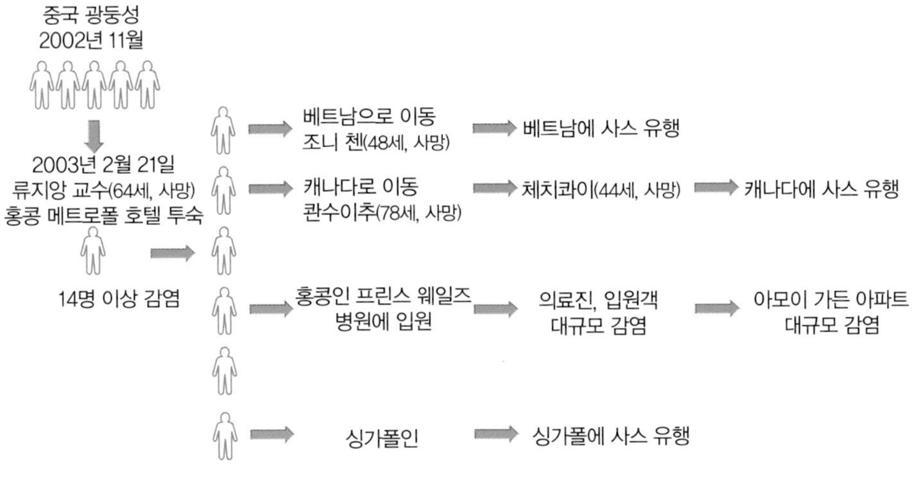

그림 101_ 류교수와 연관된 초기의 사스 감염 경로

인 베트남, 캐나다, 싱가포르에 바이러스를 옮기는 역할을 하게 됩니다.

환자제로와 슈퍼스프레더

류교수처럼 처음에 병원균을 들여온 사람을 '환자제로' 라고 부르는 반면, 어떤 사람은 특히 많은 사람에게 감염을 일으키는 능력을 보입니다. 이 경우를 우리는 슈퍼스프레더Superspreader 라고 부릅니다. 많은 과학자들은 사스가 순식간에 널리 퍼진 데 대해 여러 명의 슈퍼스프레더의 역할이 컸던 것으로 보고 있습니다. 즉, 바이러스에 감염된 사람 중에서도 어떤 사람으로부터는 바이러스가 거의 밖으로 나오지 않는 반면에, 슈퍼스프레더는 다량의 바이러스를 체외로 내보내는 증상이 있습니다. 슈퍼스프레더가 만약 증상이 없이 병원균을 가지고 있는 보균자일 경우, 그 병원균이 퍼지는 것을 막기가 매우 어려워집니다. 특히 사스의 경우는 사람이 많이 모이는 호텔, 병원, 아파트 등을 통해 퍼져서 그 피해가 더 컸습니다.

홍콩 아모이 가든 아파트에서 많은 사람이 사스에 감염된 사태도 이 슈퍼스프레더의 경우에 해당합니다. 그림 사스 감염을 다시 봐주세요. 당시 바로 33세의 만성신장병을 앓고 있던 한 남성이 아모이 가든 아파트에 살던 동생 집에 방문하면서 이 비극이 시작되었습니다. 이 슈퍼스프레더는 그 전에 이미 다른 곳에서 사스에 감염된 상태였는데, 설사 증상이 있어 동생 집의 화장실을 이용한 것이 그만 그 아파트에 살던 약 3백 명이 사스에 감염되는 엄청난 사태의 도화선이 된 겁니다. 욕실 바닥 배수구와 연결된 U자형 배수관을 통해 들어온 이 사스 환자의 분뇨 방울 때문에 대량 감염 사태가 발생한 것으로 나중에 홍콩 당국에 의해 밝혀졌습니다. 같은 건물도 아닌 앞 동에 놀러온 한 사람이 용변을 본 것 때문에 사스에 희생된 많은 아파트 주민들은 참 황당하고 억울할 겁니다. 아무튼 이와 같은 새로운 감염 경로가 알려지면서 전 세계는 이 신종 바이러스의 감염력이 놀라울 정도로 강하다는 사실을 다시 한 번 실감하게 되었습니다. 세계보건기구는 사스의 경우 배설물이 지금까지 알려졌던 호흡기보다 더 주요한 전염 매체라고 밝히고, 바이러스가 평상 온도에서 4일 이상 살 수 있으므로 하수관을 통해 사스에 걸릴 가능성이 있다고 경고하기도 했습니다.

사스 유행의 최대 희생양은 아마도 중국의 수도 베이징일 겁니다. 베이징도 슈퍼스프레더에게 강펀치를 맞은 경우인데요, '유' 라 이름의 27세 여성이 바로 주인공이죠. 유씨는 광둥성으로부터 사스에 감염된 상태로 베이징의 한 병원으로 실려왔는데, 이것이 3일만에 2천5백 명 이상의 사스 환자가 발생하고, 175명이 사망한 베이징 유행의 원인이 됩니다. 아이러니하게도 '환자제로' 였던 유씨는 나중에 사스가 완치되어 고향으로 돌아갔습니다.

사스가 남긴 교훈

한 국가, 심지어 한 개인에게도 외부로 전염될 수 있는 질병의 문제를 스스로 밝히는 일은 사회적, 경제적으로 엄청난 손해가 있기 때문에 큰 용기가 따릅니다. 예를 들어 2001년 우리나라에서는 꽤 큰 콜레라 유행이 있었습니다. 이때 우리 정부는 이를 국제적으로 숨기지 않고 국민에게 적극적으로 홍보하여 질병이 크게 번지지 않았습니다. 그러나 콜레라 발생을 국내외로 밝히는 바람에 어패류의 해외, 특히 일본 수출이 막혀 수백억 원의 손실을 입을 수밖에 없었죠. 하지만 우리 국민 누구도 중국 정부가 사스 바이러스에 대해 취했던 것처럼, 왜 콜레라 발생에 대한 정보를 차단하고 감추지 않았는지에 대해 정부를 비판하지 않습니다. 또 해서도 안 될 겁니다. 만약에 그랬다가는 초기 진화가 가능했던 사스 바이러스의 창궐로 인해 중국이 받은 엄청난 경제 · 사회적 손실을 우리도 입을 수 있었을 것이기 때문입니다.

사스의 경우를 보면 확실히 미생물학은 과거 수십 년 전보다 크게 발전했다고 볼 수 있습니다. 그 한 예로 1980년대 에이즈가 발견되고 그 원인 미생물이 HIV 바이러스라는 사실을 아는 데 2년이 걸렸죠. 하지만 2003년에 사스가 발견된 후 세계보건기구는 전 세계 10개국 13개 연구실을 연결하는 사스 연구 네트워크를 구성한 다음, 연구를 진두지휘하여 원인 미생물인 사스 바이러스를 찾아내는 데 2주밖에 걸리지 않았습니다. 또 바이러스가 분리된 지 불과 2주 후에 그 전체 유전체가 분석됐죠. 이렇게 발빠른 과학자들의 연구는 9 · 11 테러 이후에 각국, 특히 미국에서 준비해 온 바이오 테러에 대한 빠른 대응이 한몫했다고도 볼 수 있습니다. 사스의 원인 바이러스를 찾고, 그 유전체까지 속속들이 알고는 있지만, 치료법이나 예방, 특히 백신의 개발까지는 아직도 첩첩산중입니다. 우리가 일반 감기를 일으키는 코로나 바이러스에 대한 신통한 치료제나 백신이 아직 없듯이, 사스 바이러스에 대한 치료제와 백신 개발도 오랜 시간이 필요할 것 같습니다.

우리나라에는 왜 사스가 없었을까?

우리나라에 왜 사스가 유행하지 않았는지에 대한 여러 가지 분석이 나오고 있습니다. 우리가 먹는 김치가 사스를 예방한 원인이라고 하여, 해외 김치 수출량이 크게 늘었다는 이야기도 있고요. 제 생각으로는 우리나라가 당시에 사스의 마수를 피해간 것은 거의 완전히 행운이었다고 봅니다. 만약 중국의 류교수가 묵었던 홍콩의 메트로폴 호텔 9층에 한국인 관광객이 묵었다가, 사스 바이러스를 우리나라로 가져왔다면 어떻게 됐을까요? 분명히 그 사람은 국내에서 사스 증상이 나타나 병원 응급실에 갔을 테고, 전혀 준비가 안 돼 있는 그 곳에서 수많은 환자와 의료진을 감염시켰을 겁니다. 바로 캐나다 토론토가 겪은 길을 그대로 밟았을 거라는 말씀이죠. 물론 당시에는 지구상의 어느 누구도 사스 바이러스의 출현에 대해 준비되어 있지 않았습니다. 다만, 그것이 우리를 비켜간 것뿐이죠.

당시 메트로폴 호텔 9층에 한국인이 투숙하지 않은 것이 바로 애국가의 '하느님이 보우하사' 에 해당하는 부분이 아닐까요?

사스가 다시 유행할까요? 사스 바이러스가 비록 인간에게 병을 일으키기는 하지만, 아직 완전하게 인간에게 정착했다고 보기는 어렵습니다. 만약 그렇다면, 감기 바이러스처럼 숙주인 인간을 죽이지 않아야 할 테니까요. 현재로서는 언제든지 사스가 다시 유행할 가능성이 있습니다. 특히 원래 이 바이러스를 가지고 있던 사향고양이 같은 야생동물이 건재하니까 말입니다. 그러니 우리나라도 이에 대한 대비가 꼭 필요하고, 정부에서도 필요한 준비를 하고 있습니다.

독감과 조류독감

흔히 머리가 나쁘다는 뜻으로 '새 대가리' 라고 하는 말이 있죠. 조류의 두뇌 크기가 작아서 나온 말 같습니다. 영어에서는 닭 Chicken이라고 하면, 겁쟁이를 말합니다. 1955년작 영화 〈이유 없는 반항〉에서 제임스 딘이 학교의 문제아 일당인 버즈와 담력을 겨루는 장면이 나옵니다. 두 사람이 각각 차를 몰고 절벽을 향하다가 먼저 핸들을 꺾는 사람이 겁쟁이가 되는, 이 목숨을 건 게임을 바로 'Chicken-run' 이라고 하죠. 동서양을 막론하고 우리가 이렇게 비하해서 부르는 새나 닭이 최근 들어 우리에게 복수를 시작했나 봅니다. 바로 조류독감을 통해서 말이죠. 많은 학자들이 조류독감이 향후 수십 년 안에 수천만 명의 인명을 살상할 가능성이 있다고 경고하고 있습니다. 조류독감과 인간의 독감은 원래 같은 종류의 바이러스가 일으키는 질병이므로 독감 바이러스그림102에 대한 일반적인 설명을 먼저 드리도록 하겠습니다.

독감은 독감 바이러스가 일으키는 질병

영어로는 인플루엔자Influenza 또는 줄여서 플루Flu라고 하는 독감은 바이러스가 일으키는 급성 호흡기 질환의 한 종류입니다. 언론과 학계에서 '인플루엔자'와 '독감'을 섞어 사용하는데, 여기서는 독감으로 통일해서 부르도록 하겠습니다. 여기 계신 분들 중에서 독감 한번 앓아보지 않은 분은 없을 겁니다. 흔히 감기와도 많이 혼동하는데, 분명히 감기와 독감은 다른 바이러스가 일으키는 서로 다른 질병입니다. 독감에 걸리면 보통 고열이 나고, 근육통과 피로감 등을 동반합니다. 심하면 합병증까지 다양하게 나타나는데, 특히 폐렴이 나타나면 노약자의 경우 사망에 이를 수도 있습니다. 하지만 건강한 일반인은 수일에서 수주일을 끙끙거리면서 앓고 나면 낫는 병이죠. 우리나라의 경우 독감은 거의 어김없이 매

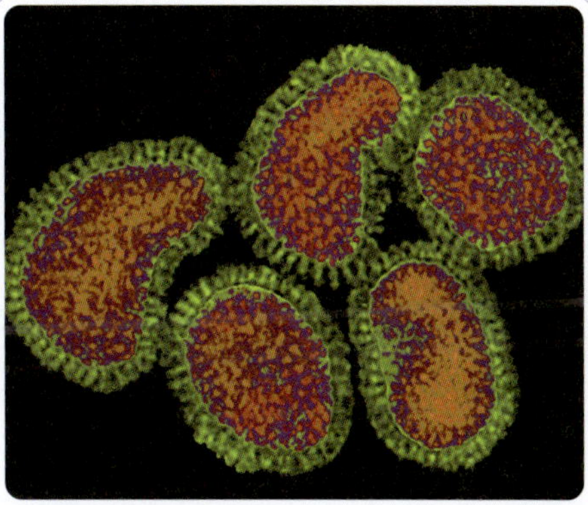

그림 102_

- **이름:** 독감 (인플루엔자) 바이러스
- **학명:** Influenza virus
- **종류:** 바이러스, ssRNA negative-strand viruses, Orthomyxoviridae
- **사는 곳:** 인간, 조류, 포유류
- **특징:** 인간을 비롯한 다양한 동물에게 독감을 일으키는 바이러스이다. 접촉 또는 공기 중으로 전파가 가능하고, 지속적인 변신을 하기 때문에 효과적인 백신이나 치료제의 개발이 어렵다. 자연계의 조류가 이들의 저장소 역할을 하며, 이중 일부가 돌연변이를 일으켜 사람에게 옮겨오면 치사율이 높은 조류독감이 된다.

년 10월경부터 이듬해 4월까지 유행하는 유행성 전염병입니다.

우리를 괴롭히는 대부분의 바이러스가 그렇지만, 독감 바이러스도 변신의 도사로 끊임없이 변종이 생깁니다. 한번 독감에 걸린 사람에게는 면역력이 생기는데, 새로운 변종 바이러스가 생기면 그 면역력이 큰 역할을 하지 못합니다.

변신을 위한 독감 바이러스의 구조

독감 바이러스가 왜 이렇게 많은 변종을 만드는지를 이해하기 위해서, 먼저 그 구조에 대해 알아야 합니다. 독감 바이러스는 독특한 유전체 구조를 가지고 있습니다. 유전체는 RNA 한 가닥으로 이루어져 있는데, 이것이 여덟 조각으로 잘라져 있습니다. 사람이 3만 개 이상의 유전자를 가지고 있는 데 비해, 독감 바이러스는 단 10개의 유전자를 가지고 있습니다. 무척 적은 수죠! 물론 독감 바이러스가 이렇게 적은 수의 유전자로 스스로 복제를 하고, 병을 일으킬 수 있는 것은 인간의 유전자를 빌려 쓰기 때문입니다.

그림103을 보시면 유전체 바깥을 이중 지질막으로 둘러싸고 있습니다. 그리고 지질막 바깥으로 독감 바이러스가 만드는 HA(헤마글루티닌Hemagglutinin의 약자)와 NA(뉴라미니다제Neuraminidase의 약자) 단백질이 돌출되어 있습니다. 바이러스의 유전체를 이루는 8개의 RNA 중 2개가 각각 HA와 NA 단백질을 만드는 유전자입니다. HA와 NA는 바이러스의 생활사에 중요한 역할을 하는 동

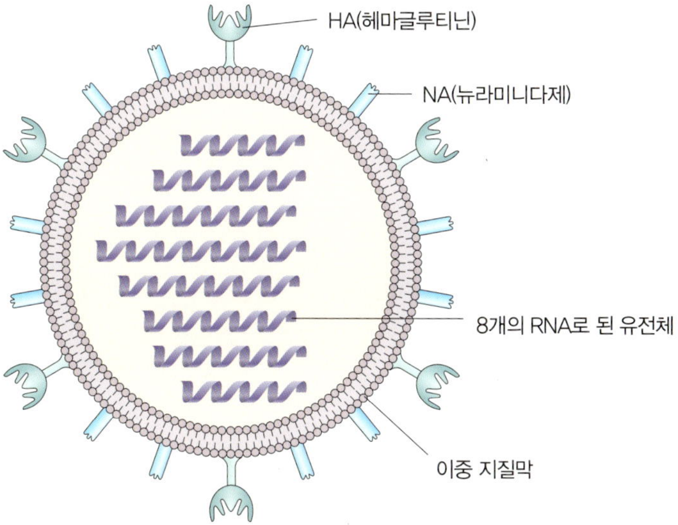

그림 103_ **독감 바이러스의 구조**
겉은 이중의 지질막으로 되어 있고, 그 바깥에 HA와 NA 단백질이 나와 있다.
내부에는 여덟 조각의 RNA로 된 유전체가 있다.

시에, 바이러스의 표면에서 세포 바깥쪽을 향해 돌출되어 있다는 공통점이 있습니다. 그래서 우리 면역세포들이 독감 바이러스를 공격할 때, 이 두 단백질을 인식하게 됩니다.

공기 중에 떠다니는 독감 바이러스가 코를 통해서 사람의 기관지로 침입했다고 가정해볼까요? 일단 바이러스가 우리 몸 안으로 들어오면, 우리의 면역세포는 바이러스 표면에 돌출되어 있는 HA와 NA 단백질을 보고 적으로 인지합니다. 그리고 이를 공격할 항체를 만들게 됩니다. 그래서 HA와 NA 단백질은 우리의 항체가 공격하는 물질인 항원으로 불리기도 하죠. HA와 NA 단백질 또는 항원은 우리 인간에게는 주 공격 대상이고, 바이러스에게는 주 수비 대상입니다. 그리고 지금 이 순간에도 HA와 NA를 중심으로 인간과 독감 바이러스의 숨바꼭질이 계속되고 있는 겁니다.

독감 바이러스의 변신술

현재 독감 바이러스는 크게 A, B 그리고 C형으로 나누고 있습니다. C형의 경우 아주 가벼운 증상만 나타나고, 전염성이 없다고 알려져 있습니다. 반면에 A와 B형은 우리가 알고 있는 독감과 조류독감을 일으킵니다. A형은 사람, 새 그리고 다양한 포유동물에 주로 감염되는 바이러스이며, B형은 사람에게만 감염되는 바이러스입니다. 특히 A형의 경우 HA와 NA 항원의 유전자형에 따라서 여러 개의 아형亞型으로 나누고 있습니다. HA 유전자의 경우 15개의 서로 다른 종류가 있으며, NA는 9개가 있습니다. 지금까지 우리가 자연계의 다양한 동물에서 발견한 수가 이렇다는 것이지, 실제로는 더 많은 종류의 HA와 NA 항원형을 가진 바이러스가 미지의 동물 안에서 살고 있을 가능성이 있습니다.

A형 독감 바이러스는 HA와 NA의 유전자형이 서로 다른 조합으로 나타날 수 있습니다. 마치 아이들이 많이 하는 레고 조각을 맞추는 것과 비슷합니다. 모든 가능성을 고려하면, HA 15종류×NA 9종류 = 135개의 서로 다른 A 아형이 가능합니다. 이렇게 종류가 많다 보니, 독감 바이러스의 아형을 표시하기 위해 주로 약

어를 사용합니다. 예를 들어 A형 독감 바이러스인데 HA가 제5형이고 NA가 제1형인 유전자를 가지고 있는 경우엔 'A/H5N1' 으로 부릅니다. 135개의 모든 조합은 바이러스가 전부 발견된 것은 아니지만, 원칙적으로는 가능합니다.

그럼 발도 없는 바이러스가 어떻게 서로 만나서 유전자를 섞을 수 있는 걸까요? 그림 104를 봐주시기 바랍니다. A/H1N3 와 A/H5N9 형의 바이러스가 있다고 가정해보겠습니다. 이 두 바이러스가 동시에 한 마리의 오리에게 감염되면, 두 개의 다른 바

A/H1N3
HA 1형과 NA 3형의 유전자를 가지고 있는 A형 독감 바이러스.

A/H5N9
HA 5형과 NA 9형의 유전자를 가지고 있는 A형 독감 바이러스.

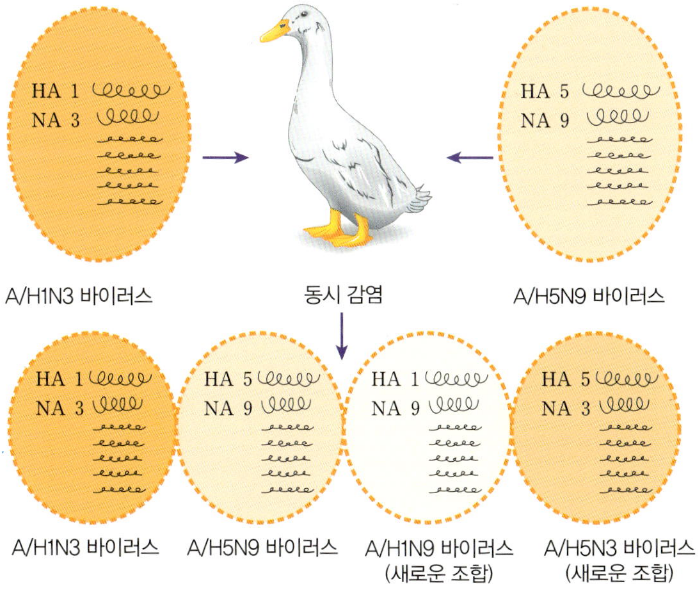

그림 104_ **동시 감염을 통해 새로운 바이러스가 만들어지는 과정**
두 개 혹은 그 이상의 바이러스가 하나의 동물 숙주에 감염되어, 새로운 유전자 조합이 나타날 가능성이 높다.

이러스가 하나의 오리 세포 속에 섞여서 증식하게 됩니다. 그리고 자식 바이러스가 만들어질 때 자연스럽게 두 바이러스의 유전자가 섞이게 됩니다. 자식 바이러스 중에는 원래 부모였던 A/H1N3와 A/H5N9도 존재하지만, 새로운 조합인 A/H1N9와 A/H5N3형도 만들어집니다. 이런 방법으로 자연계에서는 다양한 조합의 새로운 변종 바이러스가 발생할 수 있는 겁니다.

실제로 A형 독감 바이러스는 오리처럼 주로 물에 사는 새의 장에서 독감 증세 없이 증식이 가능합니다. 그리고 조류뿐만 아니라 말, 돼지와 같은 우리 주변의 포유동물, 심지어는 바다에 사는 고래나 물개와 같은 동물에게서도 발견됩니다. 자연계에 분포하는 많은 야생동물 사이에서 이런 조합에 의해 지금 이 순간에도 새로운 바이러스가 만들어지고 있는 겁니다.

바이러스의 변이와 인간 독감 바이러스

독감 바이러스가 처음 인공 배양된 1933년 이후로 A형 독감 바이러스 중에는 제1과 3형의 HA 유전자(항원)를 가진 바이러스와 B형 바이러스가 인류를 상대로 독감 유행을 일으켜왔습니다. 우리나라 질병관리본부에 따르면 국내에서는 일반적으로 A/H3N2 아형이 가장 많이 발견되고, 그 다음으로 A/H1N1과 B형이 유행하고 있습니다. 예를 들면 1997년에는 A/H3N2형이 많았고, 1998년에는 A/H1N1형이, 1999년에는 다시 A/H3N2형이 가장 많았습니다.

앞에서도 말씀드렸듯, 독감 바이러스는 인간 면역계의 공격을 피하기 위해 계속 유전자 변이를 일으킵니다. 학자들은 독감 바이러스가 일으키는 변이를 크게 소변이Drift와 대변이Shift로 나누고 있습니다. 소변이는 특정 아형의 바이러스 유전자, 특히 HA 유전자에 변이가 생긴 경우를 말합니다. 예를 하나 들어보죠. 1997년에 A/H3N2형의 일종인 A/시드니/5/97형 이 나타나자마자 전 세계로 급속히 퍼져나가면서, 그전에 널리 유행하던 역시 A/H3N2형의 변이 형태인 A/유한/359/95형 을 6개월만에 대체한 예가 있습니다. A/유한/359/95와 A/시드니/5/97은 모두 같은 HA3형의 바이러스이지만 HA 유전자가 조금 다릅니다. 그래서 A/유한/359/95에게 단련된 우리의 면역력이 그 다음에 나타난 A/시드니/5/97이라고 불리는 바이러스에게는 잘 대응하지 못하게 됩니다. 우리의 면역력이 최선을 다해 A/유한/359/95형을 물리치는 동안 A/시드니/5/97형이 재빨리 그 빈틈을 채운 셈입니다. 이렇게 소변이가 일어난 경우, 새로운 바이러스가 유행하지만 비교적 인간의 면역력이 쉽게 적응할 수 있습니다. 자라를 보고 전투를 준비한 면역세포가 거북이를 보고 처음에는 다른 점 때문에 조금은 놀라겠지만, 곧 쉽게 대응할 수 있는 것에 비유할 수 있겠네요. 이런 소변이가 일어나는 이유는 바이러스가 꾸준히 자신의 유전자를 돌연변이를 통해서 변화시키기 때문입니다. 이런 변화는 무작위로 일어나기 때문에 바이러스가 변이하는 방향을 미리

A/시드니/5/97형
1997년 시드니에서 처음 발견된 A형 독감 바이러스를 뜻함.

A/유한/359/95형
1995년 중국 유한에서 처음 발견된 A형 독감 바이러스를 뜻함.

예측할 수 없습니다.

그런데 독감 바이러스에게 대변이가 일어나면 이야기가 완전히 달라집니다. 이 경우에는 자라를 보고 준비한 면역세포들이 모양이 전혀 다른 코뿔소를 만난 것과 비슷하다고 할 수 있습니다. 한마디로 인간의 면역력이 전혀 맥을 못 추는 상태가 됩니다. 그럼 자라가 어떻게 갑자기 코뿔소가 될 수 있을까요? 이런 현상을 대변이라고 말씀 드렸지만, 사실은 변이가 됐다기 보다는 완전히 다른 HA 유전자를 가진 바이러스가 사람에게 처음으로 모습을 나타냈다고 하는 것이 정확한 표현일 듯싶습니다. 이때 대변이를 일으킨 바이러스는 대개 다른 동물로부터 오게 됩니다. 대변이는 사람에게는 엄청난 재앙이 될 수 있습니다. 바로 대표적인 사례가 1918년에 발생한 '스페인 독감' 입니다.

인류 최대의 위기였던 1918년의 독감 대유행

1914년부터 1917년까지 유럽을 휩쓴 제1차 세계대전은 약 1천5백만 명의 희생자를 냈습니다. 그런데 1918년에 발생한 스페인 독감그림105은 무려 5천만 명 이상의 희생자를 냈으니, 바이러스 하나가 세계대전의 몇 배에 달하는 인명 피해를 끼친 셈입니다. 이렇게 단시간에 우리나라 인구보다도 많은 희생자를 낸 병원균은 일찍이 없었습니다. 그리고 희한하게도 특효약이 있는 것도 아닌데, 단 1년 만에 이 독성이 강한 바이러스는 사라지고 지금까지

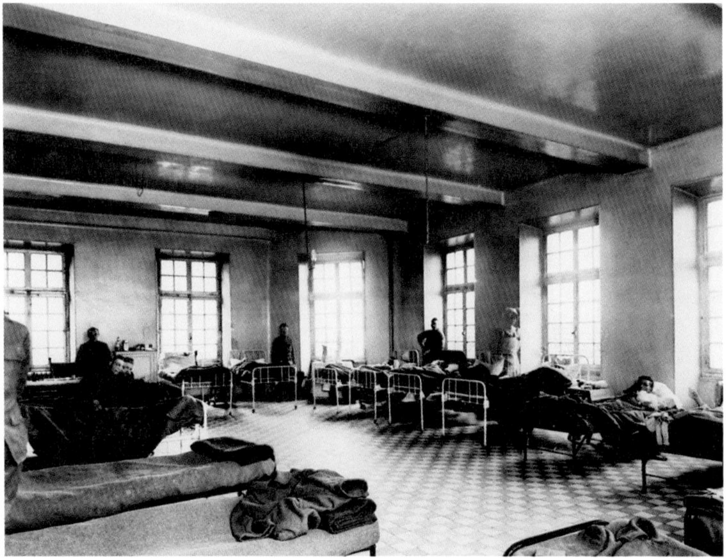

☞ 그림 105_ **1918년에 대유행했던 스페인 독감 환자를 위한 당시 미육군병원의 모습**
스페인 독감은 A/H1N1형에 속하며, 당시에 조류로부터 옮겨온 새로운 바이러스였다. 전 세계적으로 수천만 명의 희생자를 낸 최악의 병원성 미생물이었으며, 앞으로 이런 조류독감이 또 발생할 가능성은 항상 존재한다.

다시 나타나지 않고 있습니다.

자, 그럼 왜 이토록 스페인 독감 바이러스가 많은 희생자를 냈던 걸까요? 대부분의 학자들은 이때 완전히 새로운 형의 바이러스가 사람으로 옮겨왔기 때문으로 보고 있습니다. 이런 현상을 대변이라고 부른다고 이미 말씀드렸습니다. 그전까지 인간에게 감염된 적이 없는 완전히 새로운 형태의 바이러스가 동물로부터 인간으로 옮겨왔을 가능성이 상당히 높다는 추측입니다. 그리고 이 수수께끼를 풀려는 노력이 80년이 지난 지금도 계속되고 있습니다. 당시에는 바이러스에 대한 연구가 불가능했지만, 현대 과학은 1918년에 죽은 독감 환자의 폐조직으로부터 바이러스의 유전자를 분리해냈습니다. 그리고 그것이 제1형 HA 유전자를 가진 A/H1N1형에 속하는 바이러스라는 사실을 알게 되었습니다. 이어서 컴퓨터로 유전자 진화를 역추적한 결과, 스페인 독감을 포함한 A/H1N1형 바이러스는 모두 야생 조류로부터 옮겨온 것이며, 스페인 독감의 경우 조류독감 바이러스가 돼지를 매개체로 해서 옮겨왔을 가능성이 매우 높다는 점을 밝혀냈습니다.

스페인 독감 이후에도 대변이에 의한 독감의 유행은 때때로 일어났었습니다. 1957년에는 '아시아 독감'이, 1968년에는 '홍콩 독감'이 전 세계적으로 악명을 떨쳤습니다. 각각 100만, 70만 명의 사상자를 낸 맹독성 바이러스였죠. 1957년 아시아 독감 바이러스는 A/H2N2형인데, 나중에 유전자 분석을 통해 조류 바이러스가 사람에게 전파된 것으로 확인되었습니다. 1968년의 홍콩 독감은 1957년에 발생한 A/H2N2형에서 HA2가 HA3로 바뀐 A/H3N2형인 것으로 밝혀졌습니다. 그리고 홍콩 독감 바이러스의 HA3 유전자는 우크라이나의 오리에서 발견된 HA3 유전자와 90% 이상이 같았습니다. 다시 말해 수십만 명을 죽음으로 몰아넣은 이 HA3 유전자가 바로 야생 오리나 갈매기 한 마리로부터 왔다는 이야기가 됩니다.

조류, 돼지 그리고 사람

지금까지 발생한 치명적인 대유행은 독감 바이러스가 대변이를 일으켜서 발생했다고 말씀드렸습니다. 그리고 그 대변이는 거의 모두 조류에 존재하는 A형 독감 바이러스가 사람에게 감염되면서 시작된 것 같다는 설명도 드렸습니다. 사실 A형 독감 바이러스의 주된 숙주는 야생 조류입니다. 사람은 비교적 최근에 감염되기 시작한 듯합니다. 지금까지의 연구 결과를 종합해보면 우리에게 독감을 일으키는 A형 바이러스는 거의 모두 조류로부터 옮겨온 것으로 보입니다. 그리고 이때 중요한 역할을 한 동물이 바로 돼지입니다.

돼지는 조류에게만 걸리는 조류독감 바이러스와 사람에게만 걸리는 독감 바이러스에 모두 감염되는 특징을 가지고 있습니다. 앞에서 두 가지 이상의 바이러스가 하나의 숙주동물에 감염되면, 새로운 조합의 바이러스가 만들어질 수 있다고 말씀드렸습니다. 그래서 독감 바이러스에게 돼지는 최적의 믹서기 같은 역할을 합니다. 그리고 또 한 가지, 역사적으로 돼지는 사람과 아주 가까이 지내는 가축입니다. 많은 나라에서 돼지우리가 집 안에 있다는 것을 아실 겁니다. 제 기억으로는 우리나라도 얼마 전까지 그랬으니까요. 그래서 인간과 돼지가 쉽게 바이러스를 주고받을 수 있습니다.

실제로 한 종류의 동물을 숙주로 하는 바이러스가 진화적으로 유연관계가 먼 다른 동물을 감염시키기란 그리 쉬운 일이 아닙니다. 예를 들어 닭에게 발생하는 뉴캐슬병이나 가축의 구제역 바이러스는 아직까지 인간을 절대 감염시키지 않습니다. 마찬가지로 조류독감 바이러스가 인간을 감염시키는 일은 흔히 일어나지 않습니다. 그런데 돼지는 조류 바이러스에 비교적 쉽게 감염될 수 있습니다. 일단 돼지에 감염된 조류 바이러스는 돼지에서 적응을 한 후 사람에게도 감염시킬 가능성이 커집니다. 새보다 돼지가 사람과 더 진화적으로 가깝다는 점은 쉽게 이해할 수 있을 겁니다. 우리나라 올림픽 축구대표팀이 고지인 이란에서의 경기를 위해 역시 고지인 중국 쿤밍에서 연습을 한다는 뉴스가 있었습니다. 조류독감 바이러스도 인간에게 옮겨오기 전에 인간과 가까운 돼지 안에서 현지 적응 훈련을 한다고 생각하시면 비슷할 겁니다.

조류독감에서의 닭의 역할

많은 전문가들이 독감 바이러스는 원래 야생 조류에 사는 바이러스로 비교적 최근에 인간과 돼지를 비롯한 다양한 포유동물에게 옮겨온 것으로 보고 있습니다. 독감 바이러스는 숙주인 야생 조류에는 아주 잘 적응한 병원균입니다. 왜냐하면 숙주에게 거의 해를 끼치지 않고 자신을 효과적으로 증식시키기 때문입니다. 바이러스는 숙주 없이는 살 수 없습니다. 숙주를 빨리 죽이는 바이러스는 그야말로 '바보' 미생물입니다. 그리고 숙주에게 가능하면 해를 끼치지 않고, 유전자를 증식시켜서 다른 숙주로 자

손을 퍼뜨리는 병원균이 가장 똑똑하게 진화한 형태라고 볼 수 있습니다. 야생 조류에게 A형 독감 바이러스가 바로 그런 존재입니다. 그리고 철새만 해도 얼마나 넓은 지역을 돌아다닙니까? 이 바이러스가 야생 조류를 숙주로 삼은 것은 그들에게는 일종의 축복입니다.

그런데 이 A형 독감 바이러스가 우리가 많이 키우는 닭에게는 치명적입니다. 같은 가축 중에서도 오리에게는 큰 질병을 일으키지 않는데, 유독 닭만 잘 죽입니다. 물론 모든 조류독감그림 106이 닭에게 치명적이지는 않지만, 고병원성 바이러스의 경우 거의 100%

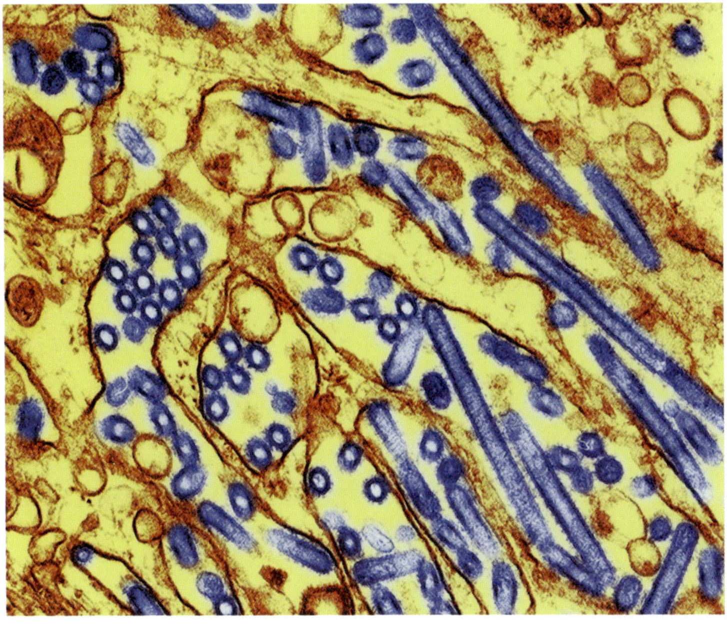

☛ 그림 106_ **1997년 홍콩에서 발생한 조류독감 바이러스(A/H5N1)가 숙주세포를 공격하는 모습**
바이러스는 청색, 숙주세포는 황색으로 표시가 되어 있다.

의 폐사율을 보입니다. 이것은 아직 이 바이러스가 숙주인 닭과 만난 지 얼마 되지 않아서, 적응을 잘 못했다는 증거이기도 합니다. 아무튼 양계장을 하시는 분들에게 독감 바이러스는 악몽입니다. 특히 요즘처럼 좁은 공간에 밀집해서 많은 닭을 키우는 경우에는 고병원성 바이러스가 나타나면 닭은 거의 전멸합니다. 양계 업계에서는 이 바이러스를 가금인플루엔자라고 부릅니다만, 이 역시 A형 독감 바이러스입니다.

일반적으로 고병원성 바이러스가 나타나면, 방역 기관에서는 마치 전쟁터를 방불케 하는 작전을 펼치게 됩니다. 그만큼 바이러스가 빠르게 퍼지기 때문입니다. 가능하면 빠른 시간 안에 바이러스의 종류를 파악하고, 만약 바이러스가 고병원성으로 판명 나면 발생 지역을 중심으로 수킬로미터 반경 이내의 모든 가금류를 도살 처분하게 됩니다. 물론 발생하는 순간부터 그 나라의 모든 가금류의 해외 수출은 중지됩니다. 초기 대처가 늦어져서 전국으로 퍼지면, 그 피해는 걷잡을 수 없게 되죠. 그만큼 방역을 담당하는 정부 부처의 치밀한 준비와 뛰어난 판단력이 필요하다고 말씀드릴 수 있습니다. 미생물과의 전쟁에서 순발력이 필요한 이유가 여기 있습니다.

1997년 홍콩에서는 무슨 일이 일어났나?

비교적 최근인 1997년 홍콩에서 우리가 우려하던 일이 발생했습니다. 바로 새로운 형의 조류독감이 사람에게 감염된 것입니다. 홍콩에서 18명의 환자가 발생해 그 중 6명이 사망했습니다. 홍콩 방역 당국은 곧 이 독감 바이러스가 사람에게는 한 번도 감염된 바 없는 A/H5N1형에 속한다는 사실을 알아냈습니다. 지금까지는 제1과 3형의 HA 유전자를 가진 바이러스만 사람에게 감염됐는데, 이번에는 제5형 HA 유전자를 가진 바이러스가 닭으로부터 사람으로 옮겨온 것이죠. 이 바이러스를 우리는 '홍콩 조류독감' 바이러스라고 부르고 있습니다. 아시아에서 참으로 아름다운 도시 가운데 하나가 홍콩입니다. 하지만 독감 바이러스와는 지독한 악연이 있는 곳이기도 합니다. 1968년 70만 명의 사상자를 낸 홍콩 독감이 전 세계적으로 홍콩을 유명하게 만든 다음에, 30년 후인 1997년에 또 다시 홍콩이 독감으로 유명세를 타게 됐으니까요.

홍콩 조류독감이 다른 바이러스보다 무서운 점은 이 미생물이 돼지를 거치지 않고 바로 닭으로부터 사람에게 옮겨왔다는 점입니다. 적응 훈련을 거치지 않고 바로 사람에게 감염이 됐으니, 아주 특출한 바이러스인 거죠. 홍콩 정부가 대부분은 멀쩡한 닭을 150만 마리나 폐사시키고 나서야 홍콩 조류독감 바이러스가 사라지고, 공포에 떨던 홍콩 시민들은 비로소 평온을 찾게 되었습니다.

1997년 홍콩이 그나마 죽음의 도시가 되지 않았던 가장 큰 이유는 바이러스가 재미있게도 닭에서 사람으로는 감염이 되지만, 사람과 사람 사이에는 감염이 되지 않았다는 사실입니다. 만약 사람 사이에 감염이 되었다면, 사스 바이러스에 수십 배 이상의 희생자가 홍콩뿐만 아니라 전 세계적으로 나왔을 것이라는 예측이 전문가들 사이에서는 중론입니다.

2003년에 다시 고개를 든 조류독감

2003년 12월에 충북 음성의 한 양계장에서 닭들이 설사와 호흡기 증상, 산란 저하 등의 증세를 보이며 폐사하는 일이 발생했습니다. 그리고 이 병은 손 쓸 틈도 없이 2.5킬로미터 정도 떨어진 오리농장에까지 번져갔고, 우리 당국은 이것이 우려하는 고병원성 조류독감 바이러스 때문은 아닌지 의심하게 되었습니다. 곧 감염된 계사와 오리농장을 폐쇄하고, 사흘만에 3만 마리의 닭과 오리를 도살 처분했습니다. 자식처럼 닭과 오리를 키워오던 농부들에게는 물론 피눈물이 나는 일입니다만, 전국으로 퍼지는 것을 막으려면 어쩔 수 없는 선택이었습니다. 그러나 이런 노력에도 불구하고 그 후 두 달간 17개 시도로 퍼져나갔고, 다행히 그 후에는 바이러스 유행이 진정 국면으로 들어섰습니다. 이때 우리나라에서 발생했던 조류독감이 바로 1997년에 홍콩에서 발생했던 A/H5N1형이라고 하는 홍콩 조류독감입니다.

우리나라에서만 조류독감의 유행을 막기 위해 수백만 마리의 닭과 오리가 강제로 폐사되었습니다. 하지만 우리의 경우는 그나마 상태가 양호한 편입니다. 태국과 베트남의 경우 4천만 마리의 가금류를 폐사시켰습니다. 그리고 더 중요한 것은 우리나라의 경우 인명 희생이 없었던 반면, 태국에서는 5명, 베트남에서는 12명이 사망했습니다. 태국의 여섯 살짜리 아이의 경우엔 조류독감에 걸린 닭과 함께 집 앞마당에서 놀다가 그만 감염되어 사망했습니다. 비슷하게 오리와 놀던 베트남의 여덟 살 난 여자아이도 조류독감의 희생양이 되었죠. 우리나라와 마찬가지로 동남아에 퍼진 죽음의 조류독감 역시 원인은 홍콩 조류독감인 A/H5N1형이었습니다.

2004년 조류독감 대란

당시 외국의 조류독감에 의한 사망 소식을 접한 우리나라에서는 한바탕 대란이 일어났습니다. 그런데 우리나라의 경우 아이러니하게도 조류독감 때문에 병사한 사람은 없었지만, 이로 인해 자살하는 사람이 생겨났습니다. 조류독감 발생에 대한 언론 보도로 닭과 오리의 수요가 급감하면서 농장주와 치킨점 업주 등이 비관 자살한 겁니다. 치킨집은 40~50대에 명예 퇴직한 직장인들이 가장 많이 하는 사업이죠. 많은 사람들이 언론의 선정적인 보도를 비난했습니다. 나중에 정부와 언론의 대대적인 "우리나라 닭과 오리는 안전해요" 캠페인 덕분에 다시 닭과 오리고기의 수요가 늘어났지만, 이미 상당히 많은 농장과 공장, 음식점이 문을 닫은 이후였습니다.

대부분 당시 언론의 자세를 비난하지만, 저는 꼭 그렇게만 생각하지는 않습니다. 당시에는 동남아시아의 살인 바이러스와 우리나라의 바이러스가 다르다는 연구 결과가 없었고, 단지 두 바이러스가 같은 홍콩 조류독감인 A/H5N1형에 속한다는 정도만 알고 있었습니다. 감염될 위험이 있는데도 없는 것처럼 덮어두는 일은 과거 독재정부나 최근 사스 바이러스에 대해 중국 정부가 취했던 조처와 무엇이 다르겠습니까? 다만 독감 바이러스는 직접 닭이나 오리를 사육하는 농장이나 가공 공장의 근무자에게는 감염의 가능성이 높지만, 음식으로 섭취하는 소비자에게는 위험도가 낮다는 점을 부각시키는 일을 소홀히 한 책임은 물론 언론에게도 있다고 보여집니다.

당시 조류독감에 대한 국민의 우려를 잠재우는 데 결정적인 역할을 한 것이 2004년 2월 말에 나온 미국 질병통제예방센터 CDC의 연구 결과입니다. 우리나라 질병관리본부는 2003년 12월에 국내에서 발생한 조류독감 바이러스를 채취해서, CDC에 검사를 의뢰했습니다. CDC는 우리나라의 바이러스 유전자를 분석한 결과, 치명적인 동남아시아의 바이러스와 상당히 다르다는 사실을 밝혀냈습니다. 또 족제비와 생쥐 같은 실험 동물에게 우리나라 바이러스를 주사해서 이들이 약한 감기 증상만을 보인다는 것도 알아냈습니다. 굳이 인간에게 감염시켜보지 않았지만, 이 바이러스가 인간을 비롯한 동물에게 아주 약한 병원성을 띤다는 점을 증명한 겁니다. 권위 있는 CDC의 결과를 언론에서는 대대적으로 발표했고, 우리나라 국민들은 안심하고 다시 본격적으로 닭고기를 먹기 시작했습니다. 아이러니하게도 일부에서는 이미 많은 양계 농가와 가공 공장이 파산해서 닭고기 품귀를 겪기도 했다고 합니다.

한 가지 아쉬운 점은 이렇게 국가적으로 중대한 사안을 외국인의 손을 통해야만 해결할 수 있었다는 점입니다. 저도 미생물학자의 한 사람으로서 부끄럽게 생각합니다. 하지만 미국이 CDC에 쏟아부은 예산과 인력을 우리나라 관련 기관의 감염성 질병에 투입된 예산과 비교하면, 필연적인 결과라고 볼 수 있습니다. 우리나라에 빨리 CDC와 같은 세계적인 미생물연구 기관이 만들어져야 합니다. 물론 저와 같은 과학자만 나선다고 되는 일이 아닙니다. 국민 모두가 성원을 해주셔야 가능한 일입니다.

현대는 총소리가 요란히 울리는 곳만 전쟁터가 아닙니다. 사스, 조류독감처럼 완전히 새로운 병원성 미생물과 싸우는 이런 연구 분야도 바로 우리 국민의 생명과 재산을 지키는 최전선입니다. 지금 이 시간에도 제대로 된 무기나 충분한 지원 없이 우리나라의 연구자들이 미생물들과 힘든 싸움을 하고 있습니다. 아직 미군의 국내 철수가 시기상조라는 것이 우리나라의 대체적인 국론이지만, 저는 정부와 국민의 충분한 지원이 있다면 외국 기관이 아닌 우리나라 연구기관이 병원성 미생물로부터 우리 국민의 건강을 지킬 수 있는 충분한 저력이 있다고 봅니다.

끝없는 숨바꼭질—변종 바이러스와 백신 개발

독감과 조류독감은 뚜렷한 특효약이 없습니다. 그래서 외출 후에는 손발을 씻는 등 개인 위생을 철저히 하는 예방이 중요합니다. 그리고 백신의 도움을 받을 수 있습니다.

문제는 거의 무한히 많은 종류의 독감 바이러스가 자연계에 존재하고, 이중에서 앞으로 어떤 바이러스가 유행할지는 아무도 정확히 예측할 수 없다는 데 있습니다. 마치 한여름에 다가올 겨울철 온도와 강설량을 예측하는 것과 비슷합니다. 잘 안 맞죠! 그럼에도 기상학자들이 매년 기상에 관련된 예측치를 내놓듯이, 바이러스 학자들은 최대한 연구 자료를 끌어모아서, 다음 겨울에 유행할 바이러스의 종류를 예측하고 있습니다. 세계보건기구는 1998년부터 2월과 9월에 각각 지구 북반구와 남반구에서 유행할 가능성이 높은 독감 바이러스를 예측, 발표합니다. 2월에는 우리나라가 포함된 북반구가 겨울이고, 9월이면 호주와 뉴질랜드 등의 남반구가 겨울에 해당합니다. 물론 과학자들의 예상이 맞는다면 더욱 좋겠지만, 좀 틀려도 독감 백신을 전혀 맞지 않는 편보다는 낫습니다.

조류독감의 대변이가 인류를 위협하다

맹독성의 새로운 독감 바이러스가 다시 유행할 조건 중에 하나는 사람이 야생 조류나 가금류 및 매개체 역할을 하는 돼지와

조류독감 Q&A

Q. 조류독감 바이러스의 정의는?

A. A형 독감 바이러스 중 야생 조류와 닭, 오리 등의 가금류를 숙주로 하는 바이러스. 이중 일부는 사람에게 감염돼 치명적인 독감을 일으킬 수 있다. 조류독감 바이러스 중 극히 일부만 사람에게 감염될 수 있다. 아직까지 사람과 사람 사이에서 전염된 경우는 극히 드물다.

Q. 조류독감에 걸리지 않는 방법은?

A. 일단 조류독감이 유행하지 않는 지역에서는 안전하다. 유행을 하더라도 닭, 오리, 야생 조류와 직접 접촉하지 않으면 안전하다. 독감 바이러스는 75도의 온도에서 5분 이상 처리하면, 단백질이 파괴돼 모두 독성이 없는 형태로 불활성화 된다. 따라서 익혀 먹는 프라이드치킨이나 삼계탕 등의 음식은 절대 안전하다.

Q. 독감 백신을 맞을 필요가 있을까?

A. 일반적으로 독감 바이러스 백신은 60~90%의 효과가 있다. 주로 노약자와 면역력이 떨어진 만성 질환 환자, 환자와 접촉이 가능한 보건 의료 종사자 등은 접종을 하는 것이 좋다. 백신을 접종하고 2주가 지나야 효과가 있으므로, 독감이 유행하기 전인 9월에는 백신을 접종하는 것이 좋다. 바이러스의 변이 때문에 독감 백신은 매년 새로 접종해야 한다. 하지만 아직 조류독감에 대한 백신은 없다.

신체적으로 가까운 환경에서 생활하는 것을 꼽을 수 있습니다. 축산업이 대형화 · 자동화 된 우리나라는 문제가 없지만, 중국을 비롯한 태국, 베트남, 인도네시아, 홍콩 등지의 남동부 아시아 국가에서는 지금도 농부 또는 도축업자가 닭, 오리, 돼지와 같이 생활하는 환경에 살고 있습니다. 많은 바이러스 학자들이 이들 지역에서 대변이가 일어난 변종 바이러스의 출현 가능성을 높게 보고 있는 것도 이 때문이죠.

물론 그렇다고 우리나라도 안심하고 있을 수만은 없습니다. 사스 바이러스의 경우처럼, 다른 나라에서 발생한 바이러스는 불과 수시간 만에 인천공항을 통해 나와 내 가족에게 전염될 수 있습니다. 그래서 우리나라도 세계적인 독감의 유행 추이를 주시하고, 철저한 준비를 할 필요가 있습니다. 여기에는 지속적으로 국내의 야생 조류가 가지고 있는 바이러스를 모니터링하는 연구도 포함되어야 할 겁니다. 우리나라에서도 충남대학교와 경희대학교 연구팀이 국내 조류에 대한 독감 바이러스 연구를 하고 있는 것으로 알고 있습니다. 1918년에 스페인 독감이 유행했던 때와 비교해서 지금의 독감 치료법은 크게 향상되지 않았습니다. 그러니 최선의 방법은 바이러스의 유행을 예측하고 예방하는 길뿐입니다.

광우병은 스펀지 모양 뇌질환

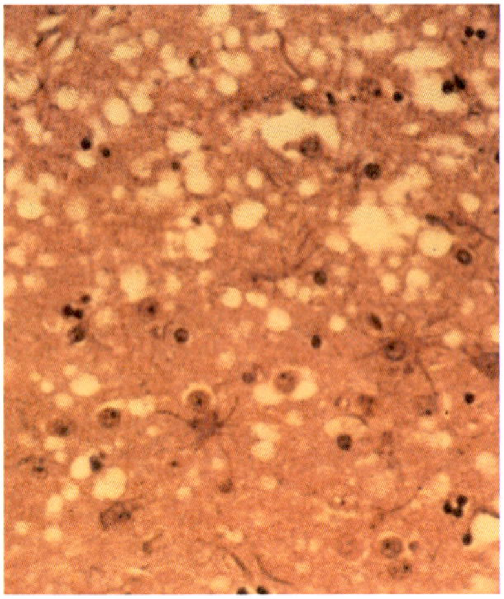

☛ 그림 107_ 광우병에 걸린 소의 뇌를 현미경으로 본 사진으로, 스펀지처럼 구멍(노란 부분)이 뚫려 있다.

사스나 조류독감과 비슷하게 최근에 동물로부터 전해온 질병이 광우병입니다. 다행히 우리나라에는 아직 보고된 인간광우병 환자는 없지만, 전 세계적으로 간헐적으로 발생하고 있는 광우병 때문에 온통 난리입니다. 광우병은 영국에서 나온 Mad Cow Disease란 말을 그대로 바꾼 단어입니다. 말 그대로 소가 미치는 병이죠. 아마 TV에서 광우병에 걸린 소가 침을 흘리면서, 제대로 서 있지도 못하고 넘어지는 모습을 보신 적이 있을 겁니다. 이렇게 미친 소로 변하는 이유는 바로 감염된 소의 뇌가 마치 구멍이 많이 난 스펀지처럼 변하면서, 그 기능을 상실하기 때문입니다.그림107 이런 질병을 통칭해서 의학적으로 해면상뇌증, 풀어서 스펀지 모양의 뇌질환이라고 합니다. 해면상뇌증은 소에게만 발병하는 것은 아니며, 인간을 비롯한 다양한 동물에서 발견됩니다. 우리에게 특히 문제가 되는 광우병그림108에 대해서 알아보기 위해서, 문제의 기원이 되는 지금으로부터 3백 년 전으로 거슬러 올라가 보겠습니다.

그림 108_ **광우병에 걸린 소**
소가 광우병에 걸리면 과민해지거나 난폭해지고, 제대로 서 있지 못하며 우유 생산량이 줄고, 식욕이 있음에도 체중이 감소하는 현상이 나타난다.

스크래피는 양에게 발생하는 스펀지 모양 뇌질환

18세기 영국에서는 산업혁명이 가속화되면서 양을 키워 양모를 생산하는 일이 가장 중요한 산업 중의 하나로 부각되었습니다. 당연히 영국의 농부들은 교배를 통해 우수한 품질의 양모를 얻기 위한 육종을 하게 됩니다. 이런 육종을 하다보면 일반적으로 근친교배를 많이 하게 되고, 뜻하지 않게 불량 유전자가 축적돼서 그 생물에게 치명적일 수도 있습니다. 사람도 이런 이유 때문에 가까운 친척과의 결혼을 법으로 금지하고 있습니다. 이런 과정에서 영국의 농부들은 키우던 양 중의 일부가 몸을 자주 긁고 비틀대다가 결국 죽어버리는, 치명적인 병에 걸린 것을 발견했습니다. 이 병을 '몸을 긁는다' 라는 뜻의 스크래피Scrapie그림109라고 불렀는데, 소에게 발생하는 것을 광우병이라고 하듯이 스크래피는 양에게

그림 109_ **양의 프리온병인 스크래피**
양모의 대량 생산을 위한 육종의 결과로 발생했으며, 나중에 광우병의 원인이 되었다.

발생하는 스펀지 모양 뇌질환입니다. 그 후에 스크래피는 영국뿐만 아니라 프랑스, 독일 등에서도 많이 발견되었는데, 양의 근친간 교배를 금지한 19세기 후반부터는 이 질병의 발병이 현저히 줄어들었습니다.

크로이츠펠트-야콥병은 인간에게 발생하는 스펀지 모양 뇌질환

사람에게도 소의 광우병이나, 양의 스크래피와 같은 스펀지 모양의 뇌질환이 있는데, 이 병을 발견한 한스 크로이츠펠트Hans Gerherd Creutzfeldt와 알폰스 야콥Alfons Maria Jakob의 이름을 딴 크로이츠펠트-야콥병∿, 일명 CJD라고 부르고 있습니다. 1920년에 처음 보고된 이 병은 발병하면 수개월에서 1년 이내에 모두 사망하는, 사람에게 발생할 수 있는 가장 치명적인 질병 가운데 하나입니다.

CJD는 크게 산발형 CJD와 유전형 CJD로 나눌 수 있습니다. 산발형은 알 수 없는 이유로 멀쩡한 사람이 CJD에 걸리는 경우로 백만 명당 1명꼴로 나타날 정도로 희귀하지만, 모든 나라에서 발생합니다. 우리나라에서는 2003년에만 수십 명의 환자가 발생했다고 합니다. CJD는 주로 60세 이상의 고령 노인에게 주로 나타나며, 여러 면에서 치매와 비슷한 양상을 띠고 있습니다. 유전형 CJD는 가족 중에 CJD에 잘 걸리는 유전인자가 있을 경우, 자식들에게 이 질병이 일어나는 것을 말합니다.

∿ **크로이츠펠트-야콥병**
Creutzfeldt-Jakob disease, 줄여서 CJD라고 한다.

천천히 죽이는 슬로우 바이러스 가설

양이 걸리는 스크래피의 경우엔 병에 걸린 양의 뇌를 다른 양에게 주사하면 그 양이 스크래피에 걸립니다. 이건 분명히 병에 걸린 양의 뇌에 질병을 전달하는 병원체가 있다는 이야기가 됩니다. 1954년 아이슬란드에서 스크래피를 연구하던 시구드슨Bjorn Sigurdsson 박사는 이 병원체를 '슬로우Slow 바이러스' 라고 명명했습니다. 여기서 '슬로우' 는 잠복기가 수개월에서 수년까지 길다는 것을 의미합니다.

1940년대에 지금의 파푸아뉴기니의 산악 지방에 사는 부족인 포레족 사이에 CJD와 비슷한 질병이 많이 발생한 것으로 밝혀졌습니다. 보통 CJD가 백만 명에 1명이 발생하는 희귀한 질병인데 반해, 불과 3만 5천 명인 포레족에게 3천 명 이상이 걸리는 이 질병은 결코 희귀병이 아니었죠. 포레족은 이 질병을 그들의 언어로 몸을 '흔들다' 라는 뜻의 '쿠루' 라고 불렀는데, 이 질병은 부족의 한 관습과 관련이 있다는 사실이 나중에 알려졌습니다. 포레족은 가족이 죽으면 그의 뇌를 생으로 먹는 관습이 있었는데, 이를 통해 죽은 사람의 영혼이 산 사람과 함께 한다고 여겼기 때문입니다. 일종의 식인 관습인데, 절대로 나쁜 의미라고 보기는 어렵죠.

1950년대 중반부터 과학자들은 뇌가 스펀지처럼 변하면서 발생하는 치명적인 질병인 스크래피, CJD 그리고 쿠루병이 매우 비슷하다는 사실을 인지하기 시작했습니다. 미국 국립보건원의 칼

리톤 가이듀섹(Daniel Carleton Gajdusek, 1923. 9. 9~) 박사는 이 질병이 전염이 되고, 원인체의 잠복기가 매우 길다는 것을 밝혔습니다. 그리고 그 업적으로 1976년 노벨 생리·의학상을 수상했습니다. 이때까지도 그 병원체는 슬로우 바이러스로 불렸습니다.

프리온 학설의 등장

1982년 미국 캘리포니아대의 스탠리 프루시너(Stanley B. Prusiner, 1942. 5. 28~) 교수는 스크래피에 걸린 양의 뇌를 실험동물의 일종인 햄스터에 주사해서 얻는 뇌조직에서 특이한 단백질 덩어리를 분리했습니다. 프루시너는 이 단백질을 프리온∿으로 명명하고, 이것이 바로 동물에서 스펀지 모양 뇌질환을 일으키는 병원체라고 주장했습니다. 그의 주장은 당시에 많은 과학자들로부터 비판을 받았습니다. 모든 생명체는 유전물질이 있어야 한다고 제가 첫 시간에 이미 말씀드렸죠. 대표적인 병원체인 박테리아나 바이러스, 모두 유전물질인 DNA나 RNA를 가지고 있습니다. 그런데 단백질 자체만으로는 유전물질이 될 수 없습니다. 이건 지금도 변함이 없는 사실입니다. 유전물질이 아닌 단백질이 병을 전파시킬 수 있다는 이 주장은 당시의 생물학자들 사이에서는 코페르니쿠스가 주장한 지동설처럼 황당무계한 내용이 아닐 수 없었죠. 그래서 프루시너를 이단아로 몰아붙이는 학계의 분위기도 있었습니다.

∿ **프리온**
Prion, Proteinaceous Infectious only의 약자. 단백질인데 전염이 된다는 의미이다.

그러나 결국 진실은 밝혀지는 법! 프루시너와 그의 주장을 따르는 과학자들의 연구로 결국 스크래피, 쿠루, CJD가 모두 단백질인 프리온에 의해서 전염된다는 사실이 밝혀졌습니다. DNA나 RNA와 같은 유전물질이 아닌, 단백질로만 된 병원체인 프리온을 발견하고, 기성 과학계에 새로운 패러다임을 제시한 프루시너 교수에게 1997년 노벨 생리 · 의학상이 주어졌습니다. 남들과 다른 생각을 하고, 기성세대의 사고방식을 뛰어넘는 용기, 이것이 바로 노벨상을 받을 수 있는 덕목입니다. 아쉽게도 학교나 학원에서 학생들을 입시 기계로 만드는 현재의 우리나라 교육 제도로는 과학 분야의 노벨상 수상자를 배출해내기란 너무나도 요원해보입니다. 노벨상 수상자 선정을 사지선다형으로 바꾸기 전에는 말이죠. 프리온은 비록 단백질 덩어리이지만, 아주 작고 감염을 시킬 수 있기 때문에 바이러스처럼 미생물로 분류가 되기도 합니다.

전 세계를 뒤흔든 광우병 대란

설명드린 바와 같이 사람과 동물에게 발생하는 스펀지 모양의 뇌질환이 프리온에 의해서 일어납니다. 앞으로 이런 질병을 프리온병이라 부르기로 하겠습니다. 이 프리온병은 쿠루의 경우처럼 사람과 사람 사이에 전파되기도 하지만, 동물 실험을 통해 다른 종간에도 전염이 된다는 사실이 밝혀졌습니다. 예를 들어 양의 스크래피 프리온을 쥐와 같은 설치류에 주사하면 설치류도 프리온병에 걸리게 됩니다.

이 사실을 몰랐던 우리 인간에게 드디어 재앙의 그림자가 드리운 시기는 1985년 4월입니다. 영국의 한 농장에서 키우던 홀스테인 젖소에게 양의 스크래피와 비슷한 증상이 발견되었습니다. 바로 소의 프리온병인 광우병이 처음 발견되는 순간입니다. 이후 영국에서는 수백에서 수천 마리의 소가 매년 광우병에 걸렸고, 사람들은 이 병이 사람에게도 옮겨지지 않을까 의심하기 시작했습니다. 노벨상을 받은 가이듀섹 등의 과학자들이 이미 1960년대에 프리온병이 다른 동물 사이에도 전염된다는 것을 밝혔다고 말씀드렸죠. 그리고 영국에서 수많은 소들이 새롭게 나타난 프리온병으로 쓰러져갔습니다.

조금만 과학적인 상식이 있는 사람이라면 이런 상황에서 프리온병, 즉 광우병에 걸린 소를 사람이 먹으면 안 된다고 생각했을 겁니다. 그런데 영국과 같은 선진국에서조차 이런 조치들이 빠르고 신속하게 이루어지지 않았습니다. 하기야 지금도 프리온이 광우병의 원인이 아니라고 주장하는 사람도 있는 형편이니까요.

1986년에 처음으로 광우병이 공식적으로 확인되고, 1988년에 영국 정부는 광우병에 걸린 소를 도살, 폐기 처분하도록 법을 바꾸었습니다. 그 사이에 얼마나 많은 광우병에 걸린 소가 시중에 유통됐는지는 아무도 정확히 모릅니다.

광우병은 왜 발생했을까?

영국의 과학자들에게는 왜 광우병이 갑자기 나타났는지에 대한 답을 찾는 일이 급선무였습니다. 왜 양의 스크래피 같은 프리온병이 소에게 나타난 걸까요? 여러 가지 자료를 조사해본 결과, 광우병은 어이없게도 우리 스스로가 만든 질병이라는 사실이 밝혀졌습니다.

영국에서 양을 도축하고 남은 뼈, 고기, 내장 등을 소의 사료에 섞여 먹인 것이 바로 그 이유였던 겁니다. 물론 이렇게 동물성 단백질을 먹으면 당연히 소가 빨리 자라겠지요. 이미 다른 종간에 감염이 가능하다고 알려진 프리온병이 이렇게 양에게서 소로 옮아간 겁니다. 그리고 광우병의 확산을 더욱 부채질한 요인은 광우병에 걸린 소를 다시 소에게 먹인 데 있습니다. 이 정도면 거의 인간의 만행 수준이라는 생각이 드실 겁니다. 초식동물에게 동물, 그것도 동족을 강제로 먹인 죄로 대자연이 우리에게 광우병이라는 벌을 내린 셈이죠.

1988년 영국 정부는 양이나 소의 사체를 다시는 양이나 소에게 먹이지 못하도록 법을 바꾸었습니다. 실제로 이것이 효과가 있었을까요? 그림110을 보시면 1986년에 처음 확인된 광우병에 걸린 소의 수가 급격히 증가하다가, 1992년을 기점으로 급격히 감소하는 것을 알 수 있습니다. 그림110 1988년에 동물성 사료를 금지한 것과 무슨 관계가 있을까요? 소의 광우병의 경우 2년 반에서 길게는 5년까지의 잠복기가 있습니다. 그러니 1988년의 동물성 사료

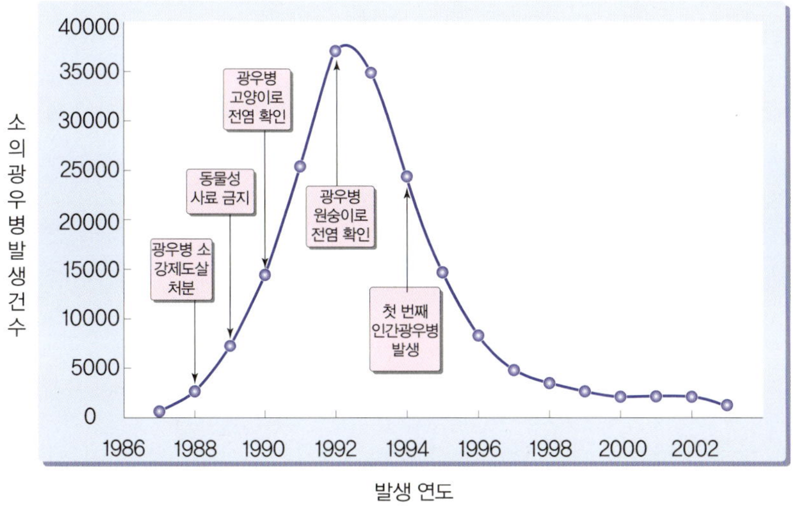

☛ 그림 110_ **영국의 연도별 소 광우병 발생 건수**
1992년에 37,000두로 최고를 이루다가 급격히 감소했다. 이는 양이나 소의 부산물 사료를 금지한 결과로 볼 수 있다.

의 금지가 잠복기 이후에 광우병의 감소로 이어지는 연관 관계를 충분히 알 수 있습니다.

프리온병이 소에서 인간으로 넘어오다—인간광우병의 발생

이 와중에 자국민을 위해 굉장히 발빠르게 움직인 나라들도 있었습니다. 미국의 경우 광우병이 발생하자 1985년 영국으로부터 소고기의 수입을 금지하고, 1989년부터는 광우병 발생 국가로부터 소나 양, 또는 그것으로부터 만들어진 부산물의 수입을 금지했습니다. 하지만 이미 양으로부터 소로 넘어온 프리온병이 사람에게 넘어오는 일은 시간 문제처럼 보이죠.

영국에서는 1990년부터 소의 프리온병인 광우병과 인간의 CJD가 서로 연관되는지에 대한 연구가 시작됐습니다. 1990년에는 광우병 소고기를 먹은 고양이가, 1992년에는 역시 광우병 소고기를 먹은 동물원의 원숭이가 프리온병에 걸린 사실이 확인됐습니다. 원숭이도 걸렸으니, 이 무서운 질병이 인간에게 점점 더 다가오는 것이 분명해 보였겠지요. 그리고 마침내 처음 소에게 광우병이 나타난 지 10년쯤 후인 1994년에 한 젊은 영국인이 CJD와 비슷한 증상으로 병원에 입원하였습니다.

그런데 이 CJD 환자는 다른 CJD 환자와 달랐습니다. 일반적으로 부모로부터 유전되거나 자연 발생하는 CJD는 60세 이상의 고령에서 주로 발병하는데, 이 환자는 불과 19세였습니다. 나중에 알려졌지만, 이 환자는 사람에게 희귀한 질병인 CJD가 아닌, 광우병에 걸린 소고기를 먹고 프리온병에 걸린 첫 번째 환자였던 겁니다. 그 후에 이 질병을 인간광우병, 또는 변형 CDJ(인간광우병, 줄여서 vCJD)라고 부르게 됐습니다. 요즘 신문에서 광우병과 CJD를 혼동하는 경우가 많은데, 소가 걸리는 병은 광우병, 인간이 걸리는 자연 발생적인 병은 CJD, 그리고 우리가 우려하는 광우병에 걸린 소고기를 먹고 인간이 걸리는 병은 인간광우병으로 불러야 합니다.

인간광우병과 광우병의 현주소

말씀드렸듯이 소에게 발생하는 광우병은 동물성 사료를 전 세계적으로 금지한 이후 현저하게 줄어들어 지금은 거의 사라졌습니다. 국제기구인 국제수역사무국의 홈페이지∿에서 가장 최근의 발생 상황을 누구나 볼 수 있습니다. 한때 3만 마리가 넘던 광우병 소는 2002년에는 2천 마리, 2003년에는 천 마리 수준으로 줄어들고 있습니다. 워낙 잠복기가 길고 광우병의 병원체인 프리온이 새끼에게도 전파될 수 있으므로, 광우병을 지구상에서 완전히 몰아내는 데는 앞으로도 상당한 시일이 걸릴 듯싶습니다.

∿ **국제무역사무국**
http://www.onie.int/eng/info/en-esb.htm

소의 경우 그동안 18만 마리 이상이 광우병에 걸려서 폐사되었는데, 그림111 사람의 경우엔 어떻게 됐을까요? 광우병에 걸린 소고

그림 111_ 광우병이 발생한 영국에서 강제로 폐사되고 있는 소

기를 먹고 감염된 인간광우병 환자는 2003년까지 영국 143명, 프랑스 6명, 아일랜드 1명, 이탈리아 1명, 미국 1명, 캐나다 1명으로 총 153명입니다. 이중 캐나다, 아일랜드, 미국의 경우는 모두 광우병이 유행하던 시기에 영국에서 살았던 사람들입니다. 이들 인간광우병 환자 모두는 영국을 비롯한 광우병 발생 국가에서 거주한 경험이 있던 사람들이고, 이는 광우병과 인간광우병이 서로 연관이 있다는 또 하나의 근거가 됩니다. 역시 잠복기 때문에 인간광우병 환자가 계속 발생하겠지만, 궁극적으로 광우병이 퇴치되면 인간광우병도 사라지리라는 것이 일반적인 과학자들의 예측이자 바람입니다.

광우병에 대한 과잉 우려?

다 아시다시피 2003년 12월에 미국에서 광우병에 걸린 소가 처음 발견됐습니다. 그 시점에서 미국으로부터 많은 양의 소고기를 수입하던 우리나라에게는 엄청난 충격이 아닐 수 없었지요. 혹자는 수입 소고기의 소비가 줄고 한우의 소비가 늘 것이라는 낙관적인 전망을 내놓기도 했지만, 실제로 이 사건은 소비 위축으로 인해 축산 농가의 절망으로 이어졌습니다. 그리고 즉각적으로 미국산 소고기 수입을 금지한 우리나라에 "광우병소는 원래 캐나다산이니 다시 수입을 재개하라"는 미국의 거센 압력이 들어오고, 정부는 초강대국 미국과 힘겨운 외교적인 힘겨루기를 해야 하는 상황에 직면하기도 했었습니다.

먼 미국땅에서 광우병에 걸린 소 한 마리가 우리나라 사람들의 생활에 아주 큰 영향을 주었습니다. 소 한 마리의 병이 매년 수만 명 이상 사망하는 여타 질병보다도 훨씬 더 사회적인 파괴력과 영향력을 지닌 것이 지금 우리 사회의 현실입니다. 정말 이렇게 태평양 건너의 소 한 마리가 걸린 병 때문에 온 국민이 식사 메뉴까지 바꾸어갈 필요가 있을까요?

우리나라에서의 광우병 발생 가능성은?

먼저 확실한 것은 인간광우병은 광우병에 걸린 소고기를 먹여야 걸립니다. 그러니 우리나라에서 광우병 걸린 소고기가 유통되지 않으면 됩니다. 가까운 일본에서도 광우병에 걸린 소가 발견됐지만, 다행히 아직까지 우리나라에서 광우병에 걸린 소가 발견되었다는 보고는 없었습니다. 그리고 소가 광우병에 걸리는 직접적인 이유인 소나 양 등의 육골이 들어간 사료를 소에게 먹이지 않으면 광우병이 원천적으로 예방될 겁니다. 실제로 정부에서는 1996년부터 사료용 유럽산 육골분 수입을 전면 금지한 바 있습니다. 또, 2000년 12월부터는 소와 같은 반추가축에게 육골분의 사료를 먹이는 것을 전면 금지했습니다. 미국이 1997년부터 금지한 것에 비하면 좀 늦은 감이 있지만 현재 우리나라에서도 광우병을 예방하기 위한 모든 조처를 취하고 있습니다.

☛ 그림 112_ **광우병을 검사하기 위해 뇌조직을 염색한 슬라이드**
이 슬라이드는 현미경을 이용해 일일이 조사해서, 광우병에 걸린 소를 가려낸다.

소나 사람 모두 죽은 후에나 광우병이나 CJD를 정확하게 진단할 수 있습니다. 우리나라에서는 매년 천 두 이상의 소를 도축한 후에 광우병 검사를 하고 있습니다. 그림112 그리고 광우병의 증후가 있는 소는 모두 검사를 실시하고 있습니다.

가축의 병을 다루는 국립수의과학검역원에서는 광우병과 양의 스크래피를 제2종 가축전염병으로 지정하고 있고, 인간의 병을 다루는 국립보건원에서는 인간광우병 역시 법정 전염병으로 지정해서 관리하고 있습니다. 물론 인간광우병이 감기처럼 사람과 사람 사이에서 전파된다는 사례가 보고된 바는 없지만요.

우리나라에서 인간광우병 환자가 나올 가능성이 있을까요? 광우병 소가 나올 가능성이 있을까요? 전문가들도 확답하기 어려운 질문입니다. 제 생각에는 가능성이 아주 없지는 않다고 봅니다. 하지만 현재 정부에서 가능한 모든 조처를 취한 상태이기 때문에 인간광우병이나 광우병이 발병할 확률은 아주 낮아 보입니다.

프리온병이 서로 다른 종 사이를 뛰어넘을 확률

스크래피, 광우병, 인간광우병은 각각 양, 소, 사람에게 일어나는 프리온병이라고 말씀드렸습니다. 양에게 일어나는 스크래피는 이미 3백 년 전부터 나타났던 질병입니다. 그리고 소의 광우병은 1980년대 중반이 되어서야 나타났습니다. 인간광우병은 1994년에야 첫 환자가 나타났습니다. 거기에다 여러 가지 증거가 나타내듯이 광우병은 스크래피에 걸린 양고기를 사료로 먹은 소에게, 인간광우병은 광우병에 걸린 소고기를 먹은 사람에게 나타났습니다. 이런 여러 가지 정황 증거를 종합해보면 "프리온병은 서로 다른 종간에는 전염될 수 있지만, 쉽게 일어나는 것은 아니다"라는 결론에 이를 수 있습니다.

양에서 시작한 프리온병이 사람에게까지 옮겨왔지만, 그렇게 되는 데 약 3백 년이 걸렸습니다. 그리고 재미있는 사실은 스크래피에 걸린 양고기를 먹고 프리온병에 걸린 사람은 아직 없었다는 겁니다. 그러니까 양→소→사람은 되지만, 양에서 사람으로 직접 전염이 되지 않는다는 사실입니다.그림113 그리고 광우병에 걸린

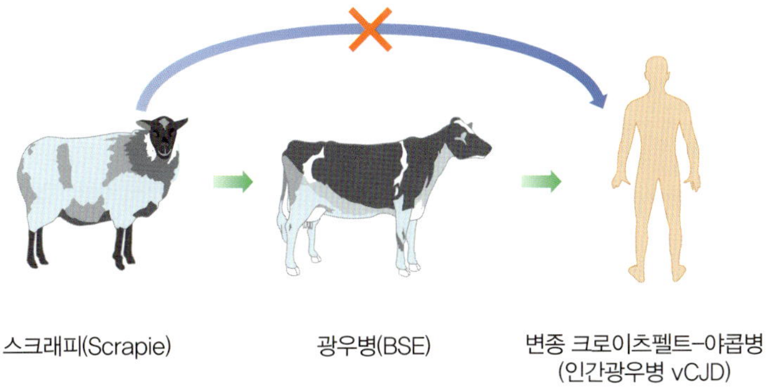

그림 113_ **서로 다른 종 사이에서 일어난 프리온병의 전이 경로**
스크래피가 3백 년 전부터 유행했지만, 양으로부터 사람으로의 직접적인 전이는 아직 발견된 바 없다.

소고기를 먹는다고 모두 광우병에 걸리는 것도 아니라는 사실입니다. 다시 말하면 소의 프리온이 사람에게 전염될 수는 있지만, 그럴 확률은 아주 낮습니다.

아직 이에 대한 직접적인 실험 증거는 없지만, 여러 가지 정황을 보면 이 사실이 확실합니다. 첫째 광우병의 진원지인 영국에서는 2003년까지 광우병에 걸렸다고 의심돼서 도살된 소가 18만 마리 이상이나 됩니다. 그런데 같은 기간에 인간광우병에 걸린 사람은 불과 143명에 불과합니다.

소 한 마리를 도축하면 그 고기를 몇 사람이나 먹을까요? 제 생각엔 143명보다는 많을 것 같습니다. 그렇다면 광우병에 걸린 소고기를 먹은 사람이 모두 인간광우병에 걸린다면, 지금까지 영국에서 유통된 광우병에 걸린 소는 많이 봐줘서 한 마리라는 이야기가 되는데 이건 말이 안 됩니다. 18만 대 143, 최악의 경우 광우병에 걸린 소고기를 먹는다고 해도 실제로 인간광우병에 걸릴 확률은 상당히 낮습니다. 더구나 우리나라와 같이 광우병에 걸린 소가 한 번도 보고된 적이 없는 경우에는 그 확률이 더욱 낮아집니다.

요즘에 제가 주변 사람들에게 이런 이야기를 많이 합니다. 우리나라에서 갈비탕을 먹고 광우병에 걸릴 확률보다, 갈비탕집에 가다가 교통사고로 죽을 확률이 수백 배는 높다고 말이죠. 식당가는 길에 발생할 수 있는 교통사고가 무서워서 점심을 굶는 분이 계신가요? 이렇게까지 말씀드렸는데도 걱정이 되시는 분은 채식을 하는 수밖에 없을 것 같네요. 지금부터는 프리온병이 왜 발생하는지에 대해서 말씀드리죠.

지킬박사와 하이드 씨—프리온 단백질의 이중성

사람과 소에게 모두 치명적인 인간광우병과 광우병의 원인이 되는 병원체는 프리온이라는 단백질이라고 이미 말씀드렸습니다. 광우병에 걸린 소의 프리온 단백질을 사람이 먹으면 사람의 프리온병인 인간광우병에 걸릴 수 있습니다. 이 프리온 단백질을 규명해서 노벨상을 받는 프루시너 교수는 이 프리온 단백질이 모든 사람에게 이미 내재되어 있다는 것을 알아냈습니다. 물론 여러분이나 저를 포함해서 모든 인류가 다 가지고 있습니다.

프리온 단백질을 만드는 유전자는 인간의 23개 염색체 중 20번 염색체에 존재합니다. 그러니까 우리 모두는 이미 인간광우병의 주범인 프리온 단백질과 이 단백질을 만드는 유전자를 부모로부터 물려받았다는 겁니다. 그리고 모든 소도 프리온 단백질을 가지고 있습니다. 그런데 어떤 소는 광우병에 걸리고, 다른 소는 광우병에 안 걸립니다. 비슷하게 모든 사람이 프리온 단백질을 가지고 있지만, 아주 일부만 CJD나 인간광우병에 걸립니다.

프리온을 발견한 프루시너 교수는 이것을 스티븐슨의 소설 속 주인공인 지킬박사와 하이드 씨로 비유했습니다.그림 114 그에 따르면 프리온 단백질은 정상적인 형태와 프리온병을 일으키는 형

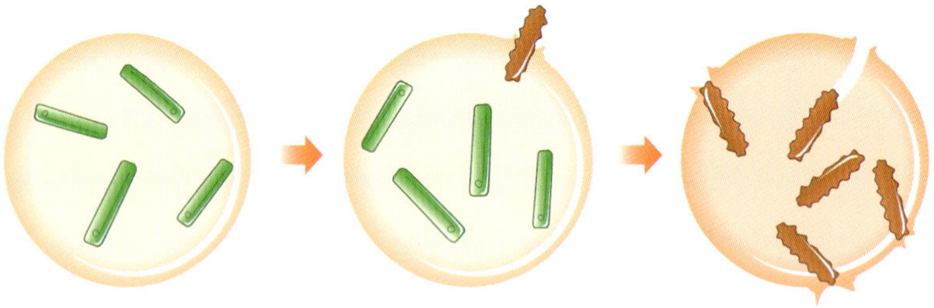

☛ 그림 114_ **프리온병의 발병 기작**
정상적인 세포 내에는 지킬 형태(녹색)의 단백질만 존재하지만, 외부에서 하이드 형태(붉은색)의 단백질이 들어오면 지킬 단백질이 모두 하이드 형태로 변하면서 프리온병이 발생한다.

태로 존재할 수 있다고 합니다. 저는 이것을 각각 지킬 단백질과 하이드 단백질로 부르겠습니다. 지킬과 하이드가 다른 사람입니까? 아니죠. 같은 사람입니다. 지킬 단백질과 하이드 단백질도 같은 프리온 단백질입니다. 지킬박사와 하이드 씨가 같은 신체에 서로 다른 인격을 가지고 있듯이, 지킬과 하이드 단백질도 같은 단백질이지만 서로 다른 형태로 존재합니다.

거의 모든 동물이나 사람은 모두 프리온 단백질을 가지고 있는데, 이때는 지킬 단백질의 형태입니다. 지킬 단백질은 뇌의 신경세포를 스트레스로부터 보호하는 중요한 역할을 하는 것으로 알려져 있습니다. 그리고 아주 가끔 이 지킬이 하이드 단백질로 자연스럽게 변하기도 하는데, 이 때문에 사람에게 CJD가 발생합니다. 그래서 CJD는 백만 명당 한 명이 발생하는 아주 희귀한 병이 되는 겁니다.

그런데 하이드 단백질은 지킬 단백질을 만나면, 이것을 하이드 단백질로 만듭니다. 하이드로 변한 단백질은 다시 주변의 지킬 단백질을 하이드 단백질로 바꾸어줍니다. 결론적으로 하나의 하이드 단백질만 있어도 순식간에 수많은 지킬 단백질이 하이드 단백질로 바뀐다는 이야기입니다. 지킬 단백질은 세포에 별 영향을 안 주지만 하이드 단백질은 서로 뭉쳐서 뇌세포 안에서 긴 막대 같은 모양의 덩어리를 형성합니다.그림 115 덩어리의 양이 많아지면 뇌세포가 죽고, 뇌는 구멍이 나면서 스펀지처럼 바뀝니다. 그렇게 된 사람이나 동물은 결국 프리온병에 걸리는 겁니다.

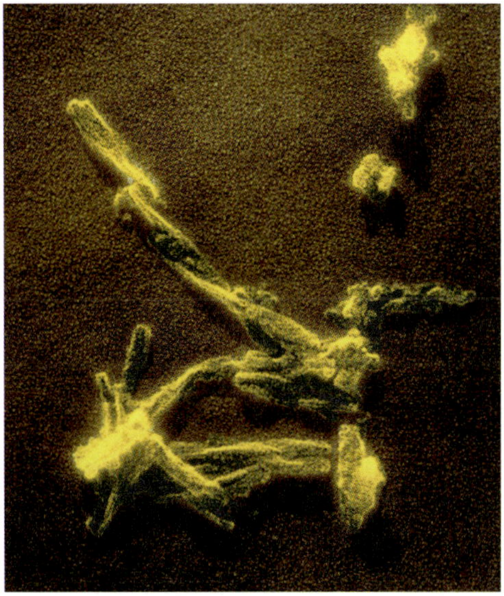

☛ 그림 115_ **프리온 덩어리**
프리온병을 일으키는 형태의 하이드 프리온 단백질이 뭉쳐서 막대 모양의 덩어리를 형성한 것을 전자현미경으로 찍은 사진이다. 이런 덩어리가 뇌세포 속에서 만들어지면 광우병이나 인간광우병 같은 프리온병이 발생한다.

프리온병은 피하는 게 상책

인간의 프리온병인 인간광우병에 걸리지 않으려면 어떻게 해야 될까요? 지금까지 설명드린 프루시너 교수의 프리온 가설에 따르면 하이드 단백질을 먹지 않으면 됩니다. 간단하지요. 그런데 음식에 하이드 단백질이 들어 있는지 여부를 알 수 있는 방법이 현재로서는 없다는 점이 문제입니다. 그러니 광우병에 걸리지 않은 소를 도축했다고 하는 축산업자와 유통업자 그리고 정부를

프리온병에 대한 일문일답 Q&A

Q. 프리온병이란?
A. 프리온이라고 부르는 단백질 병원체에 의해서 일어나는 질병. 사람과 동물에게 발생하며, 사람의 경우 크로이츠펠트-야콥병(CJD), 소는 광우병, 양은 스크래피라고 한다. 이 질병은 모든 동물에게 치명적이다.

Q. CJD는 인간에게 언제부터 발생했나?
A. CJD는 1920년대에 처음 발견되었으나, 그 이전에도 인간에게 발생했던 것으로 보인다. 백만 명당 1명이 발생하는 희귀병이다. 광우병에 걸린 소를 먹어서 발생하는 것으로 보이는 변형CJD(인간광우병, vCJD)는 1994년부터 발생해서 전 세계적으로 약 150명이 사망했다.

Q. CJD와 인간광우병의 차이는?
A. 광우병과 연관된 인간광우병은 CJD에 비해서 젊은 사람에게 발생하는 특징이 있다. 인간광우병 환자의 평균 연령은 27세이며, CJD는 55~75세 연령층에 많이 발생한다. 또한 인간광우병은 CJD보다 천천히 진행된다.

Q. CJD와 인간광우병은 치료할 수는 있는지?
A. 아직 치료제가 없으며, 발병하면 100% 사망하는 무서운 질병이다.

Q. CJD와 인간광우병을 예방하는 방법은?
A. CJD는 자연적으로 발생하므로 예방법도 없다. 그러나 인간광우병은 프리온을 먹지 않음으로 해서 피할 수 있다. 프리온은 바이러스와 달리 끓여도 죽지 않는 병원체이다. 현재로서는 음식에서 제거할 수 없고, 광우병에 걸린 소고기를 먹지 않는 것이 최선이다.

Q. 광우병에 걸린 소의 어떤 부위가 가장 위험한가?
A. 프리온은 광우병에 감염된 소의 뇌와 척수에서 가장 많이 발견돼 이들 부위가 가장 위험하다고 할 수 있다. 중추 신경계통의 부산물은 육류 가공제품과 섞일 수 있으며 이 경우도 위험하다. 우유와 같은 낙농제품은 안전한 것으로 알려져 있다.

Q. 앞으로 인간광우병이 발생할 확률은?
A. 양이나 소의 뇌, 내장과 같은 부산물을 소의 사료로 사용하는 것을 금지한 이후로 광우병이 급격히 줄고 있다. 또한 각국 정부는 광우병에 걸린 소고기가 시중에 유통되는 것을 철저히 막고 있다. 10년 이상의 잠복기 때문에 당분간은 인간광우병 환자가 산발적으로 발생하겠지만, 장기적으로는 인간광우병이 완전히 사라질 것으로 보인다. 다만 자연적으로 발생하는 CJD는 계속 발생할 것이다.

믿는 수밖에 없습니다.

만약 하이드 단백질이 있다면, 그걸 죽이는 방법은 있을까요?

박테리아와 바이러스에 속하는 대부분의 병원균은 60도 정도의 온도에서 죽습니다. 물이 끓는 온도에서 살 수 있는 병원균은 아직 없는 것으로 알고 있습니다. 그런데 이 프리온 단백질은 그야말로 불사조입니다. 우리나라의 대표적인 프리온병 전문가인 한림의대 김용선 교수는 프리온 단백질을 '다이하드' 단백질로 표현한 바 있습니다. 영화 〈다이하드〉를 보면 주인공 존 멕클레인이 어떻습니까? 비 오듯 쏟아지는 총알 세례에도 사이사이를 피해 다니면서 정말로 지독하게 안 죽지요? 프리온도 마찬가지입니다.

우리가 일반적으로 사용하는 미생물을 죽이는 방법으로는 하이드 단백질을 죽일 수 없습니다. 끓는 물로도 죽지 않고, 심지어는 단백질을 분해하는 효소도 하이드 단백질은 손 댈 수가 없습니다. 물론 불로 태우면 죽겠지만, 새까맣게 탄 소고기를 드실 분은 여기 아무도 없겠지요? 현재까지의 연구로는 하이드 단백질을 먹지 않는 것이 최선의 방법입니다. 적을 죽일 수 없다면, 피하는 것이 최선책인 거죠.

동물로부터의 새로운 전염병을 대비해야

오늘 살펴본 사스, 조류독감, 광우병은 모두 최근에 동물로부터 인간으로 숙주를 바꾼 질병입니다. 그리고 모두 앞으로도 오랫동안 우리를 괴롭힐 것으로 보입니다. 앞으로도 이런 미생물이 더 나타날까요?

저도 알고 싶은데, 사실 그 누구도 대답하기 힘듭니다. 하지만 많은 과학자들은 그 동안의 역사가 그래왔듯이 앞으로도 그럴 가능성이 높다고 예언합니다. 혹자는 지구 온난화와 새로운 질병을 연결하기도 하고, 혹자는 인간의 무분별한 환경 파괴와 이를 연관시키기도 하죠. 또 광우병은 결국 산업화와 대량 생산을 위한 인간의 의지 때문에 발생한 것이잖아요!

아무튼 중요한 것은 또 다시 이와 같은 새로운 전염병이 나타났을 때, 신속하고 적절하게 대처할 수 있는 시스템이 필요하다는 겁니다. 또 한 가지, 우리가 명심해야 할 점은 바로 우리가 '지구촌 시대'에 살고 있다는 점이죠. 사스의 경우처럼 불과 몇 시간만에 한 호텔에서 세계 각지로 새로운 전염병이 퍼져갈 수 있습니다. 바로 '아시아의 허브'인 홍콩이 '사스의 허브' 역할을 했던 것처럼 말이죠. 자국의 이익을 위해 질병의 유행을 은폐했던 중국 정부의 대처도 반드시 타산지석으로 삼아야 할 겁니다. 우리는 우리와 같이 살고 있는 미생물에 대해서 완전히 알고 있지 못합니다. 그러니 야생동물 안에 살고 있는 미생물에 대해서는 오죽하겠어요? 자연계에는 헤아릴 수 없을 정도로 많은 미생물이 인간에게 옮겨올 수 있는 가능성을 가지고 있습니다. 그 중 일부는 스페인 독감처럼 인류를 말살할 능력이 있을 수도 있고요. 그래서 우리가 준비를 해야 하는 겁니다. 이것이 바로 자동차나 TV를 만드는 것처럼 당장 돈을 벌지 못해도 이런 미생물에 대한 연구를 꾸준히 해야하는 이유입니다.

다음 여행을 기약하며

지금까지 저와 함께 미생물의 세계를 여행하신 소감이 어떠신지 궁금하네요. 이미 여러 차례 말씀드렸지만, 미생물은 정말 다양하고, 그들의 세계는 무한한 탐험을 필요로 합니다. 그리고 변신은

☛ 그림 116_ **세종기지 부근의 남극의 모습과 그곳에서 배양된 호냉성 박테리아**
이 미생물은 추운 곳에서만 자랄 수 있도록 진화했다.

제공: 최재천

☛ 그림 117_ **곰팡이를 농작물처럼 키워서 섭취하는 잎꾼개미**
대표적인 미생물과 동물이 더불어 사는 공생 관계다.

☛ 그림 118_ **세계적인 미생물 발효 기업인 (주)CJ사의 인도네시아 현지 공장**
미생물을 이용하는 산업은 국내 생명공학(BT)의 주요 분야다. 이곳에서는 미생물을 이용해서 전 세계 라이신의 15%를 공급한다.

또 얼마나 잘하는지. 비록 짧은 시간에 많은 미생물을 소개해드리려고 노력했지만, 제가 소개해드린 미생물은 전체의 0.01%도 안 됩니다. 이번에는 주로 인간과 관련된 미생물을 다뤘는데, 다음에는 자연에서 별의별 희한한 방법으로 살아가는 미생물에 대한 이야기도 해드리려고 합니다. 영하 수십 도의 남극에서 살아가는 호냉성 미생물, 물이 끓고도 남는 100도 이상에서 사는 호열성 미생물, 개미처럼 다른 생물체와 공생하며 사는 미생물, 우리가 버린 수많은 쓰레기를 분해해주는 미생물, 강화도 갯벌의 미생물처럼 우리 주변에서 지구의 생태계를 지켜주는 미생물, 바다의 골칫거리인 적조 미생물, 그리고 우리에게 돈을 벌어다주는 미생물 등에 대한 이야기를 드릴 수 있기를 빕니다. 그럼 또 다른 미생물의 세계로의 여행에서 뵙기로 하죠.

미생물학 연표

●1676년

38억 년의 역사를 가진 미생물을 인간이 처음 접하다

네덜란드 델프트시의 상인인 안토니 반 레벤후크Antonie van Leeuwenhoek가 현미경을 이용해서, 육안으로는 보이지 않는 '아주 작은 생물'이 존재함을 확인하였다. 이것이 인간이 미생물, 특히 박테리아를 관찰한 첫 기록이다.

●1796년

최초의 백신인 종두법의 개발

영국인 의사인 에드워드 제너Edward Jenner가 소천연두를 이용해서 천연두 감염을 예방하는 종두법을 개발하였다. 이는 미생물의 질병을 미리 막는 백신의 시초가 되는데, 백신vaccine은 이 때문에 라틴어 소vacca로부터 유래된 것이다. 우리나라에서는 지석영이 1879년에 처음 들여와서 시술하게 된다.

●1857년

전염병의 실체를 밝히다

프랑스의 루이 파스퇴르가 "전염병은 나쁜 기운이나 귀신이 아닌 미생물에 의해서 일어난다"는 가설(Germ Theory)을 주장하였다. 뒤이어 독일의 로버트 코흐Robert Koch가 이 가설을 증명하여, 코흐의 공리를 제안하였다.

●1878년

박테리아를 실험실에서 키우기 시작하다

조셉 리스터Joseph Lister와 로버트 코흐에 의해서 각각 액체와 고체 배양을 통해 미생물을 순수 분리할 수 있는 기술이 개발되었다. 이로써 인간이 자연계에 존재하는 미생물을 실험실에서 연구하거나, 대량 생산할 수 있는 길이 열렸다.

●1918년

스페인 독감이 유럽을 휩쓸다

1차 세계대전의 와중에 스페인 독감이 유행해서 전 세계적으로 수천만 명이 목숨을 잃었다. 이 바이러스는 당시 조류로부터 옮겨온 것으로 추정되며, 조류에 살고 있는 치명적인 인플루엔자 바이러스가 인간에 옮겨와 또 다른 재앙이 될 가능성이 점점 높아지고 있다.

●1977년

새로운 생물체 아케아 발견

미국의 칼 워즈Carl Woese와 조지 폭스George Fox는 유전자를 이용해서, 기존의 생물과 진화적으로 완전히 다른 새로운 생물체인 아케아를 발견하였다. 아케아는 주로 온도가 높거나, 염분이 높은 극한 환경에 사는 미생물이다.

●1977년

천연두 바이러스 박멸

인간에게 최대의 적 중 하나인 천연두 바이러스가 백신에 의해 지구상에서 사라진 승리의 해이다. 하지만 아직도 무기용으로 보관되어 있는 바이러스가 여러 곳에 존재하여, 우리를 위협하고 있다.

●1982년

프리온의 발견

광우병과 CJD의 원인인 단백질이 미국의 스탠리 프루시너Stanley B. Prusiner에 의해서 프리온으로 명명되었다.

●1983년

에이즈 바이러스 발견되다

수십 년 동안 인간 사회에서 조용히 퍼지던 에이즈 바이러스인 HIV가 프랑스의 뤽 몽타니에Luc Montagnier와 미국의 로버트 갈로Robert Gallo에 의해서 최초로 발견되었다.

●1990년

생물을 3개의 도메인으로 나누다

미국의 칼 워즈 등이 진화를 고려해 모든 생물을 3개의 도메인으로 나누었다. 박테리아, 아케아, 진핵세포군으로 불리는 도메인 중에 동물과 식물은 진핵세포군에 속한다. 미생물은 3개의 도메인에 널리 퍼져 있다.

●1995년

최초의 박테리아 유전체 해독

미국 유전체genome 연구소의 벤터Craig Venter 박사팀이 샷건 방법을 이용해서 최초로 박테리아의 유전체를 해독하다. 나중에 벤터는 같은 기술로 인간 유전체를 해독하게 된다.

●1997년

국내 최초로 신종 미생물 발견

국내 연구진에 의해서는 처음으로 서울대학교 미생물연구소팀에 의해서 신종 박테리아인 스트렙토마이세스 서울렌시스(학명: *Streptomyces seoulensis*)가 발표되었다. 이 미생물은 관악산 기슭에서 분리되었다.

●2002년

사스 바이러스 창궐

중국 광둥성에서 국지적으로 유행하던 사스가 홍콩을 통해 삽시간에 전 세계로 퍼지면서, 막대한 피해를 주었다. 감기를 일으키는 코로나 바이러스의 일종인 사스 바이러스는 야생동물로부터 인간으로 옮겨온 것으로 보이며, 아직도 특효약이나 백신이 없다. 지구 온난화와 생태계 파괴로 앞으로 이런 새로운 병원균의 발생이 예측되고 있다.

●2002년

세계에서 가장 수가 많은 생물종을 실험실에서 배양하다

해양에 사는 박테리아의 일종인 SAR11(학명: *Pelagiobacter*)은 전 세계 대양에 2.4×10^{28}개가 존재할 것으로 추정된다. 미국 오리건주립대학교의 지오바노니S. J. Giovannono 박사팀이 이 박테리아의 순수 배양에 처음으로 성공했다.

추천사

_작은 것들이 세상을 움직인다

다음과 같은 서양 속담이 있다.

우리를 진정 귀찮게 하는 것은 작은 것들이다. 코끼리를 피할 순 있어도 파리를 피할 순 없다.

우리를 진정 화나게 하는 것은 작은 것들이다. 산 위에 올라앉을 순 있어도 압정 위에 앉을 순 없다.

진정으로 중요한 것은 작은 것들이다. 마개 없는 욕조가 무슨 소용이 있겠는가?

나는 몇 년 전 『개미제국의 발견』이라는 책을 써서 작은 것들, 즉 개미들이 어떻게 이 지구를 지배하고 있는가에 대해 구구절절이 설명을 늘어놓은 적이 있다. 나는 감히 개미와 우리 인간이 이 지구를 양분하고 있는 두 지배자라고 생각한다. 기계문명사회의 지배자는 당연히 우리 인간이다. 우리가 만들어낸 사회를 우리가 지배하고 있는 것에는 큰 이견이 없어 보인다. 그러나 기계문명사회를 한 발짝만 벗어나 자연 생태계로 들어서면 그곳의 주인은 단연 곤충이다. 그리고 그 곤충들 중에서 가장 성공한 곤충이 개미다. 남극과 북극, 만년설로 덮여 있는 산꼭대기, 그리고 물속을 제외한 이 지구의 나머지 지역은 무려 1경 마리의 개미들로 뒤덮여 있다. 이 책의 저자 천종식 교수는 내가 개미에 대해 얘기하는 방식과 거의 비슷한 방식으로 미생물에 대해 얘기한다. 그런데 솔직히 좀 꿀린다. 그가 이 책에서 풀어놓는 미생물들의 숫자와 규모를 보면 실제로 이 세상을 지배하고 있는 작은 것들은 개미가 아니라 미생물이라는 사실을 인정하지 않을 수 없다. 기껏 꼬투리를 잡자면 내가 얘기하는 개미는 모두 한데 한 과(科, family)에 속하지만 그가 다루는 미생물에는 박테리아, 곰팡이, 바이러스는 물론 단백질 조각에 지나지 않는 프리온까지 포함되는 것이고 보면 정당한 비교는 아닌 듯싶다. 그러나 분명한 것은 이 세상 모든 식물과 동물이 다 사라져도 일부 미생물들은 살아남는다는 사실이다. 그러나 미생물이 모두 사라지면 식물과 동물은 여지없이 함께 사라진다. 미생물이 이 지구를 떠받치고 있다.

저자는 지구의 역사가 곧 미생물의 역사라고 떠벌린다. 46억 년 지구의 역사를 한 달에 비유한다면, 지구가 만들어진 지 3일째 되던 날 최초의 생명체가 탄생했고 14일째 되던 날 광합성을 할 줄 아는 시아노박테리아가 등장한다. 그에 비하면 우리 인간이 태어난 것은 마지막 날, 즉 30일 밤 11시 50분이었다. 미생물은 이 지구에서 가장 연장자이자 지금도 가장 활동적인 존재라는 사실을 부인하기 어렵다. 독일 태생 영국의 경제학자 슈마허(E. F. Schumacher, 1911~1977)는 『작은 것이 아름답다』라는 책을 썼다. 작은 것들은 아름답기도 하지만 무섭기도 한 존재들이다.

우리가 미생물을 두려워하는 까닭은 병원균으로서 그들의 가공할 위력 때문이다. 20세기 과학의 가장 위대한 업적으로 많은 이들이 페니실린의 발견을 꼽는다. 1929년 알렉산더 플레밍이 발견하여 1941년부터 약품으로 제작하기 시작한 페니실린은 우리 인간을 무서운 질병으로부터 구원한 구세주다. 우리 인간이 만일 페니실린을 발견하지 못했다면 지금쯤 과연 어떤 모습으로 살고 있을지 상상하기조차 끔찍하다. 페니실린의 발견은 인간 지능의 위대한 산물인 과학의 위대한 승리를 상징한다. 페니실린의 덕으로 전염병에 의한 사망률이 급격하게 떨어지던 1969년 미국 공중위생국 장관은 "전염병의 시대는 이제 그 막을 내렸다"고 호언장담한 적이 있었다. 하지만 이제 우리는 그가 얼마나 경솔했는지 너무나 잘 알고 있다.

1941년 이래 예를 들어 폐렴구균의 거의 90%는 페니실린에 의해 거의 꼼짝도 하지 못하는 신세가 되고 말았다. 그러나 1997년에 이르면 폐렴구균의 절반 가량은 페니실린에 내성을 지니게 된다. 게다가 이제는 적어도 세 종류의 박테리아는 우리가 개발한 100여 개의 항생제 그 어느 것에도 아랑곳하지 않고 활개를 치고 있다. 인간이 미생물과의 전쟁에서 조금씩 뒤처지기 시작한 것처럼 보인다.

미생물과의 전쟁에 관한 한 우리나라는 특별히 심각한 전장이다. 가장 취약한 전선으로 드러났다. 우리나라가 이처럼 엉망의 방어망을 갖게 된 데에는 미생물에 대한 우리의 무지가 한 몫 톡톡히 했다. 우리는 미생물 중 박테리아와 바이러스도 구별할 줄 모른다. 우리나라 사람들은 감기에 걸리면 너도나도 병원을 찾는다. 감기는 바이러스가 유발하는 병이기 때문에 항생제로는 치유할 수 없다. 그런데도 병원을 찾은 감기 환자들은 의사 선생님이 주사라도 한 대 찔러주지 않으면 병원 문을 나서며 저런 돌팔이 같은 놈 하며 욕을 한다. 이런 분위기 속에서 우리는 자연히 별 도움도 되지 않은 약들을 한 움큼씩 먹으며 감기와 씨름을 한다. 모르긴 해도 그런 약을 먹지 않는 것보다 적어도 하루나 이틀은 더 앓게 되는 것도 모르면서 말이다.

선진국의 의사 선생님들은 감기로 병원을 찾아온 환자들에게 감기에는 특별한 약이 없으니 집에 가서 물을 많이 마시고 화장실에 자주 가서 자꾸 씻어내며 그저 푹 쉬라고 한다. 그러나 만일 감기 증상처럼 보이지만 박테리아에 의해 생긴 후두염 같은 병이라고 판단되면 항생제를 복용하도록 한다. 대개 2주일 분량을 주며 몸이 다 나은 것 같더라도 2주일 분량을 끝까지 다 복용하라고 당부한다. 우리나라 사람들은 이 점에 있어서 다분히 이중적인 태도를 보인다. 주사라도 한 대 놔주지 않거나 약을 주지 않으면 섭섭해하던 사람이 약을 그저 하루이틀 먹어서 몸이 조금 편안해진다

싶으면 이내 “약은 몸에 안 좋아” 하며 복용을 멈춘다. 이 무슨 변덕이란 말인가.

나는 여기에서 민주주의를 들먹이려 한다. 민주국가의 국민이라면 받은 약을 전부 먹어야 할 의무가 있다. 우리가 약을 제대로 쓰지 않으면 독성이 약한 병원균만 죽이고 강한 균들은 살려서 다른 사람들에게 전파하는 결과를 초래하기 때문이다. 몸이 조금 편하다 싶으면 약도 먹지 않고 이 사람 저 사람 만나 악수도 하고 그들의 얼굴에 재채기도 해댄다. 병원균들의 세계도 일종의 생태계다. 약한 균들이 사라져 생긴 빈 서식지를 차츰 강한 균들이 메우기 시작하면 조만간 강한 균들만 우리 주변에 들끓게 될 것은 너무도 자명한 일이다. 이렇게 해서 우리나라는 전 세계에서 항생제 내성이 가장 강한 균들의 천국이 된 지 오래다. 모름지기 성숙한 민주국가의 국민이라면 남에게 나쁜 병원균을 옮기지 말아야 할 의무를 지닌다고 생각한다. 천종식 교수의 『고마운 미생물, 얄미운 미생물』을 많은 사람들이 읽어, 보다 건전한 과학 상식으로 재무장하여 우리나라의 항생제 후진국 오명을 씻게 되길 진심으로 기대한다.

그런가 하면 지나치게 깨끗한 환경이 오히려 우리 아이들을 아토피의 손아귀로 몰아넣고 있는지도 모른다는 얘기는 미생물을 대하는 우리의 태도에 전혀 다른 각도를 제공한다. 문제의 핵심은 미생물과 우리 인간 모두 자연의 일부로서 오랜 세월 함께 진화해 왔다는 사실이다. 저자는 스스로 자신을 분자생물학자라고 소개했지만 나는 이 책을 읽으며 그는 오히려 진화생물학자에 가깝다고 생각했다. 그는 분자생물학이라는 도구를 가지고 진화 현상을 탐구하는 생물학자다. 이 책을 읽는 독자들은 알게 모르게 우리와 함께 이 지구생태계를 공유하고 있는 미생물들과 우리 인간 사이에 벌어지는 공진화coevolution의 흥미진진한 드라마를 관람하게 된다. 생물은 그 어느 누구도 홀로 존재할 수 없다. 어느 누구도 다른 생물의 영향을 받지도 않고 다른 생물에게 영향을 끼치지도 않고 살 수는 없다. 모든 생물은 다른 모든 생물들과 공진화한다. 미생물과 인간만큼 끈적끈적하게 공진화하는 짝도 그리 많지 않을 것이다. 이 책에는 서로 경계를 늦출 수 없는 공진화에서 사뭇 우호적인 공진화까지 엄청나게 다양한 파노라마가 펼쳐져 있다.

나는 언제나 배움 중의 가장 훌륭한 배움은 배우고 있는 줄 모르고 있는데 배우게 되는 것이라고 생각한다. 저자는 강의하듯 친근하게 지식을 전달한다. 마치 사랑방에 모여 앉아 두런두런 얘기를 듣는 것처럼 구수하다. 그러면서 나도 모르는 사이에 질병에 관련된 미생물에서 김치, 와인, 요구르트에 이르기까지 우리 생활 가까이 있는 미생물들의 비밀들이 하나 둘씩 벗겨진다. 그러는 동안 어느새 강의는 거의 끝이 나고 이 세상은 진정 작은 것들이 움직이고 있다는 걸 알게 될 것이다. 그리고 당신은 그만큼 더 현명한 큰 동물이 되어 있을 것이다.

_최재천(서울대학교 생명과학부 교수,『생명이 있는 것은 다 아름답다』 저자)

추천사

_ 미생물의 세계로 들어가는 입문서

우편으로 날아온 원고를 받아들고 솔직히 두려움이 앞섰다. 두툼한 원고 뭉치가 과연 긴 문장과 두꺼운 책에 인내심이 부족한 요즘 젊은 세대에게 얼마나 호소력을 발휘할 수 있는가 회의적인 생각이 들었기 때문이다. 그러나, 페이지를 몇 장 넘기는 순간 나의 우려는 단지 기우에 불과했음을 느꼈다. 평소 미생물에 대한 첨단 지식을 접하기 어려운 독자들에게 '미생물의 세계'에 체계적으로, 또 새로운 발상으로 접근할 수 있게 편집한 흔적이 역력하였기 때문이다.

이 책은 실생활에서 접하거나 신문, 방송에서 흥미롭게 자주 다루는 주제를 일부 포함하였음에도 불구하고, 어느 한쪽에 치우치지 않게 대응되는 내용들을 번갈아 소개함으로써 독자들에게 미생물에 대한 균형 잡힌 시야를 형성할 수 있도록 해준다. 그런 의미에서 이 책의 기획 의도는 책의 부제처럼, 각 장의 대조되는 내용을 통해 인간의 삶에 끼친 미생물의 공과를 소개하려는 것이 아닌가 한다.

미생물에 대한 소개서라고 하면 자칫 다른 학자들의 이론만을 언급하기 쉬운데, 저자가 직접 실험에 참여하여 체득한 내용을 많이 담고 있어 현장감이 느껴진다. 우선, 쉽게 설명하려는 저자의 세심한 배려, 그리고 편집상의 노력이 곳곳에 묻어나 있다. 찬찬히 설명하듯 강의식으로 풀어낸 문체부터, 독자가 이해하기 쉽도록 풍부한 사진과 일러스트를 삽입하여 독자들의 흥미를 유발하고 있다. 또한 전문적인 용어는 우리 주변의 사물을 예로 들어 전혀 거부감 없이 받아들여진다. 책을 읽다보면 신문이나 방송을 통하여 보도되었던 내용의 후일담을 다시 읽을 수 있는 즐거움도 얻을 수 있다.

저자는 아직도 우리에게 생소한 생물정보학을 미생물학 전반에 접목하여, 다양한 미생물들의 사는 이야기를 기초부터 자세하게 풀어내고 있다. 다양한 생태계에서 분리, 동정한 한국산 미생물을 많이 소개하는 한편, 생생한 연구 내용과 과정을 흥미진진하게 경험할 수 있는 기회를 제공한다. 아마도 한국생명공학연구원에서의 연구 경험과 서울대학교에서의 강의 경험을 통해 다져진 풍부한 연구 및 교수 능력에서 우러난 유려한 문체와 참신한 기획 의도의 결과물이 바로 이 책이 아닐까 한다.

『고마운 미생물, 얄미운 미생물』은 어린 독자들에게 실생활에서 접할 수 있는 소재를 이용하여 평소 접하기 힘든 미생물에 대한 고급 정보와 현대 생물학의 최첨단 분야의 하나인 생물정보학을 아우르는 내용을 두루 소개하고 있다. 각 장의 내용 구성에 있어 자칫 지루해지기 쉬운 미생물학 강의를 우리 실생활에서 만지거나 겪을 수 있는 소재와 내용을 중심으로 설명하고 있다는 것이다.

이 책을 읽고 나면 다양한 종류의 미생물을 우리 주변에서 얼마나 쉽게 접할 수 있으며, 또한 실생활에서 그들이 우리에게 얼마나 이익이나 손해를 주는 이율배반적인 존재인가를 알 수 있게 해줄 것이다. 아울러 이 책은 그동안 우리 조상들이 살아오면서 터득한 실용적인 지식을 많이 담고 있어, 초보자가 미생물의 세계로 들어가는 입문서로서 매우 적당하다.

그동안 중·고등학생들을 대상으로 민족사관고등학교에서 생물 수업을 수년간 진행하면서, 단편적인 내용을 일관성 없이 나열하는 일반 생물학 교재에 아쉬움을 느껴왔다. 그러던 차에 나온 긴 가뭄 끝에 내리는 단비와 같다고 할 수 있다. 더 높은 차원의 지식에 목말라 하지만, 두툼한 전공서적에는 왠지 부담을 가졌던 일반인뿐만 아니라, 생물학 공부를 시작하는 중·고등학생들에게 미생물학의 세계로 가는 긴 여로의 첫 번째 인도서로서 이 책은 훌륭한 가교의 역할을 하리라 믿는다.

_ 나종욱 (민족사관고등학교 교사)

Index

거미줄 곰팡이 *Rhizopus nigricans* 110, 111

게이 증후군 182

계통수 206

고초균枯草菌 *Bacillus subtilis* 17, 124, 125

과민성 대장증후군 irritable colon syndrome 79

광우병 258, 260, 265, 266, 269, 271, 272

국제 바이러스 분류 위원회 190

글리코겐 *Glycogen* 88

기회감염성 병원균 201

나이세리아 메닝자이티디스 *Neisseria meningitidis* 140

낫또 127

누룩곰팡이 *Aspergillus* 109~111, 125

뉴라미니다제 Neuraminidase 238

뉴캐슬병 248

느타리버섯 *Pleurotus ostreatus* 17, 28

단單발효주 97

단백질분해효소 125

단행복발효 101

대장균 *Escherichia coli* 22, 50, 94

독감(인플루엔자) 바이러스 Influenza virus 237, 250

독시사이클린 155

돌연변이 204, 210, 243

락토바실루스 김치아이 *Lactobacillus kimchii* 120

락토바실루스 불가리쿠스 *Lactobacillus bulgaricus* 128

락토코커스 락티스 *Lactococcus lactis* 131

레트로바이러스 198

렌넷 131

류코노스톡 125

류코노스톡 시트리윰 *Leuconostoc citreum* 120

류코노스톡 젤리디윰 *Leuconostoc gelidium* 119

류코말라카이트 그린 84

리노 바이러스 Rhinovirus 226

리소자임 lysozyme 56

리스테리아 모노사이토제네스 *Listeria monocytogenes* 44

말라카이트 그린 Malachite green 85

맥아 101

메탄생성아케아 Methanogen 83

면역체계 172

뮤탄스균 *Streptococcus mutans* 58

미토콘드리아 Mitochondria 40

바실루스 *Bacillus* 146

바실루스 낫또 *Bacillussubtilis natto* 126

바실루스 스패리쿠스 *Bacillus sphaericus* 148

바이젤라 코리엔시스 *Weissella*

koreensis 120, 121
박테로이데스*Bacteroides* 72
박테리아의 포자 147
발암물질 86
발효제 111
백시니아 바이러스(우두 바이러스) Vaccinia virus 159, 160
백시니아 백신 162, 166
버딩budding 93
분자생물학Molecular biology 16
불소fluorine 58
브루셀라균*Brucella* 141
비브리오 콜레라 *Vibrio cholerae* 140
비피도박테리아 *Bifidobacterium* sp. 78
사스(코로나) 바이러스SARS corona-virus 170, 223, 225, 232, 234, 235, 252
사카로마이세스 엘립소이듀스 *Saccharomyces ellipsoideus* 98
사카로마이세스 칼스버겐시스 *Saccharomyces carlsbergensis* 103
산패酸敗 118
살모넬라균 150
상면발효 효모 101
생명의 계통수 32
생물무기 금지 협정Bioweapons Convention Treaty 164
세레비지아 102
소브리누스균*Streptococcus sobrinus* 58
소아마비 바이러스Poliovirus 168
숙주host 44
숙주동물 247
슈퍼스프레더Superspreader 232
슈퍼인펙션Superinfrction 195
스크래피Scrapie 260, 262, 264, 266, 273
스타터Starter 121
스트렙토코커스 써모필러스 128
슬로우 바이러스 263
시겔라*Shigella* 140
시아노박테리아(남조류)*Cyanobacteria*(blue-green algae) 39
시프로플록사신 155
아밀라아제amylase 59, 106
아스퍼질러스 소재 *Aspergillus sojae* 125
아케아Archaea 33
아토피 77, 78
아포크린샘apocrine gland 54
알테르나리아 *Alternaria* 137
양송이 28
에볼라 바이러스Ebola virus 170
에이즈AIDS 179, 180, 186, 187, 196, 211, 212
에임즈 균주 155
에임즈 탄저균 154
엑시도필러스 유산간균*Lactobacillus acidophilus* 88
엘립소이듀스 97

연쇄상구균*Streptococcus* 57, 119
열대열 원충*Plasmodium falciparum* 198
영지靈芝버섯*Ganoderma lucidum* 27, 28
원생생물Protists 35
유기산 134
유산간균*Lactobacillus* 88, 119, 125
유산균 72,81, 115, 117, 119, 122, 128, 129
유인원 면역 결핍 바이러스Simian Immunodeficiency Virus(SIV) 192
유전체 227
이질균 33
인간 면역 결핍 바이러스 Human Immunodeficiency Virus(HIV) 179, 187, 188, 191, 196, 197, 199, 200, 207, 209, 210, 217 ~219
인간광우병 267, 269, 274, 275
인디나비어Indinavir 210
자이고사카로마이세스*Zygosaccharomyces* 125
자일리톨 59
장내연쇄상구균*Enterococcus* 70
장티푸스균*Salmonella typhi* 140
정상균총 74
조류독감 248, 249, 251, 252~254, 256, 257
주폐포자충*Pneumocystis carinii* 181
중심도그마 44, 198
쥐천연두 바이러스Ectromelia virus 또는 Mousepox virus 172
지도부딘Zidovudine 210
진핵세포군Eucarya 34
질병통제센터 181
천연두 157, 161, 162, 166, 167, 178
천연두 메이저 바이러스Variola major virus 158
천연두 바이러스 156, 170
카포시 육종 Kaposi' s Sarcoma 181
칵테일 요법 214
캔디다 알비칸스*Candida albicans* 52
코로나 바이러스Coronavirus 224, 225
코클로디니움*Coclbodinium* 35
쿠루병 262, 264
크로이츠펠트-야콥병 261
클라미디아*Chlamydia* 224
클로스트리디윰 퍼프린젠스*Clostridium perfringens* 72, 80
탄저炭疽 143
탄저균*Bacillus anthracis* 141, 144~146, 149~151, 153, 155
털곰팡이*Mucor* 111, 112
티오마르가리타 남미비엔시스*Thiomargarita namibiensis* 28
파라믹소 바이러스Paramyxovirus 224

페니실륨 로케포르피*Penicillium roqueforfii* 132, 133
페니실린 35, 155
페드오-젯Ped-o-Jet 161
페디오코커스*Pediococcus* 119, 125
페스트균(에르시니아 페스티스)*Yersinia pestis* 139, 142, 216
페티오코커스 펜토사시우스*Pediococcus pentosaceus* 123
폐렴구균*Streptococcus pneumoniae* 86
포도상구균*Staphylococcus* 72
폭스 바이러스군Poxvirus 173
표고 28
푸른곰팡이 35
푸조박테리움*Fusobacterium* 57
프로바이오틱 79
프로테오박테리아*Proteobacteria* 40
프로테우스 미라빌리스*Proteus mirabilis* 87
프로피오니박테리움 *Propionibacterium* 132
프로피오니박테리움 에크니*Propionibacterium acne* 55
프리온Prion 45, 264
프리온병 264, 265, 267, 268, 273, 275, 277
하면발효 효모 102
하이드 단백질 277
한국형 HIV 208, 209
항생 펩타이드 122
항생물질 122
핵세포군 93
헤마글루티닌Hemagglutinin 238
헬리코박터 피로리*Helicobacter pylori* 60, 65~68
현화식물 42
혈액제제血液製劑 183
혈우병hemophilia 183, 184
혐기성 미생물 55
호기성 박테리아 117
호박琥珀 147
홍역 바이러스Measles virus 43
환자제로 230, 233
황색포도상구균*Staphylococcus aureus* 87
황화수소Hydrogen sulfide, H_2S 82
효모 *Saccharomyces cerevisiae* 93
LAV 188
LAV/HTLV-III 189
RNA 168, 171, 198
SHIV 217
VNTR 151~153

Credits

그림 1
인간의 혀에 붙어 있는 많은 미생물들 ©Timespace

그림 2
DNA구조 ©Timespace

그림 7
티오마르가리타 남미비엔시스 ©Science

그림 11
미생물 화석인 스트로마톨라이트의 단면 ©Timespace

그림 12
35억 년 전의 미생물화석 ©S. W. Awramik

그림 14
미토콘드리아 ©Timespace

그림 16
홍역 바이러스 ©Timespace

그림 17
리스테리아 모노사이토제네스 ©Timespace

그림 20
캔디다 알비칸스 ©Timespace

그림 21
프로피오니박테리움 에크니 ©Timespace

그림 22
치아의 표면을 덮고 있는 구강 내 박테리아들 ©Timespace

그림 24
뮤탄스균 ©Timespace

그림 25
헬리코박터 피로리 ©Timespace

그림 27
대장의 상피세포 위에 붙어 있는 장내 미생물들 ©Timespace

그림 30
미생물과 소장의 혈관 형성 ©PNAS

그림 31
아토피를 심하게 앓고 있는 아이의 얼굴 ©Timespace

그림 33
클로스트리디움 퍼프린젠스 ©Timespace

그림 37
폐렴구균 ©Timespace

그림 38
프로테우스 미라빌리스 ©Timespace

그림 39
엑시도필러스 유산간균 ©Timespace

그림 40
효모 ©Timespace

그림 41
사카로마이세스 엘립소이듀스 ©Timespace

그림 42
대규모의 포도주 양조 탱크 ©Timespace

그림 43
포도주를 나무통에 넣고 숙성시키는 장면 ©Alpha photos

그림 47
스코틀랜드의 위스키용 증류기 ©Timespace

그림 48
누룩 ©Timespace

그림 49
누룩곰팡이 ©Timespace

그림 50
털곰팡이 ©Timespace

그림 57
전통적으로 메주를 발효시키는 모습 ©Timespace

그림 58
고초균 ©Timespace

그림 60
락토바실루스 불가리쿠스
스트렙토코커스 써모필러스
©Timespace

그림 61
락토코커스 락티스 ©Timespace

그림 62
블루치즈 ©Timespace

그림 63
페니실륨 로케포르피 ©Timespace

그림 65
생물무기의 살포에 사용된 벼룩
©CDC

그림 66
탄저균이 피부에 감염되어 발생한 피부 탄저 ©CDC/James H. Steele

그림 67
탄저균 ©Timespace

그림 68
탄저균의 포자 ©CDC

그림 69
호박에 갇혀 있는 모기류의 곤충
©Alpha photos

그림 70
바이오 테러에 사용된 미생물을 추적할 수 있는 유전자 분석법인 VNTR 방법 ©J. Bacteriol

그림 71
에임즈 탄저균의 유전체 ©Nature

그림 72
천연두로 피부에 나타난 수포
©CDC-PHIL

그림 73
천연두 메이저 바이러스
©Timespace

그림 74
백시니아 바이러스 ©CDC

그림 75
1960년대에 아프리카에서 진행된 천연두 박멸 프로그램의 한 장면
©CDC/W. L. Desprez

그림 76
치명적인 감염 질환을 일으키는 미생물 연구에 필수적인 바이오세이프티 4급 실험실의 모습 ©CDC

그림 77
천연두 백신 접종 요령을 설명하는 모습 ©CDC

그림 78
천연두 바이러스의 유전체 지도와 유전체의 일부 ©NCBI

그림 79
소아마비 바이러스 ©CDC

그림 81
에볼라 바이러스 ©CDC/C. Goldsmith

그림 82
영화 〈에이리언〉의 한 장면
©Alpha photos

그림 85
인간 면역 결핍 바이러스
©Timespace

그림 86
HIV를 처음 분리한 뤽 몽타니에와 로버트 갈로 박사 ©Alpha photos

그림 87
유인원 면역 결핍 바이러스
©Timespace

그림 89
HIV의 공격을 받고 있는 T_H세포
©Timespace

그림 94
에이즈를 이겨낸 대표적인 영웅, 전 NBA 스타 매직 존슨과 주치의
©Alpha photos

그림 95
SHIV를 이용한 연구에서 많이 사용되는 히말라야원숭이 ©Alpha photos

그림 96
코로나 바이러스 ©Timespace

그림 97
사스 바이러스 ©Timespace

그림 98
리노 바이러스 ©Timespace

그림 100
야생의 사향고양이와 중국의 한 도축장 ©Science

그림 102
독감 바이러스 ©Timespace

그림 105
1918년에 대유행했던 스페인 독감 환자를 위한 당시 미육군병원의 모습 ©Timespace

그림 106
1997년 홍콩에서 발생한 조류독감 바이러스가 숙주세포를 공격하는 모습 ©Timespace

그림 107
광우병에 걸린 소의 뇌를 현미경으로 본 사진 ©USDA

그림 108
광우병에 걸린소 ©USDA

그림 109
양의 프리온병인 스크래피 ©Alpha photos

그림 111
광우병이 발생한 영국에서 강제로 폐사되고 있는 소 ©Alpha photos

그림 112
광우병을 검사하기 위해 뇌조직을 염색한 슬라이드 ©Alpha photos

그림 115
프리온 덩어리 ©Timespace

천종식 교수의 미생물 특강

고마운 미생물, 얄미운 미생물

1판 1쇄 2005년 7월 28일
1판 8쇄 2020년 9월 25일

지은이 천종식
펴낸이 임양묵
펴낸곳 솔출판사

주소 서울시 마포구 와우산로29가길 80(서교동)
전화 02) 332-1526
팩스 02) 332-1529
이메일 solbook@solbook.co.kr
홈페이지 www.solbook.co.kr
출판등록 1990년 9월 15일 제10-420호

ISBN 89-8133-761-6 03470